太湖缓冲带现状与生态构建

许秋瑾　胡小贞　蒋丽佳　主编

科学出版社

北京

内 容 简 介

　　湖泊缓冲带是近年来为保护湖泊生态环境提出的新概念,作为湖滨带外围保护区域的缓冲带设置,在国内尚未有系统科学的报道。本书科学阐述了湖泊缓冲带的概念,以我国大型浅水湖泊——太湖为例,科学界定了太湖缓冲带的范围,全面介绍了太湖缓冲带的现状与问题,详细论述了太湖缓冲带生态构建的总体思路、模式、技术体系,同时针对太湖缓冲带分区分类特征,提出了太湖缓冲带总体构建方案和具体分区构建方案,最后阐述了太湖缓冲带生态构建的综合效益评价以及环境管理与监测方案,为我国水网平原地区大型浅水湖泊缓冲带的生态构建提供借鉴与科技支撑。

　　本书可供从事水环境保护、环境工程、湖泊污染控制与生态修复等方面相关专业的科研人员、工程技术人员、管理人员以及环境科学和环境工程等相关专业的大专院校师生阅读和参考。

图书在版编目(CIP)数据

太湖缓冲带现状与生态构建/许秋瑾,胡小贞,蒋丽佳主编. —北京:科学出版社,2015.6

ISBN 978-7-03-044513-1

Ⅰ.①太… Ⅱ.①许… ②胡… ③蒋… Ⅲ.①太湖-缓冲区-水环境-生态环境建设-研究 Ⅳ.①X143

中国版本图书馆 CIP 数据核字(2015)第 120610 号

责任编辑:杨　震　刘　冉/责任校对:赵桂芬
责任印制:赵　博/封面设计:铭轩堂

科学出版社 出版
北京东黄城根北街 16 号
邮政编码:100717
http://www.sciencep.com

三河市骏走印刷有限公司 印刷
科学出版社发行　各地新华书店经销

*

2015年6月第　一　版　开本:720×1000　1/16
2015年6月第一次印刷　印张:15
字数:300 000

定价:80.00 元
(如有印装质量问题,我社负责调换)

编 委 会

前　言

　　湖泊缓冲带是大幅度降低进入湖泊的外源污染负荷的关键区域,是污染物进入湖滨带前的保护屏障,也是生物多样性丰富的区块和生物的重要栖息场所。太湖缓冲带是太湖流域水污染和生态安全重点控制区域之一,充分发挥太湖缓冲带的应有功能,是确保太湖水环境质量的有效环节。然而,伴随着社会经济的发展和防洪需要,近三十年来,太湖缓冲带内的各要素组成发生了巨大变化,成为太湖流域生态系统退化最为严重的区域之一。由于对太湖缓冲带的变迁与现状尚缺乏深刻的调查和了解,给制定该区域的生态修复和建设方案造成困难。针对这一需求,本书在明确太湖缓冲带应具备的功能需求前提下,对太湖缓冲带的最佳宽度进行了界定,并对太湖缓冲带现状与存在的主要问题进行剖析,在此基础上,根据现有地形、地貌、水文、植被等自然条件及社会经济发展现状与趋势,对各区域的缓冲带进行明确界定与分类,而后依据所在区域的社会和经济环境条件许可,综合集成现有研究成果、物化技术与相关措施,制定根据缓冲带类型和区域社会经济环境特征、旨在保护太湖水环境和缓冲带功能需求的缓冲带生态建设方案,为我国水网平原地区大型浅水湖泊缓冲带生态建设提供借鉴与科技支撑。

　　本书共八章:第1章阐述湖泊缓冲带基本概念及其研究进展;第2章对太湖缓冲带的最佳宽度进行研究,较为科学地界定了太湖缓冲带的范围;第3章对太湖缓冲带进行分类分区,基于相关资料与现场调研分析,阐明太湖缓冲带的现状并分析存在的主要环境问题;第4章阐述对太湖缓冲带内入湖河流河口及典型缓冲带的水质调查内容;第5章提出太湖缓冲带生态构建的总体思路、模式、技术体系及具体方案;第6章分区段提出太湖缓冲带相应生态构建工程的具体方案;第7章介绍太湖缓冲带生态构建综合效益评价;第8章介绍太湖缓冲带环境管理与监测方案。

　　本书由许秋瑾、胡小贞、蒋丽佳统筹、策划和负责。参与本书的主要编写人员有:许秋瑾、胡小贞、蒋丽佳、海啸、陈海英、徐盈之、高光、成小英、朱毅伟、许盛凯、钟春妮等。本书所采用的数据和研究成果来自"十一五"国家水体污染控制与治理科技重大专项"湖滨带生态修复与缓冲带建设技术及工程示范"(2009ZX07101-009)课题中子课题"太湖缓冲带生态建设方案"。参与"太湖缓冲带生态建设方案"相关研究工作的主要人员有中国环境科学研究院许秋瑾、胡小贞、蒋丽佳、董思远、苗青等,江南大学成小英、卜卫志等,中国科学院南京地理与湖泊研究所高光等,中交上海航道勘察设计研究院陈海英等,无锡市城市发展集团朱毅伟、许盛凯、钟春妮等。本书在全体研究成果的基础上补充和完善后定稿。此外也参考了国内外同行学者的研究成果和文献,在此一并表示衷心的感谢。

　　由于作者的专业水平有限以及时间的限制,对诸多问题的认识还不够深刻和完全,难免存在疏漏和不妥之处,敬请读者批评指正。

编　者

2014 年 12 月

目　　录

第1章　湖泊缓冲带基本概念及其研究进展

近三十多年来,随着湖泊流域人口增长和工农业生产的发展,湖泊受到越来越强的人为活动干扰,其生态系统受损甚至失衡。湖泊流域人口往往滨水而居,使湖滨缓冲带生态系统基本被破坏,沿湖污染物直接入湖,对湖泊水体造成污染。近年来随着对湖泊污染源认识的逐步加深,构建湖泊缓冲带截留入湖污染物,保护湖泊水环境在我国湖泊保护与治理工作中越来越受到重视。但如何科学定义湖泊缓冲带,如何进行生态恢复等相关理论的国内研究相对缺乏,本章针对湖泊缓冲带的基本概念及其研究进展开展较为系统完善的阐述。

1.1　湖泊缓冲带定义

缓冲带的概念在生态环境领域的应用由来已久,并随着人们对缓冲带认识的不断深入而逐渐完善。20 世纪 80 年代之前,缓冲带主要用于保护人类或农田免受动物侵扰的保护性隔离区域;之后,缓冲带作为一种修复或补救的措施,用于减少人类活动对受保护区域的负面影响;进入 21 世纪,人们认为缓冲带既要最小化人类活动对受保护区域的影响,又要考虑受影响人群的社会经济发展的需求;现阶段缓冲带的概念在全球范围内得到广泛应用,更加关注保护区域内的生物以及生态系统的价值[1-4]。

在湖泊尤其是大型湖泊富营养化控制实践中,人们越来越清楚地认识到在湖泊流域污染源控制的基础上,开展生态修复的重要性。为了更好地保护湖泊生态系统,人们也认识到在湖滨区划定一定范围的缓冲空间,设置湖泊缓冲带,对缓冲空间内的人类活动进行更为严格的规划与管理是十分必要的。20 世纪 60 年代后期,针对河湖水体区域内的缓冲带概念首先在美国提出并得以应用,认为缓冲带是将近岸区域的人类活动和水体环境有效隔绝的缓冲区域[5]。之后的几十年里,欧美等在缓冲带植被类型及其净化效益、河湖水体缓冲带宽度确定、缓冲带管理与功能等方面开展了大量的研究[6-10],为缓冲带合理规划与科学布局提供了良好的数据支撑。我国于近年来强化提出了湖泊缓冲带的概念,并在缓冲带设置与功能、构建技术等方面开展了初步的研究[11-21]。湖泊缓冲带在湖泊保护领域得到日益广泛的重视,国内外许多成功的湖泊保护案例中都涉及对湖泊缓冲带的设置[2,22-26]。

从湖泊水环境保护和生态修复角度来讲,湖泊缓冲带是湖泊一定水位线之上的沿湖部分陆域地区,通过该区域的设置,将湖泊沿岸区域的人类活动和水体进行有效的阻隔,以保护湖泊水体免受污染[27]。根据全国科学技术名词审定委员会的定义,缓冲带(buffer zone)是隔离生境,使受保护目标免受破坏、干扰和污染的自然或人造的空间[28]。相应地,湖泊缓冲带就是保护湖泊的隔离生境,是缓解或减轻湖泊水生态系统受到流域内各种人类活动的破坏、干扰和污染的空间[29]。

湖泊缓冲带很容易与湖滨带(littoral zone)、河岸带(riparian zone,也有译为水边带)等概念产生混淆。湖滨带与河岸带都属于生态交错带(ecotone)的一种,生态交错带是指两个相邻生态系统的过渡区,它具有一些独特的环境特征,包括环境因子、主导过程和生物种类组成的明显梯度变化。湖滨带是陆地和湖泊水体之间的过渡带,是湖泊流域中对人类活动和自然过程影响最敏感的部分[30-33]。根据联合国教科文组织的人与生物圈计划委员会对于生态交错带的定义[17],湖滨带可以定义为湖泊流域中陆地生态系统与湖泊水域生态系统之间的生态过渡带,是在湖泊水动力和周期性水位变化等环境因子的作用下,形成的以水文过程为纽带、以湿地生物为特征的水陆生态交错带。湖滨带空间范围主要取决于周期性的水位变化、风浪作用的强度和持续时间所致的湖滨干-湿交替变化的影响程度[34]。河岸带是指在河流水体与临近陆域系统之间的过渡区域[35],河岸带也被用来泛指一切邻近河流、池塘、湿地以及其他特殊水体并且有显著资源价值的地带[36]。在空间上河岸带是指高低水位之间的河床及高水位之上直至河水影响完全消失为止的地带[37],由于河岸带是水陆相互作用的地区,故其界线需根据土壤、植被和其他关于水陆相互作用的因素变化来确定[38]。由此可见,湖泊缓冲带与湖滨带、河岸带最大的区别在于后二者属于生态交错带的范畴,具有生态交错带的明显特征;而湖泊缓冲带是一种隔离生境,是为了更好地保护湖泊水体,主要从湖泊管理角度划定的、缓冲或减轻湖泊流域内各种人类活动对湖泊干扰的空间。

1.2　湖泊缓冲带与湖滨带关系

湖滨带是湖泊的水陆生态交错带,指湖泊最低水位线到最高水位线之间水位变幅带,是湖泊保护的最后一道屏障,是健康湖泊生态系统的重要组成部分;缓冲带是湖滨带以外(水体最高水位线以上)的陆向辐射带,是湖滨带的重要保护圈。湖滨带与缓冲带共同构成了湖泊水生生态系统与陆生生态系统的生态过渡带。

湖滨带有丰富的水生及湿生植物区系和动物区系,其功能主要表现为湖滨水陆生态交错带内生物或非生物因素的相互作用、对交错带内能量流动和物质循环的调节、保持生物多样、提供鱼类繁殖和鸟类栖息的场所、调蓄洪水等作用;缓冲带的功能主要体现在生态功能、景观功能和经济功能,健康的缓冲带具有截污和过滤、改善水质、控制沉积和侵蚀的功能,能有效削减进入湖滨带的污染物,有效保护湖滨带的生态健康,同时又具备景观与经济植物生长的功能。湖滨带所处位置较缓冲带而言更靠近湖泊;湖滨带范围内生长的植物对水资源的要求更高,多为水生及湿生植物;就湖泊保护角度而言,缓冲带内可以有适度的人类生产与生活活动,能够带来一定的经济效益,但是湖滨带内的人类活动势必直接破坏湖泊的生态环境,因此湖滨带原则上不允许有人为活动。

　　湖泊缓冲带是湖滨带的重要保护圈,湖滨带又是湖泊的天然保护屏障,湖泊缓冲带、湖滨带及湖泊水体之间是唇齿相依的关系,没有缓冲带健康的生态系统对污染物的削减,湖滨带的生态系统将极易受到破坏,难以发挥其对湖泊的保护屏障作用。湖泊缓冲带与湖滨带间关系见图 1-1。

| 陆地 | 缓冲带
(陆向辐射带) | 湖滨带
(水位变辐带) | 太湖水域 |

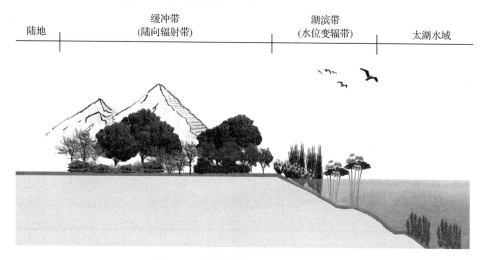

图 1-1　缓冲带与湖滨带关系示意图

1.3　湖泊缓冲带在清水产流机制系统中的作用

　　湖泊缓冲带是湖泊生态系统的重要组成部分,是湖滨带外围的保护圈,是污染物进入湖滨带前的缓冲区域,也是地表径流入湖前的重要屏障。从湖泊流域保护层面来讲,湖泊缓冲带是湖泊流域清水产流机制的有机组成部分,是构成清水产流机制的三个关键环节之一,它和湖滨带一起发挥清水入湖前的屏障功能。

　　"湖泊流域清水产流机制"即根据不同湖泊流域的自然与社会经济现状特点,在调整流域经济结构、构建绿色流域的基础上,通过流域水源涵养与水土流失的控制保证源头清水产流,通过河流小流域的污染控制与生态修复实现河流汇流的清水养护与清水输送通道,通过缓冲带构建与湖滨带生态修复最终使"清水"入湖。流域清水产流机制是湖泊流域清水量平衡和污染物消减相互作用的复杂体系,维持流域清水量平衡和污染物消减对保障湖泊良好的生态系统与健康运作至关重要。清水产流区产生的清水经过河流通道和湖滨区,最后进入到湖泊中,维持足够的清水量入湖是保证湖泊良好健康的重要前提[39]。

　　山地水源涵养区、入湖河流区、缓冲带与湖滨带分别作为清水产流区、污染物净化与清水养护区(径流通道),是构成清水产流机制的三个关键环节(图 1-2)。其中清水产流区是清水产生的源头,为流域提供充足的清水量;污染物净化与清水养护区是流域污染物净化的重点区域和重要的清水输送通道,山前平原的多塘、湿地等可拦截净化低污染水,保证清水入湖;湖滨带与缓冲带可净化地表漫流的低污染水,是保障清水入湖的重要生态屏障。

图 1-2　缓冲带在湖泊流域清水产流机制系统中的作用[40]

　　可见,湖泊缓冲带是缓冲与过渡区域,是缓冲流域内人类活动对湖泊水体的影响和确保清水入湖的保障,其在湖泊流域空间布局中具有特殊重要的地位,对实现流域清水的产流、汇流输送与入湖,保障流域生态健康和湖泊水环境质量具有十分重要的意义。

1.4　湖泊缓冲带功能及主要影响因素

1.4.1　湖泊缓冲带功能

　　从流域层面和湖泊保护的角度来看,湖泊缓冲带是通过环境准入和生态建设,加强环境管理,限制缓冲带内的人类活动,缓解人类活动对湖泊影响的强度和程度,从而为湖泊提供一个自然湖滨带以外人为设置的保护层。湖泊缓冲带具有以下三类功能:①缓冲隔离功能。缓冲隔离流域内人类活动的影响、加强对湖泊的保护是湖泊缓冲带的基本功能。②生态环境改善功能。通过自然恢复、生态建设和人工强化辅助措施,控制区域内污染物的产生,减少污染物的排放负荷,增加生物多样性,形成稳定健康的生态系统。③实施特殊的环境经济政策与生态补偿功能。设立缓冲带,为实施特殊的环境经济政策与生态补偿措施提供可能性。

1. 缓冲隔离功能

湖泊缓冲带的主要功能之一是将流域内人类的高强度开发利用活动与湖泊水体相隔离,降低湖泊缓冲带内人类活动的强度、缓冲人类活动对湖泊水体的不利影响,有效保护湖泊水体免受污染。健康的湖泊缓冲带是截留陆域面源污染物、改善入湖水质的重要区域。湖泊缓冲带内的河流、支浜、湿地生态系统对农田地表径流中携带的营养物质、颗粒物和农药等污染物均具有较高的截留、吸附、吸收、净化作用。缓冲隔离功能的实现是在研究目标湖泊环境承载力的基础上,设定一个适当宽度的湖泊缓冲带,湖泊缓冲带内实施严格的环境准入条件,调整缓冲带内的产业结构和土地利用方式,并规范人类活动的类型和土地利用的强度,可有效缓解工业生产、种植和养殖业、交通运输、城镇生活等人类活动对湖泊造成的负面影响。这样通过差异化的流域分区环境管理手段,改变过去单纯的污染控制和环境治理的思路,转向对人这一微观主体在自然资源开发和空间利用过程中的约束和激励,从根本上可减少湖泊缓冲带内的污染物和人类活动对湖泊水体产生的直接损害。缓冲隔离功能的强弱与是否形成明确的法规、章程、制度,是否有良好的监督管理,是否有良好的民众意识密切相关[41,42]。

2. 生态环境改善功能

健康完善的缓冲带应该具备以下特点:物种丰富,生态结构稳定,生物多样性好,且无明显的人为开发建设的痕迹。结构完善、布局合理、功能健全的湖泊缓冲带不但能拦截净化上游及本地区地表径流、达标废水排放、地下径流所带来的污染物进入湖滨带,而且能有效地缓解人为干扰对湖滨带的压力,使其更好地发挥生态功能。湖泊缓冲带生态环境改善功能具体表现在:

(1) 拦截净化低污染水功能。缓冲带内生长着大量的植被,尤其是灌草类,其低矮、密实的特性可以有效截留通过缓冲带的各类污染物,如有机质、氮、磷、重金属和各种离子。植物根系能有效吸附和转化通过缓冲带的营养物质,减少入湖营养负荷。因此缓冲带是控制面源污染尤其是低污染水的一道重要防线。

(2) 调节地表径流功能。缓冲带平缓的地势、丰富的植被,可以降低地表径流的速度,增强面源补水的下渗,明显削减入湖来水洪峰,保持入湖水量的相对稳定。总的说来,缓冲带植被在拦水蓄水、调节径流、补给地下水和维持区域水平衡方面发挥着重要的作用。

(3) 保护物种多样性。缓冲带临近湖滨带,植被类型多样,可以说是重要的物种基因库之一。这一区域内的植物丰富多样,主要体现在物种多样性、遗传多样性以及生态系统多样性三个层次。缓冲带是各种动物及鸟类的栖息地和避难所,这里食物较为丰富、环境相对多样,可满足多种物种生存。动物及鸟类可以在这个人为活动较少的空间中觅食,搭建巢穴,繁衍生息。

(4)水土保持功能。缓冲带对稳定湖滨岸坡、减少土壤侵蚀有明显作用。其内植物的根系可以固持土壤,植株可以削减波浪、暴雨径流等的冲刷。同时由于缓冲带具有降低地表径流流速的作用,从而可以减少水流对岸坡的冲刷,减少水土流失、固岸护坡。

通过合理规划湖泊缓冲带的生态建设,修复河流、支浜、湿地生态系统,截留净化缓冲带内面源污染物,建立或恢复植被走廊,恢复廊道连接和生物栖息地,巩固缓冲带的生态安全屏障,提升生态服务功能,保护生物多样性,有效削减或缓冲人类活动的影响或潜在的对湖泊环境质量的威胁,保证湖泊缓冲带生态系统的良性和健康发展,稳定湖泊环境质量,提高和恢复生物多样性[43-45]。

3. 实施特殊的环境经济政策与生态补偿功能

湖泊缓冲带的设置为在该区域实施特殊的环境经济政策和生态补偿机制提供了可能性。生态补偿机制是以保护生态环境、促进人与自然和谐为目的,根据生态系统服务价值、生态保护成本、发展机会成本,综合运用行政和市场手段,调整生态环境保护和建设相关各方之间利益关系的环境经济政策。国外类似缓冲带的设置表明,缓冲带内的特殊环境经济政策与生态补偿措施,既可以激发缓冲带土地所有者或者居住者的兴趣及配合程度,也对缓冲带其他功能的正常发挥起到良好的促进作用[46-50]。湖泊缓冲带可提供独特而秀丽的景观资源,可适度开发旅游观光活动;缓冲带内生长着较多有经济价值的动植物种类,在其承受能力内,可以为人们提供木材、水果、药材等植物产品,产生一定的经济效益;开阔的空间资源、优美的湖光山色也具有很高的运动和观赏价值,可以为人们提供徒步旅游观光或野营户外活动的场所;好的湖泊缓冲带生态环境和管理还有积极的社会教育示范功能,用事实向公众、土地管理者及立法者证明缓冲带的重要作用[51-53],这些湖泊缓冲带的特有资源可以在政府良性政策引导下,构建特殊优惠的经济环境,对该区域内的居民进行一定程度的生态补偿。

1.4.2 影响湖泊缓冲带功能的主要因素

无论是缓冲带的污染截留、侵蚀控制、生物多样性恢复等生态功能,还是其景观功能,地貌、土壤、水文和植被都是影响其功能的重要因素,同时这些因素也影响着缓冲带有效宽度的界定。

1. 地貌

一般而言,坡度越陡,为达到去除污染物同样的目的,需要的缓冲带宽度就越宽。据研究,在坡度小于5%的情况下,缓冲带去除污染物的能力显著提高[54]。而在水质净化方面,坡度的陡缓直接影响了坡面水文的形成过程,进而影响了其污染物的迁移。研究发现坡度为3%的20 m的缓冲区可滞留暴雨径流中8%~100%的除草剂[55]。坡度与缓冲带径流悬浮固体颗粒物(SS)截留效果显著相关,19 m长的2%坡度缓冲带末端的SS截留率达到84%[56]。

2. 土壤

地下水或地表水中污染物与营养盐成分的去除,取决于土壤的类型、厚度和地下水水位等因素。质地中等或较粗的土壤,具有较好的排水特征,有利于泥沙沉降和吸附态污染物的截留,而细粒结构的土壤有利于反硝化作用的发生。此外土壤在湿润条件下,要达到同样去除污染物的效果,往往需要缓冲带的宽度较大。

地下水位深度、土壤渗透性、土壤结构、土壤化学和有机物质是影响地下水与地表水水质的重要因子[56],这些参数影响水流流经岸边带的方式和速率、地下水与植物根系和土壤颗粒的相互作用范围以及影响土壤环境的厌氧程度。富含有机土壤的林地缓冲带有很强的改善水质能力,不仅可以使大量的地表径流渗入地下,吸收氮元素等污染物,而且可提供微生物生存所需的有机碳来改善水质。

缓冲带的净化水质功能与土壤中微生物活动有着非常直接的关系[57],土壤微生物通过众多方式影响水体水质。和植物一样,微生物获取营养物并将其转化成生物难以利用的形式储存在土壤中,土壤微生物通过代谢反应将有机化学物质作为能量资源并加以利用,与此同时将化学物质转化成毒性很低的衍生物或无机物质,减少土壤中污染物的含量,从而减少进入湖泊水体中的污染物。

3. 水文

在特定情况下影响水质的最主要因素是水文条件[58,59]。缓冲带的水文条件受当地地质、地形条件、土壤和周围集水区的特性所影响。对地下径流而言,当地下径流从高处以浅层地下水流经缓冲带进入湖泊时,缓冲带内植被对水质影响非常大。当地下水的埋深较大,地下水流经过缓冲带的水量减少,缓冲带的减污作用将降低。同样,当地表径流集中通过渠道流过缓冲带时,缓冲带对地表水的保护能力受到限制。然而,在坡度很小、地表水流速较慢,而且均匀分布在汇水区范围内,缓冲带可以高效地减缓暴雨的侵蚀力并沉降泥沙、减少进入河流的农作物残渣和其他微粒物质。

4. 植被

在天然条件下,缓冲带内的植被是湖泊与河流生态长期演化的结果。据美国农业部(USDA)林务局1991年调查,缓冲带植被的过滤功能可以显著减少磷的含量,因为85%的磷是随着包含在沉积物中的细小土壤颗粒迁移的[60]。在人为影响的情况下,缓冲带内的植被往往与人类活动及其为人类服务的目的息息相关。在城区或居住区,植被种植不仅要考虑削减污染物、提供生物栖息地,而且还要考虑为周围的经济、景观服务的功能。因此,缓冲带内种植植物时,因地制宜,以乔木、灌木及草坪相结合的方式,这样既满足了环境生态保护的需要,也满足了为人类提供舒适休闲地的需要。

美国农业部对不同植被类型缓冲带的生态相对有效性开展评估,但由于设计和现场条件的不同,对于不同植被类型缓冲带生态作用的大小难以进行精确比较(表1-1)。研究表明,草地和林木缓冲带都能降低地表径流中的营养物和泥沙含量,降低地下径流中的硝酸盐含量。林木缓冲带的反硝化作用速率比较高,主要原因可能是有机碳的高效利用以及较好的土壤、水文条件[60]。在泥沙去除方面,草地缓冲带由于植被根系密度大,可以降低流速和提供更大的面积来沉淀泥沙。林木缓冲带的优势是树木的碎片和树干有更大的阻力,尤其在洪水期间不像草地容易被淹没[57]。

表1-1　美国农业部评估不同植被类型缓冲带的生态相对有效性[61]

用途	草地	灌木	乔木
固岸	低、中等	中等、高	高
泥沙截留	高	低、中等	高
营养盐、农药去除	—	—	—
吸附态	高	低、中等	高
溶解态	中等	低	中等
水生生境	低	中等	高
野生生物生境	—	—	—
草地生物	高	中等	低
森林生物	低	中等	高
经济价值	中等	低、中等	高
景观多样性	低	低、中等	高
防洪	低	中等	高

缓冲带通过水-土壤(沉积物)-植物系统的沉积、过滤、化学吸附和微生物作用防止或转移由坡地地表及地下径流、废水排放和深层地下水流所带来的沉积物、有

机质、农药及其他污染物进入水体,从而达到降低环境污染、净化水质的目的。

1.5　湖泊缓冲带国内外研究进展

湖泊缓冲带功能的发挥与其宽度有着极为密切的关系,宽度适宜与否直接影响其有效性的发挥。国内外许多学者从环境科学的角度出发,通过室内室外试验、模型构建等方法开展河湖滨岸缓冲带适宜宽度的研究工作,总体上取得了一定的成果。

1.5.1　国外研究进展

国外众多学者针对具体区域对不同宽度的河湖滨岸缓冲带截留 N、P 的效果进行大量的野外试验研究[62-65]。这些试验研究通过缓冲带宽度变化引起的不同净污效果的对比,探求河湖滨岸缓冲带的最佳宽度。但由于这些试验研究所选择的滨岸缓冲带的区域地理位置、土壤特性、植物种类、坡度以及河岸带过程与生境的侧向影响范围等因素的不同,因此所得出的缓冲带最佳宽度彼此之间可比性不强。例如 Lowrance 等推荐的河湖滨岸缓冲带的宽度在 5~50 m,有着很大的变化幅度,其研究结果只能对类似河湖滨岸缓冲带适宜宽度的确定提供借鉴作用[10]。

很多学者从室内室外试验研究入手,通过对比分析以及数值模拟等多种分析方法对缓冲带适宜宽度进行理论研究。例如有学者对比分析了试验缓冲带与拟研究缓冲带截留径流污染物的能力,结合人工粗糙度系数、土地坡度、土壤储水能力、饱和水电导率等因素,确定了缓冲带变化的评价模型,并且利用地理信息系统计算了河湖滨岸缓冲带的范围[66]。还有学者在分析巴西西南部河岸带森林有效性的基础上,通过对水质变化、土壤侵蚀模数等的模拟分析,确定了研究区域适宜的河湖滨岸缓冲带森林宽度[67]。

在模型构建上,Phillips 开发出用来评价缓冲带效果的水力模型和滞留模型[68,69]。Nieswand 等在 Manning 方程的基础上开发了简单的模型,该模型认为坡度和宽度是影响缓冲带拦蓄沉积物和净化污染物的主要因素,宽度随坡度指数变化[70]。Mander 考虑缓冲区水文和地貌特征开发了缓冲带宽度模型[71]。但上述这些模型都忽略了影响缓冲带功能的重要变量或未得到实践检验。Lowrance 的缓冲带生态系统管理模型(REMM)是目前最详细和真实的模型[72],该模型是模拟缓冲带内水、沉积物和养分日过程的计算机模型,能够确定缓冲区在不同宽度、植被、土壤和坡度条件下对水质的影响,已经在多处得到检验。但是需要的数据量大,难以短时间内为政策制定提供决策服务。

此外,缓冲带的最佳宽度应该可通过详细的科学调查来获取,Budd 及其同事于1987年提出了通过对河流进行简单的野外调查来得到合适的缓冲带宽度的方法,调查的特性包括河流类型、河床的坡度、土壤类型、植被覆盖、温度控制、河流结构、沉积物控制以及野生动物栖息地等,评价者利用这些因素来估计必要的缓冲宽度[73]。在不可能进行彻底的科学研究的情况下,由一些训练有素的、有经验并且客观的环境资源专家来应用此类方法,也会得到比较合理的答案。总之,这些研究从研究方法、研究手段上推动了缓冲带最佳宽度理论研究的发展。

目前关于湖泊缓冲带宽度的确定尚没有统一的方法。历来欧美等国家的研究结果表明,要确定缓冲带的最小宽度,就必须考虑影响缓冲带功能发挥的主要变量,这些主要变量包括降雨量、植被类型、土壤性质、坡度。坡度是决定缓冲带拦蓄沉积物和滞留养分的重要变量:坡度越小,地表水流流速越低,流经缓冲带的时间越长,污染物截留和降解效率也越高[54,57]。综合考虑多方面的因素,其中水体类型、坡度、水域大小、是否有鱼类等为影响最大的因子,次要考虑因子包括饮用水、流域面积、毗邻森林管理、沿岸植物类型、上游水体鱼类等,美国及加拿大对共计60个5种类型的河湖水体缓冲带进行了平均最小的宽度的研究,见表1-2。对美国和加拿大湖泊缓冲带宽度研究表明,湖泊面积>4 hm²,坡度≥2.5%的湖泊平均缓冲带宽度范围为17.4～52.2 m。

表1-2　不同区域平均缓冲带宽度[74] 　　　　　　　单位:m

水体类型	北部区 ($n=13$)	山地岩石区 ($n=9$)	太平洋区 ($n=6$)	东北部 ($n=16$)	中西部 ($n=9$)	东南部 ($n=11$)
大面积常流水域	39.1	24.4	24.3	29.7	25.7	19.4
小面积常流水域	26.3	24.2	22.7	23.7	14.4	17.5
间歇水流	13.9	24.2	21.7	13.1	11.5	12.1
小型湖泊	45.8	23.0	22.7	30.6	21.7	17.4
大型湖泊	52.2	23.0	22.7	30.2	21.7	17.4

注:n为河湖数,有部分河湖水体同时属于两个区域,故此表中n的总和大于60

考虑河流/湖泊水体生态系统保护的目标,区域土壤、地形、植被、排水特征等因素各异,缓冲带生态功能发挥所要求的宽度也各有不同,Johnson等总结了许多文献中推荐的实现单区缓冲带某一功能所需的宽度[75],见图1-3。缓冲带的宽度每增加1 m,它能产生的综合效应就多一点。因此从理论上来讲,缓冲带有效宽度越大,效果就越好。美国华盛顿州海岸线管理法案中规定,位于河流60 m范围内或100 m以内的河漫滩范围内以及与河流相联系的河岸都应受到保护,而且保护的范围越大越好[74]。事实上,建设一个"健康"的缓冲带生态系统,不但要考虑一定宽度的缓冲带本身的净污效果,还要考虑受纳水体的水质保护要求。受纳水体水质保护要求不同,所要求的缓冲带的宽度也相应不同。只有把缓冲带以及受纳水体作为一个整体来考虑,才能科学界定"最佳宽度"的概念并合理确定"最佳宽度"。另外,由于我国土地面积有限,人地矛盾突出,缓冲带最佳宽度的确定不能仅仅考虑环境净污效果的因素,同时还需要考虑经济、社会等其他方面的因素。只有从环境、经济和社会等角度对湖泊缓冲带的适宜宽度进行深入的综合研究,才能充分发挥缓冲带的环境、经济和社会的综合功能。

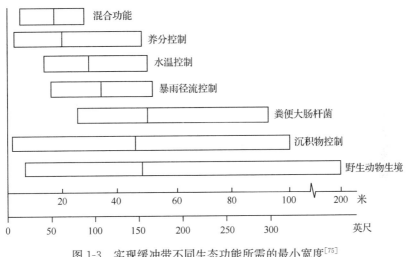

图 1-3　实现缓冲带不同生态功能所需的最小宽度[75]

1.5.2　国内研究进展

国内学者对缓冲带的最佳宽度也开展了初步研究。例如刘泽峰等在苏州河上游东风港滨岸缓冲带试验基地开展农田径流污染防治研究,通过拟合计算得出,不同坡度狗牙根草皮缓冲带末端对径流悬浮物质平均去除率达到 80% 的条件下所需的缓冲带最佳宽度为 16.1～24.7 m,渗流 TN 末端出水达到Ⅳ类水质标准时所需的缓冲带最佳宽度为 23.4～30.3 m[76,77]。诸葛亦斯等认为缓冲带宽度由缓冲带建设所能投入的资金、该地点缓冲带河岸的几何物理特性、该流域上下游水文情况和周边土地利用情况、缓冲带所要实现的功能、土地所有部门或业主提出的要求和限制这个 5 个因素决定,并提出缓冲带构建不同功能的最小宽度为 20～120 m[78],见图 1-4。钱进等从生态稳定性、环境有效性、经济可行性以及社会价值性四个方面构建了河湖滨岸缓冲带宽度适宜性评价指标体系,以南京牛首山河河滨缓冲带为例,运用层次分析法确定各层次评价指标的权重,最后运用距离指数-层次分析综合法对南京牛首山河河滨缓冲带宽度的适宜性进行评价,结果表明,牛首山河河滨缓冲带的宽度是适宜的[79]。王慧讨论了不同宽度的植物缓冲带对削减 NO_3^--N 减少量的影响,结果表明,将缓冲宽度由 9 m 增至 30 m,可有效地使河岸浅层地下水中 NO_3^--N 质量浓度降至 1 mg/L,如果地下水中营养物质质量浓度较高,像有动物废弃物流入的田地、腐殖体系集中的居住地或施入化学肥料较多的农业用地等,30 m 或更宽的缓冲带才能控制其流出的 $NO_3^- -N$ 质量浓度[80]。目前国内在模型方面对于湖泊缓冲带宽度计算的软件开发鲜见报道,适用于湖泊缓冲带宽度的计算模型还有待开发。

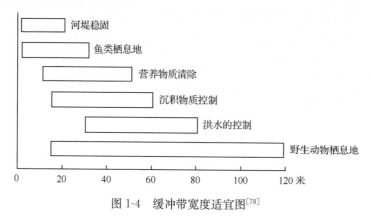

图 1-4　缓冲带宽度适宜图[78]

参 考 文 献

[1] Muscutt A D, Harriss G L, Bailey S W. Buffer zones to improve water quality: A review of their potential use in UK agriculture. Agriculture, Ecosystems and Environment, 1993, 45: 59-77

[2] Ebregt A, Greve P D. Buffer zones and their management: Policy and best practices for terrestrial ecosystems in developing countries. Wageningen, the Netherlands: National Reference Centre for Nature Management, 2000

[3] Ahmad C B, Hashim I H M, Abdullah J, et al. Stakeholders' perception on buffer zone potential implementation: A preliminary study of TasekBera, M'. sia. Procedia—Social and Behavioral Sciences, 2012, 50:582-590

[4] Peterjohn W T, Correll D L. Nutrient dynamics in an agricultural watershed: Observations on the role of a riparian forest. Ecology, 1984, 65: 1466-1475

[5] 史志刚. 美国的水土保持与植物缓冲带技术. 江淮水利科技, 2006, (6): 5-6

[6] Barfield B J, Blevins R L, Fogle A W, et al. Water quality impacts of natural filter strips in karst areas. Transactions of the American Society of Agricultural Engineers, 1998, 41(2): 371-381

[7] Bavor H J, Roser D J, Adcock P W. Challenges for the development of advanced constructed wetlands technology. Water Science and Technology, 1995, 32(3): 13-20

[8] Anna L, Bradley L, Ross G. Bat activity on riparian zones and upper slopes in Australian timber production forests and the effectiveness of riparian buffers. Biological Conservation, 2006, 129: 207-220

[9] Schoonover J E, Williard K W J, Zaczek J J. Nutrient attenuation in agricultural surface runoff by riparian buffer zones in Southern Illinois, USA. Agroforestry Systems, 2005, 64: 169-180

[10] Lowrance R, McIntyre S, Lance C. Erosion and deposition in a field/forest system estimated using cesium-137 activity. Journal of Soil and Water Conservation, 1988, 43: 195-199

[11] 张建春, 彭补拙. 河流带研究及其退化的生态系统恢复与重建. 生态学报, 2003, 23(1): 56-63

［12］邓红兵，王青春，王庆礼，等.河岸植被缓冲带与河岸带管理.应用生态学报，2001，12(6)：951-954

［13］李世锋.关于河岸缓冲带拦截泥沙和养分效果的研究.水土保持科技情报，2003，(6)：41-43

［14］李同杰，刘晶晶.条状草地、农林缓冲系统对土壤理化性质的影响.水土保持科技情报，2005，(6)：23-25

［15］陈小华，李小平.河道生态护坡关键技术及其生态功能.生态学报，2007，27(3)：1168-1175

［16］许朋柱，秦伯强.太湖湖滨带生态系统退化原因以及恢复与重建设想.水资源保护，2002，(3)：31-36

［17］王东胜，朱瑶.岸边缓冲带生态功能及其建设的理论.水力学与水利信息学进展，2007：472-476

［18］罗晓娟，余勇利.植被缓冲带结构与功能对水质的影响.水土保持应用技术，2006，(4)：1-3

［19］朱季文，季子修，蒋自巽.太湖湖滨带的生态建设.湖泊科学，2002，14(1)：77-82

［20］吴建强，黄沈发，吴健等.缓冲带径流污染物净化效果研究及其与草皮生物量的相关性.湖泊科学，2008，20(6)：761-765

［21］颜昌宙，金相灿，赵景柱，等.湖滨带的功能及其管理.生态环境，2005，14(2)：294-298

［22］Lowrance R，Newbold J D，Sehnabel R R，et al. Water quality functions of riparian forest buffers in chesapeake bay watersheds. Environmental Management，1997，21 (5)：687-712

［23］Margret S P. River engineering. New Jersey：Inc. Englewood Cliffs，1986：159-268

［24］Dollar E S J. Fluvial geomorphology. Progress in Physical Geography，2000，24(3)：385-406

［25］Landers D H. Riparian restoration：Current status and the reach to the future. Restoration Ecology，1997，5(S4)：113-121

［26］王佳妮，施永生，邓晶晶.抚仙湖缓冲带污染负荷分析及治理方案.环境保护科学，2013，(4)：61-65

［27］胡小贞，许秋瑾，蒋丽佳，等.湖泊缓冲带范围划定的初步研究——以太湖为例.湖泊科学，2011，23(5)：719-724

［28］全国科学技术名词审定委员会.全国科学技术名词审定委员会已公布名词目录［EB/OL］.北京：全国科学技术名词审定委员会，2013［2013-06-09］. http：//www. term. gov. cn/pages/book/booklist. jsp

［29］叶春，李春华，邓婷婷.湖泊缓冲带功能、建设与管理.环境科学研究，2013，26 (12)：1283-1289

［30］李春华，叶春，赵晓峰，等.太湖湖滨带生态系统健康评价研究 . 生态学报，2012，32(12)：3806-3815.

［31］叶春，李春华，陈小刚，等.太湖湖滨带类型划分及生态修复模式研究 . 湖泊科学，2012，24(6)：822-828

［32］赵晓峰，叶春，李春华，等.应用水质标识指数法评价太湖湖滨带水质 . 中国环境监测，2013，29(5)：91-97

［33］李春华，叶春，陈小刚，等.太湖湖滨带植物恢复方案研究.中国水土保持，2012 (7)：35-38

［34］Holland M M. SCOPE/MAB technical consultation on landscape boundaries：report of a SCOPE/MAB workshop on ecotones. Biology International：Special Issue，1988，17：47-106

［35］叶春.洱海湖滨带生态恢复工程模式研究.北京：中国环境科学研究院，1999

［36］Jacob K. 湖沼学：内陆水生态系统.古滨河，刘正文，李宽意，等译.北京：高等教育出版社，2011

［37］张建春.河岸带功能及其管理.水土保持学报，2001，15(6)：143-146

［38］Nilsson C，Berggrea K. Alterations of riparian ecosystems caused by river regulation. Bioscience，2000，50(9)：783-793

［39］金相灿，胡小贞.湖泊流域清水产流机制修复方法及其修复策略.中国环境科学，2010，30(3)：374-379

［40］金相灿，等.湖泊富营养化控制理论、方法与实践.北京：科学出版社，2013

[41] Wells M P, Brandon K E. The principles and practice of buffer zones and local participation in biodiversity conservation. Ambio, 1993, 22: 157-162

[42] Neumann R P. Primitive ideas: Protected area buffer zones and the politics of land in Africa: Development and change. Development and Change, 1997, 28: 559-582

[43] Dorioz J M, Wang D, Poulenard J, et al. The effect of grass buffer strips on phosphorus dynamics: A critical review and synthesis as a basis for application in agricultural landscapes in France. Agriculture Ecosystems and Environment, 2006, 117:4- 21

[44] 王秋光, 李永峰, 李春华, 等. 草林复合植被缓冲带结构功能及净化机理的研究综述. 中国水土保持, 2013(6): 12-18

[45] Salvetti R, Aetuis M, Azzellino A, et al. Modeling the point and non-point nitrogen loads to the Venice Lagoon (Italy): The application of water quality models to the Dese-Zero basin. Desalination, 2008, 226: 81-88

[46] 叶春. 退化湖滨带水生植物恢复技术及工程示范研究. 上海: 上海交通大学, 2007

[47] Gibson C C, Marks S A. Transforming rural hunters into conservationists: An assessment of community-based wildlife management programs in Africa. World Development, 1995, 23(6): 941-957

[48] 王秉杰. 现代流域管理体系的研究. 环境科学研究, 2013, 26 (4): 457-464

[49] 王秉杰. 流域管理的形成、特征及发展趋势. 环境科学研究, 2013, 26 (4): 452-456

[50] Bentrup G. Conservation buffers: Design guidelines for buffers, corridors, and greenways. Washington DC: USDA NAC 2008 [2013-06-08]. http://www. bufferguidelines. net

[51] Shafer C L. US National Park buffer zones: Historical, scientific, social, and legal aspects. Environmental Management, 1999, 23: 49-73

[52] Strade S, Treue T. Beyond buffer zone protection: A comparative study of park and buffer zone products' importance to villagers living inside Royal Chitwan National Park and to villagers living in its buffer zone. Journal of Environmental Management, 2006, 78 (3): 251-267

[53] Nyaupane G P, Poudel S. Linkages among biodiversity, livelihood, and tourism. Annals of Tourism Research, 2011, 38(4): 1344-1366

[54] Schueler, T. The stream protection approach. Center for Watershed Protection. Washington DC: Terrene Institute, 1994

[55] 潘响亮, 邓伟. 农业流域河岸缓冲区研究综述. 农业环境科学学报, 2003, 22(2): 244- 247

[56] 王敏, 吴建强, 黄沈发, 等. 不同坡度缓冲带径流污染净化效果及其最佳宽度. 生态学报, 2008, 28(10): 4951-4956

[57] Palone R S, Todd A H. Chesapeake Bay riparian handbook: A guide for establishing and maintaining riparian forest buffers. USDA Forest Service, NA-TP-02-97, Radnor PA, 1998

[58] Schnabel R R, Stout W L. Denitrification loss from two Pennsylvania floodplain soils. Journal of Environmental Quality, 1994, 23:344-348

[59] Lowrance R, Vellidis G. Denitrification in a Restored Riparian Forest Wetland. Journal of Environmental Quality, 1995, 24(5): 808-815

[60] Narumalani S, Zhou Y C, Jensen J R. Application of remote sensing and geographic information systems to the delineation and analysis of riparian buffer zones. Aquatic Botany, 1997(58): 393-409

[61] U. S. Dept. of Agriculture Forest Service. Agroforestry Notes. Rocky Mountain Station, USDA-NRCS, Jan. 1997, AF Note-4

[62] Eghball B, Gilley J E, Kbamer L A, et al. Narrow grass hedge effects on phosphorus and nitrogen in runoff following manure and fertilizer application. Journal of Soil and Water Conservation, 2000, 55(2): 172-176

[63] Dillaha T A, Reneau R B, Mostaghimi S, et al. Vegetative filter strips for agricultural nonpoint source pollution control. Transactions of the ASAE, 1989, 32(2): 513-519

[64] Lee K H, Isenhart T M, Schultz R C. Sediment and nutrient removal in an established multi-species riparian buffer. Journal of Soil and Water Conservation, 2003, 58(1): 1-8

[65] Lowrance R, Leonard R, Sheridan J. Managing riparian ecosystems to control nonpoint pollution. Journal of Soil and Water Conservation, 1985, 40(1): 87-91

[66] Xiang W N. Application of a GIS-based stream buffer generation model to environmental policy evaluation. Environmental Management, 1993, 17: 817-827

[67] Sparovek G, Rarieri S B L, Gassner A, et al. A conceptual framework for the definition of the optimal width of riparian forest. Agriculture, Ecosystems and Environment, 2002, 90: 169-175

[68] Phillips J D. Nonpoinl source pollution control effectiveness of riparian forests along a Coastal Plain river. Journal of Hydrology, 1989, (110): 221-237

[69] Phillips J D. An evaluation of the factors determining the effectiveness of water quality buffer zones. Journal of Hydrology, 1989, (107): 133-145

[70] Nieswand C H, Hordan R M, Shelton T B, et al. Buffer strips to protect water supply reservoirs: A model and recommendations. Water Resources Bulletin, 1990, (26): 959-966

[71] Mander Ü, Kuusemets V, Krista L. Efficiency and dimensioning of riparian buffer zones in agricultural catchments. Ecological Engineering, 1997, (8): 299-324

[72] Lowrance R, Altier L, Williams R G, et al. The Riparian Ecosystem Management Model: Simulabor for ecological processes in riparian zones. In: Proceedings of the First Federal Interagency Hydrologic Modeling Conference, 1998

[73] Budd W W, Cohen P L, Saunders P R, et al. Stream corridor management in the Yacitic Northwest: determination of stream-corridor widths. Environmental Management, 1987, 11 (5): 587-597

[74] Lee P, Smyth C, Boutin S. Quantitative review of riparian buffer width guidelines from Canada and the United States. Journal of Environmental Management, 2004, 70: 165-180

[75] Johnson A W, Ryba D M. A literature review of recommended buffet widths to maintain various functions of stream riparian areas. King County Surface Water Management Division, 1992

[76] 刘泽峰. 不同坡度滨岸缓冲带对农田径流污染物的去除效果研究: 硕士学位论文. 上海: 东华大学, 2008

[77] 黄沈发, 吴建强, 唐浩, 等. 滨岸缓冲带对面源污染物的净化效果研究. 水科学进展, 2008, 19(5): 722-727

[78] 诸葛亦斯, 刘德富, 黄钰铃. 生态河流缓冲带构建技术初探. 水资源与水工程学报, 2006, 2(17): 63-67

[79] 钱进, 王超, 王沛芳, 等. 基于层次分析法的河湖滨岸缓冲带宽度适宜性评价. 水资源保护, 2008, 24(6): 76-79

[80] 王慧. 河岸缓冲带宽度对削减硝酸盐输移量的影响. 水土保持应用技术, 2008, (3): 11-12

第 2 章 太湖缓冲带的范围界定

湖泊缓冲带的有效宽度是缓冲带建设与管理有效性的核心问题。湖泊缓冲带功能的发挥与其宽度有着极为密切的关系,理论上从发挥缓冲带功能来说,宽度越宽效果越好。但是由于土地利用和经济条件的限制,缓冲带范围不可能无限宽,因此如何结合我国湖泊流域经济发展与水污染防治工作的实际情况,科学、合理地划定湖泊缓冲带的范围,是一个需要深入研究的问题。湖泊缓冲带范围划定需统筹考虑湖泊生态环境的保护和土地资源的节约,不同类型湖泊应该结合湖泊特点因地制宜地设定。本章以我国大型浅水湖泊——太湖为例,研究缓冲带范围的界定方法,在此基础上确定了太湖缓冲带最佳宽度,划定了太湖缓冲带的范围,为开展太湖缓冲带的现状调查与生态构建提供科学依据。

2.1 太湖流域概况

1. 地理位置

太湖流域总面积 36 900 km²,地处长江三角洲核心区域,行政区划分属江苏、浙江、上海和安徽三省一市。太湖水域面积约为 2338 km²,地处长江三角洲的南缘,位于江苏和浙江两省的交界处,三面临江滨海,一面环山,北抵长江,东临东海南滨钱塘江,西以天目山茅山等山区为界;是长江和钱塘江下游泥沙淤塞了古海湾而成的湖泊,周围则分布着若干小湖群。太湖流域范围及太湖地理位置见图 2-1。

2. 地形地貌

太湖流域地形周边高、中间低、呈碟状,总趋势为由西向东倾斜。流域地貌分为平原和山丘,东部为太湖平原,是全流域的主体,面积约占流域总面积的 80%;西侧为山地丘陵,构成本流域的分水岭地带,面积约占流域总面积的 20%。太湖地区地势平坦,是我国典型的平原河网地区。太湖南北长 68.5 km,东西均宽 34 km,湖底平均高程约 1.0 m,最低处约 0.0 m,平均水深 1.89 m。最深的区域(>2.5 m)在北部和西部湖区,大约 197 km²,占总湖湖体面积的 8.4%。太湖正常水位 3.05 m 时,容积为 44.3 亿 m³。

3. 气候

太湖流域属亚热带南部向中亚热带北部过渡的东南季风气候区。气候具有明

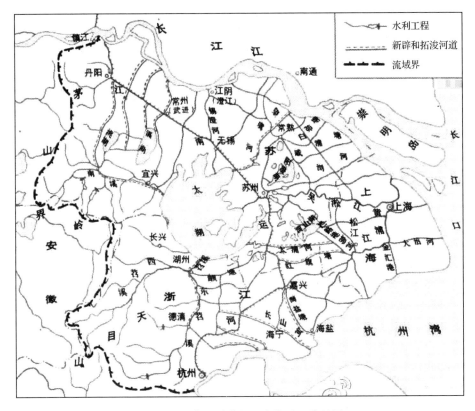

图 2-1　太湖流域范围及太湖地理位置图

显的季风特征,四季分明。冬季有冷空气入侵,多偏北风,寒冷干燥;春夏之交,暖湿气流北上,冷暖气流遭遇形成持续阴雨,称为"梅雨",易引起洪涝灾害;盛夏受副热带高压控制,天气晴热,此时常受热带风暴和台风影响,形成暴雨狂风的灾害天气。流域年平均气温 15～17 ℃,自北向南递增。降水充沛,多年平均降雨量为 1181 mm,其中 60% 的降雨集中在 5～9 月。

4. 水文水系

太湖流域河流密如蛛网,湖泊星罗棋布。流域内河道总长约 12×10^4 km,河网密度达 3.25 km/km²,平原区湖泊众多,仅面积大于 0.5 km² 的湖泊就有 189 个,总水面面积 3159 km²,蓄水量 57.7×10^8 m³,其中太湖水面面积 2338 km²,多年平均蓄水量 44×10^8 m³。典型的水系包括 6 条,苕溪水系、南河水系、洮滆水系、黄浦江水系、沿江水系、沿长江口和杭州湾水系。

5. 土壤与植被

由于气候地带性变化的影响,太湖流域丘陵山区的地带性土壤相应为亚热带的黄棕壤与中亚热带的红壤。平原地区大部分的地面高程在 10 m 以上，土壤主要为水稻土、沼泽土等，水稻土土质肥沃，80％以上的土壤耕层有机质含量在2％～3.5％。

植被多为残存次生林，主要为落叶阔叶林、常绿阔叶林和亚热带针叶林；毛竹、经济林、灌丛及草丛覆盖率也较高，这些植被对水土保持起积极作用。

6. 社会经济

太湖流域经济较为发达，是我国重要的经济产业和发展基地。其对我国经济增长和发展起到至关重要的作用。根据《2009 年太湖流域及东南诸河水资源公报》，太湖流域总人口 5159 万人，占全国总人口的 3.9％，人口密度 1398.1 人/km²，分布稠密，同期全国人口密度为 139.6 人/km²。国内生产总值 36 824 亿元，占全国国内生产总值的 11.0％；人均国内生产总值 7.1 万元，是全国人均国内生产总值的 2.8 倍。

伴随人口增长、城市化和工农业的加速发展，太湖流域的水质和环境不断恶化，蓝藻水华的频繁发生，导致太湖水体富营养化，严重影响流域地区社会经济的稳定发展，太湖水污染治理刻不容缓。缓冲带是太湖流域水环境重点污染控制区域之一，是大幅度降低进入太湖外源污染负荷的关键区域，充分发挥太湖缓冲带应有的功能，是确保太湖水生态环境质量的有效环节。

2.2　太湖缓冲带宽度研究

2.2.1　室内模拟研究

利用土壤-植被系统的方式，选择太湖宜兴地区常见的 3 种草皮即狗牙根（*Cynodon dactylon*）、白车轴草（*Trifolium repens*）、苇状羊茅（*Festuca arundinacea*），利用自行研究设计的实验装置模拟构建草皮缓冲带，并模拟宜兴地区降雨时产生的汇流过程和雨量进行太湖缓冲带对陆域面源污染物的净化效果研究，旨在对比草皮的种类和地上生物量对缓冲带的污染物净化效果的影响，为确定缓冲带的宽度和草皮类型提供依据。

1. 材料与方法

1）试验装置

研制 4 个试验槽来模拟太湖缓冲带(图 2-2)，试验装置包括配水池(水箱)和试验槽。水箱采用 100 L 的白色塑料水箱，试验槽(长 300 cm×宽 20 cm×高 20 cm)前端设有 15 cm 布水平板，后端设有 15 cm 集水平板，分别在试验槽沿程的0.9 m、1.8 m、2.7 m 处设置 3 组水龙头，收集上、下水管的径流水和渗流水，根据太湖宜兴地区现场调研结果设计坡度为 4％。试验槽放于实验室内,用日光灯补充光照,湿度保持在 40％～60％,利于植物生长。研制的四个槽体,其中三个分别种植狗牙根、白车轴草和苇状羊茅,另外一个只放土壤,不种植物,作为空白对照(CK)。

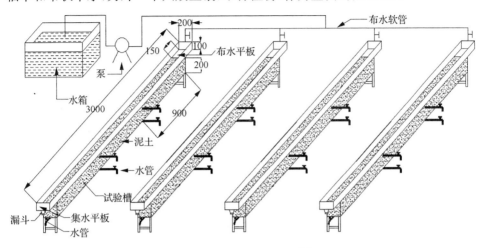

图 2-2　试验装置设计图[1]

2）材料

基质:试验用土取自太湖临湖 100 m 左右,土质类型为青紫泥和沟干泥,质地略显黏重。

植被:选取宜兴地区常见的 3 种多年生草皮植被——狗牙根、白车轴草和苇状羊茅。

水质:根据太湖缓冲带的面源污染特征,采用碳酸氢铵、硝酸钠、过磷酸钙和泥土颗粒配制人工污水,其水质见表 2-1。

表 2-1　人工污水水质指标　　　　　　　　　　　单位：mg/L

项目	SS	TN	NH$_3$-N	TP
数值范围	70.50～308.53	6.05～22.70	6.30～16.40	0.55～0.97
平均值	185.22	12.94	10.76	0.76

3）试验方法

模拟太湖宜兴地区降雨时产生的汇流过程和雨量进行试验。设计降雨历时为 40～60 min,降雨量为 30 mm。模拟降雨条件于试验槽前端布水平板,人工污水经过平板流入试验槽,一部分渗流入土壤后从底部的出水口流出,另一部分形成表面径流后从集水平板的另一侧流出,待形成稳定的表面径流后,分别从取样口取径流水样和渗流水样。试验从 2011 年 7 月开始,于 12 月结束,每月模拟降雨 2 次,并同步测定分析指标,总计收集及测试分析指标 12 次。

试验期间植物生长期为 6 个月,生物量测定共取样 3 次,分别是 8 月、10 月、

12月。沿试验槽长度方向平均取 3 个点,每个点面积 6 cm×6 cm,称量地上部分生物量,取样之后风干表面水分,立即用分析天平称得鲜质量,取 3 点平均值然后换算为单位面积(按 m² 计)生物量数值。

4)分析指标和方法

径流的分析指标包括 TN、TP、NH₃-N 和 SS,渗流的分析指标包括 TN、TP 和 NH₃-N。分析方法参照《水和废水监测分析方法》。

2. 湖泊缓冲带的污染物净化效果

1)径流 SS 截留效果

由图 2-3 可知,4 个模拟试验槽中,狗牙根模拟缓冲带的径流出水 SS 平均浓度最低,沿程平均 SS 去除率分别为 30.45%、32.87%、43.12%,其次是白车轴草模拟缓冲带、苇状羊茅模拟缓冲带和 CK。草皮模拟缓冲带的径流对 SS 的截留能力高于 CK,且截留效果沿程增强。统计学检验显示,狗牙根、白车轴草和苇状羊茅模拟缓冲带的径流对 SS 平均去除率显著高于 CK(P<0.05),且狗牙根、白车轴草模拟缓冲带的径流对 SS 平均去除率显著高于苇状羊茅模拟缓冲带(P<0.05)。

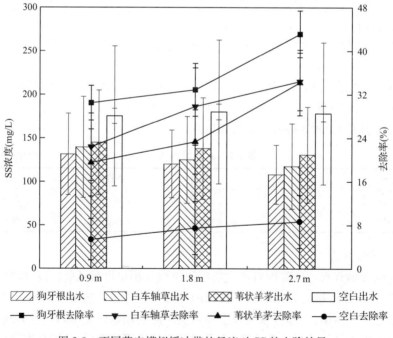

图 2-3　不同草皮模拟缓冲带的径流对 SS 的去除效果

2)径流、渗流 TN 净化效果

由图 2-4 可知,草皮模拟缓冲带对 TN 的去除效果沿程增强,径流、渗流对 TN

的平均去除率均为白车轴草模拟缓冲带＞狗牙根模拟缓冲带＞苇状羊茅模拟缓冲带＞CK（CK 由于土壤板结度高,未能取到渗流水）。统计学检验显示,白车轴草、狗牙根、苇状羊茅模拟缓冲带的径流对 TN 的平均去除率显著高于 CK($P<0.05$),且 3 个试验组的渗流对 TN 的平均去除率显著高于径流($P<0.05$)。白车轴草模拟缓冲带的径流、渗流对 TN 的平均去除率显著高于苇状羊茅模拟缓冲带($P<0.05$),而狗牙根模拟缓冲带的径流、渗流对 TN 的平均去除率与白车轴草模拟缓冲带无显著差别。

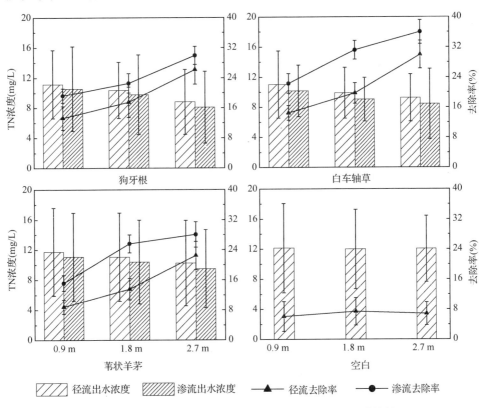

图 2-4 不同草皮模拟缓冲带的径流、渗流对 TN 的去除效果

3) 径流、渗流 NH_3-N 净化效果

由图 2-5 可知,草皮模拟缓冲带对 NH_3-N 的去除效果沿程增强,径流、渗流对 NH_3-N 的平均去除率均为白车轴草模拟缓冲带＞狗牙根模拟缓冲带＞苇状羊茅模拟缓冲带＞CK。统计学检验显示,白车轴草、狗牙根、苇状羊茅模拟缓冲带的径流对 NH_3-N 的平均去除率显著高于 CK($P<0.05$),且 3 个试验组的渗流对 NH_3-N 的平均去除率显著高于径流($P<0.05$)。白车轴草模拟缓冲带的径流、渗流对 NH_3-N 的平均去除率显著高于狗牙根、苇状羊茅模拟缓冲带($P<0.05$)。

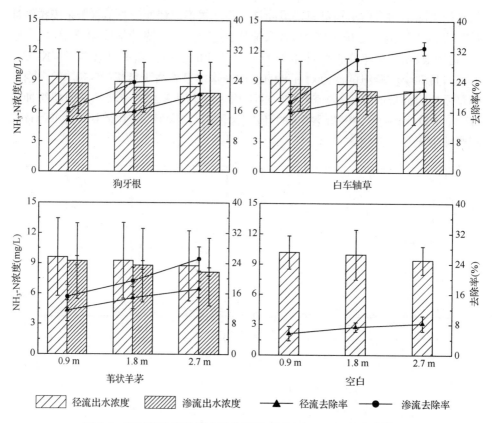

图 2-5　不同草皮模拟缓冲带的径流、渗流对 NH₃-N 的去除效果

4）径流、渗流 TP 净化效果

由图 2-6 可知，草皮模拟缓冲带对 TP 的去除效果沿程增强，径流、渗流对 TP 的去除率均为白车轴草模拟缓冲带＞狗牙根模拟缓冲带＞苇状羊茅模拟缓冲带＞CK。统计学检验显示，白车轴草、狗牙根、苇状羊茅模拟缓冲带的径流对 TP 的平均去除率显著高于 CK（$P<0.05$）。白车轴草模拟缓冲带的径流、渗流对 TP 的平均去除率显著高于苇状羊茅模拟缓冲带（$P<0.05$），且渗流对 TP 的平均去除率显著高于径流（$P<0.05$）。

3. 草皮生物量对模拟缓冲带的污染去除效果的影响

草皮生物量与湖泊缓冲带的污染去除效果对比见表 2-2。从表 2-2 的数据可以看出，狗牙根、白车轴草、苇状羊茅在试验期内生物量都相应增加，12 月时鲜重分别达到 6.97 kg/m²、7.47 kg/m²、3.08 kg/m²。随着地上生物量的增加，各组草皮构建的模拟缓冲带的径流、渗流对污染物的去除率总体呈上升趋势。

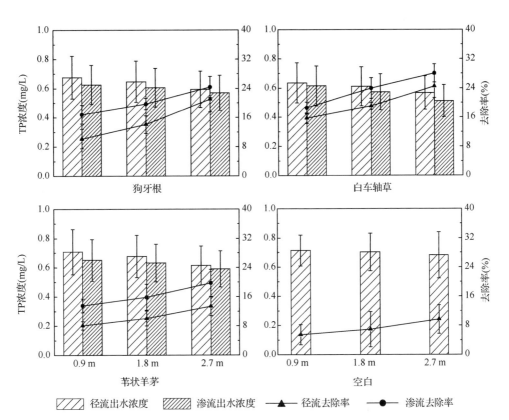

图 2-6　不同草皮模拟缓冲带的径流、渗流对 TP 的去除效果

表 2-2　草皮生物量和模拟缓冲带的污染去除效果对比

草皮	取样时间	温度(℃)	鲜重(kg/m²)	径流去除率(%)				渗流去除率(%)		
				SS	TN	NH₃-N	TP	TN	NH₃-N	TP
狗牙根	8 月	27.4	1.94	32.36	22.85	20.62	18.86	30.67	26.67	22.37
	10 月	17.5	4.63	41.43	25.57	22.63	20.85	34.27	27.73	25.43
	12 月	3.7	6.97	45.37	30.67	25.73	25.54	35.74	30.73	27.37
白车轴草	8 月	27.4	1.05	28.26	26.71	23.73	21.42	33.63	30.27	31.36
	10 月	17.5	6.04	36.75	32.74	26.83	26.26	36.36	32.83	33.37
	12 月	3.7	7.47	40.31	34.34	29.27	28.26	39.62	37.38	33.06
苇状羊茅	8 月	27.4	1.85	25.36	22.86	19.62	17.58	27.42	23.65	21.67
	10 月	17.5	1.62	22.52	19.64	17.26	16.25	25.75	20.48	17.63
	12 月	3.7	3.08	34.35	25.37	22.60	22.32	32.63	27.26	26.75

　　白车轴草和狗牙根有较大的地上生物量,其构建的模拟缓冲带表现出较高的污染物去除率,而苇状羊茅的地上生物量相对较小,故其构建的模拟缓冲带的污染物去除率也相对较低。其中,狗牙根、白车轴草模拟缓冲带的径流对 SS 的去除率在 12 月比 8 月增加 40% 以上。方差分析结果表明,狗牙根和白车轴草的地上生物量增加显著高于苇状羊茅($P<0.05$)。

　　为了进一步说明草皮生物量与模拟缓冲带的污染物去除量的关系,我们进行了两者的相关性分析,即将所有草皮生物量的平均值与对应的模拟缓冲带的污染物平均去除率进行相关性比较,结果见表 2-3。从表 2-3 可见,草皮生物量与对应模拟缓冲带径流的 SS 去除率呈显著正相关,与径流的 TN、NH_3-N、TP 去除率呈正相关,与渗流的 TN、NH_3-N 去除率也呈正相关,而与渗流的 TP 去除率相关性不显著。

表 2-3　草皮生物量与对应模拟缓冲带的污染物去除率的相关性分析结果

项目	径流				渗流		
	SS	TN	NH_3-N	TP	TN	NH_3-N	TP
草皮鲜重	0.899**	0.776*	0.763*	0.793*	0.791*	0.684*	0.541

注:** 表示在 $P<0.01$ 上相关性极显著;* 表示在 $P<0.05$ 上相关性显著

　　试验过程中,草皮生长状况良好,草皮模拟缓冲带的径流、渗流对各污染物的去除效果显著强于对照组 CK($P<0.05$),表明草本植被的存在能明显增强湖泊缓冲带的污染物净化效果,且污染物的去除效果受到植被种类的影响。对照组 CK 中土壤板结度高,几乎收集不到渗流,而草皮模拟缓冲带土壤中渗流较多,说明植被可改善土壤的物理性质,提高缓冲带土壤水力渗透性,从而有效促进其对面源污染物的去除[2]。

　　草皮模拟缓冲带的径流对 SS 的截留效果较为明显,且草皮生物量与对应模拟缓冲带径流的 SS 去除率相关性显著。这是由于在模拟缓冲带种植草皮增加了径流的阻力,降低了水流速度,加之植被根系、茎叶的阻拦作用,致使径流中的固体颗粒物发生沉积。而 CK 土壤中未种植草皮,对径流中 SS 没有任何拦截效果,甚至还发现径流出水中 SS 浓度强于进水,这是由于径流在空白缓冲带对地表土壤进行了冲刷、侵蚀,导致部分土壤固体颗粒物汇入径流。

　　草皮模拟缓冲带的渗流对 TN、NH_3-N、TP 的净化效果均显著强于径流($P<0.05$),这是因为径流在模拟缓冲带表面流过的时间较短,影响了植物对污染物吸收和植物根系的污染降解能力,而渗流中的污染物可被植物自身直接吸收,供其生长发育[3]。同时,植物可通过发达的根系向土壤输送氧气等,供好氧微生物降解有机物,可使有机氮通过硝化和反硝化作用得以去除[4]。可见,渗流中污染物可经过土壤过滤、植物根系吸收、微生物分解等多重作用去除,故渗流的污染物去除率明

显高于径流。

　　总体来说,白车轴草模拟缓冲带对污染物的去除效果最强,而苇状羊茅模拟缓冲带最弱。白车轴草具备豆科类植物所特有的固氮能力,因此白车轴草模拟缓冲带对 TN、NH_3-N 的去除效果最强。在试验期间,白车轴草生长最为旺盛,其构建的湖泊缓冲带在 TP 的净化效果方面也显示了较强的能力。而苇状羊茅性喜寒冷潮湿、温暖的气候,而在高温期处于休眠状态,因此其构建的湖泊缓冲带对氮、磷的净化效果不佳。

　　3 种草皮模拟缓冲带的污染物去除率沿程增强,说明模拟缓冲带的宽度与其污染物截留效果呈正比,但由于人地矛盾突出,缓冲带的宽度也不能无限大,宽度设置又受到诸多因素的影响,如降雨量、植被类型、土壤性质、坡度等。而且研究表明 3 种草皮模拟缓冲带在试验槽前 0.9 m 处的污染物去除率均超过总去除率的56%,这与有关报道的结论一致,可见湖泊缓冲带截留悬浮物和削减其他污染物的作用主要发生在缓冲带前端[5,6]。因此,应在有限的土地资源条件下,确定湖泊缓冲带的最佳宽度,以达到最佳的面源污染控制效果。但如何结合现场实际情况确定,还需进一步深入研究。

2.2.2　现场试验研究

　　太湖缓冲带进行生态构建时,对进入缓冲带的地表径流能否有效净化,不同半径缓冲带内净化效果如何,是否半径越大净化效果越好,多大半径的缓冲带能够起到最大或较好的净化效果,是目前缓冲带构建研究中迫切需要研究的内容。在无锡市太湖新城和宜兴周铁镇选取两类典型缓冲带类型,快速城市化新区园林绿地型缓冲带和现代化农村大面积耕地型缓冲带。通过研究不同土地利用类型、不同半径范围、不同季节、不同营养盐浓度冲击下,两种缓冲带对氮磷等营养盐的消除效果,从而确定太湖缓冲带的缓冲效果,为太湖缓冲带范围的有效界定提供理论基础和依据。

　　1. 太湖新城快速城市化新区园林绿地型缓冲带

　　1) 研究区概况

　　太湖新城位于无锡主城区南侧,东起运河,西接梅梁湖,南依太湖,北望蠡湖,四面环水,内部有 300 多条河流,太湖新城总面积约 150 km²,其中远景规划城市建设用地近 100 km²,可容纳居住人口约 80 万~100 万。太湖新城是无锡拓展城市骨架、深入推进城市南进战略的重要载体。太湖新城被定位为无锡未来的行政商务中心、休闲宜居中心和创意研发中心。试验期间太湖新城缓冲带正在建设中,农民住房已经全部拆迁完毕,一部分农田已经建设成以树木草坪为主的缓冲带,还有部分农田正在改建过程中。

2）采样布点

太湖新城快速城市化新区园林绿地型缓冲带地势平坦,附近已无农民居住,主要以农田、松树、柳树及各类观赏类花草为主,具有很大的美学价值。太湖新城快速城市化新区园林绿地型缓冲带的主要污染源为大面积绿化施肥时由地表径流带入的营养物质和面源污染。根据太湖缓冲带地形、植被分布状况、水流状况等条件,参考《水质　采样方案设计技术规定》(GB 12997—91),利用 GPS 全球卫星定位系统,沿着入湖河流在太湖新城快速城市化新区园林绿地型缓冲带选择 9 个采样点依次采样,采样图见图 2-7,各采样点特征见表 2-4,采样从 2011 年 7 月开始,至 2011 年 11 月结束,共计 7 次,采样日期分别为 2011 年 7 月 27 日、2011 年 8 月 14 日、2011 年 8 月 30 日、2011 年 9 月 21 日、2011 年 10 月 10 日、2011 年 10 月 27 日、2011 年 11 月 12 日。

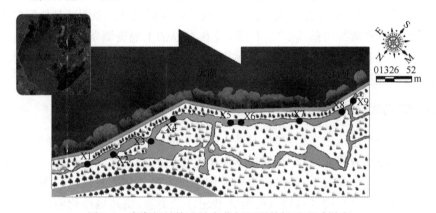

图 2-7　太湖新城快速城市化新区园林绿地型采样点

表 2-4　太湖新城快速城市化新区园林绿地型缓冲带采样点的基本特征

采样点	特征描述	距入湖点的距离(m)
X1	河流岸边有观赏凉亭,河中有大量沉水植物	1044.5
X2	小岛的起点	929.1
X3	小岛的终点,河中沉水植物很多	815.9
X4	水体中有大量莲花,岸边有垂柳等观赏植物	677
X5	被土堤隔开处,土堤阻碍了河流的正常流动	443.4
X6	土堤另一边,下游河水的起点	424.4
X7	两条土堤中间	195.1
X8	另一土堤隔开处,河水只有部分相连	30
X9	太湖入口处	31°26.337′N,120°18.003′E

3) 结果与分析[7]

A. 不同降雨时期缓冲带的缓冲效果

根据 2011 年无锡市月平均降水量将采样时期分为雨季、过渡期和旱季。采样期中的 7 月、8 月为雨季(采样时间分别为 2011 年 7 月 27 日、2011 年 8 月 14 日和 2011 年 8 月 30 日,平均降雨量 302.7 mm),9 月为过渡期(采样时间为 2011 年 9 月 21 日,平均降雨量 57 mm),10 月、11 月为旱季(采样时间 2011 年 10 月 10 日、2011 年 10 月 27 日和 2011 年 11 月 12 日,平均降雨量 27.1 mm)。

图 2-8 显示,在雨季,起始点 X1 水体 TN 平均浓度为 0.792 mg/L(Ⅲ类水),入湖点为 1.175 mg/L(Ⅳ类水),高于起始点,并呈逐步上升趋势;对于过渡期来说,起始点水体 TN 浓度为 0.649 mg/L(Ⅲ类水),入湖点为 0.637 mg/L(Ⅲ类水),水质略有波动;而在旱季,起始点水体 TN 平均浓度为 0.551 mg/L(Ⅲ类水),入湖点为 0.628 mg/L(Ⅲ类水),水体 TN 平均浓度略有波动,并维持在Ⅲ类水。对于水体 TN 平均浓度来说,雨季大于过渡期大于旱季,且雨季的波动水平较大。

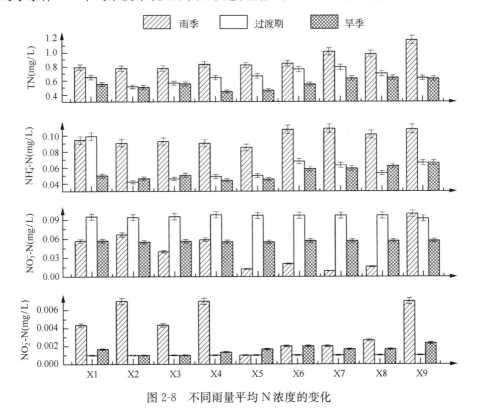

图 2-8　不同雨量平均 N 浓度的变化

在雨季,起始点水体 NH_4^+-N 平均浓度为 0.094 mg/L(Ⅰ类水),入湖点为 0.108 mg/L(Ⅰ类水)。水体 NH_4^+-N 平均浓度非常稳定,并维持在Ⅰ类水;对于过渡期来说，起始点水体 NH_4^+-N 浓度为 0.099 mg/L（Ⅰ类水），入湖点为 0.066 mg/L（Ⅰ类水），水质波动较小，比较稳定；在旱季，起始点水体 NH_4^+-N 平均浓度为 0.05 mg/L（Ⅰ类水），入湖点为 0.066 mg/L（Ⅰ类水）。从 X1 点到 X9 点水体 NH_4^+-N 平均浓度非常稳定，并维持在Ⅰ类水。对于水体 NH_4^+-N 平均浓度来说，雨季明显高于旱季，但二者的水质都非常好。

在雨季，从 X1 点到 X9 点，水体 NO_3^--N 和 NO_2^--N 平均浓度波动比较大；对于过渡期来说，从 X1 点到 X9 点水体 NO_3^--N 和 NO_2^--N 浓度比较稳定，NO_3^--N 浓度明显高于雨季和旱季时的浓度，这可能是因为缓冲带微生物的作用使雨季地表径流带来的有机氮转化为 NO_3^--N，所以过渡期的 NO_3^--N 浓度比较高，随着缓冲带的进一步净化，NO_3^--N 浓度逐渐降低，从而使旱季 NO_3^--N 浓度低于过渡期；在旱季，从 X1 点到 X9 点，水体 NO_3^--N 和 NO_2^--N 平均浓度非常稳定，且非常低。

图 2-9 显示，在雨季，起始点水体 TP 平均浓度为 0.103 mg/L（Ⅲ类水），入湖点为 0.164 mg/L（Ⅲ类水），水体 TP 和 PO_4^{3-}-P 平均浓度呈上升趋势，但变化幅度比较小；对于过渡期来说，起始点水体 TP 平均浓度为 0.031 mg/L（Ⅱ类水），入湖点为 0.075 mg/L（Ⅱ类水），水体 TP 浓度略呈上升趋势，PO_4^{3-}-P 浓度波动较大；在旱季，起始点水体 TP 平均浓度为 0.049 mg/L（Ⅱ类水），入湖点为 0.106 mg/L（Ⅲ类水）。对于水体 TP 平均浓度来说，雨季明显高于旱季，且水体 TP 和 PO_4^{3-}-

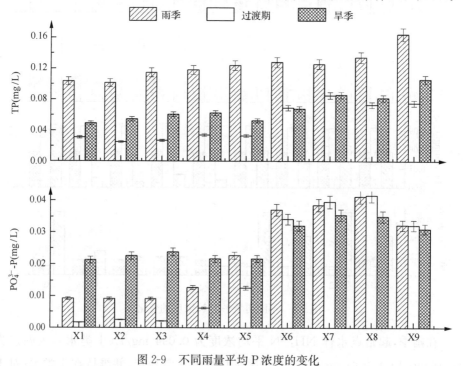

图 2-9　不同雨量平均 P 浓度的变化

P 平均浓度都非常稳定。

图 2-10 显示,在雨季,起始点水体 COD_{Cr}、BOD_5 和 Chla 平均浓度分别为 38.39 mg/L(Ⅴ类水)、0.24 mg/L(Ⅰ类水)和 0.0060 mg/L,入湖点分别为 40.99 mg/L(劣Ⅴ类水)、1.3 mg/L(Ⅱ类水)和 0.0067 mg/L,雨季水体 COD_{Cr} 平均浓度略高于旱季,雨季水体 BOD_5 平均浓度低于旱季,COD_{Cr} 平均浓度非常稳定,BOD_5 和 Chla 平均浓度略有波动;对于过渡期来说,起始点水体 COD_{Cr}、BOD_5 和 Chla 平均浓度分别为 11.37 mg/L(Ⅰ类水)、1.0 mg/L(Ⅱ类水)和 0.0026 mg/L,入湖点分别为 47.11 mg/L(劣Ⅴ类水)、1.0 mg/L(Ⅱ类水)和 0.0068 mg/L,水体 COD_{Cr}、BOD_5 和 Chla 平均浓度略有波动;在旱季,起始点水体 COD_{Cr}、BOD_5 和 Chla 平均浓度分别为 26.68 mg/L(Ⅳ类水)、1.2 mg/L(Ⅱ类水)和 0.0038 mg/L,入湖点分别为 42.01 mg/L(劣Ⅴ类水)、2.1 mg/L(Ⅱ类水)和 0.0086 mg/L。从 X1 点到 X9 点,水体 COD_{Cr}、BOD_5 和 Chla 平均浓度略呈上升趋势,但变化幅度较小,相对比较稳定。

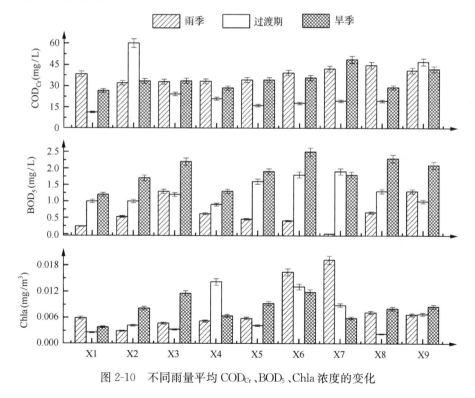

图 2-10　不同雨量平均 COD_{Cr}、BOD_5、Chla 浓度的变化

在雨季,太湖新城快速城市化新区园林绿地型缓冲带(X1～X9)水体 TN 平均浓度维持在Ⅲ类水到Ⅳ类水之间,NH_4^+-N 平均浓度维持在Ⅰ类水,TP 平均浓度维持在Ⅲ类水,COD_{Cr} 平均浓度维持在Ⅴ类水到劣Ⅴ类水之间,BOD_5 平均浓度维

持在Ⅰ类水到Ⅱ类水之间,主要污染物是 TN 和 COD_{Cr}。从 X1 点到 X9 点,水体 TN、TP 和 PO_4^{3-}-P 平均浓度呈上升趋势,NH_4^+-N、COD_{Cr}、BOD_5 和 Chla 平均浓度比较稳定,NO_3^--N 和 NO_2^--N 平均浓度波动较大,雨季水体 TN、NH_4^+-N、NO_2^--N 和 TP 平均浓度明显高于旱季。尽管在雨季 TN、TP 和 PO_4^{3-}-P 平均浓度呈上升趋势,但是基本均在Ⅳ类水以上,具有较好的缓冲效果,入湖水质较好。同时,雨水径流带入的主要污染物是 TN,而不是 TP。

在过渡期,水体 TN 浓度维持在Ⅲ类水,NH_4^+-N 浓度维持在Ⅰ类水,TP 平均浓度维持在Ⅱ类水,COD_{Cr} 平均浓度维持在Ⅰ类水到到劣Ⅴ类水之间,BOD_5 平均浓度维持在Ⅱ类水,主要污染物是 COD_{Cr}。从 X1 点到 X9 点,水体 TN、NH_4^+-N、NO_3^--N、NO_2^--N、TP、PO_4^{3-}-P、COD_{Cr}、BOD_5 和 Chla 平均浓度均比较稳定,且水质除 COD_{Cr} 外都非常好,这说明快速城市化新区园林绿地型缓冲带对维持良好的水质生态系统起到了关键性的作用。

在旱季,水体 TN 平均浓度维持在Ⅲ类水,NH_4^+-N 平均浓度维持在Ⅰ类水,TP 平均浓度维持在Ⅱ类水到Ⅲ类水之间,COD_{Cr} 平均浓度维持在Ⅳ类水到劣Ⅴ类水,BOD_5 平均浓度维持在Ⅱ类水,主要污染物是 COD_{Cr}。从 X1 点到 X9 点,水体各项指标平均浓度均比较稳定。COD_{Cr} 相对于过渡期不仅没有降低,反而有所增加,可见快速城市化新区园林绿地型缓冲带对降解 COD_{Cr} 效果不明显。相比较而言,其他水质指标都能维持在一个较高的水平,从而对 N 的缓冲效果比较显著。

由以上分析可知,太湖新城快速城市化新区园林绿地型缓冲带对 N、P、COD_{Cr} 等指标均具有一定的缓冲效果,但对不同指标的缓冲能力不同,其中,对 N、P 的缓冲效果最为明显。有研究表明,森林缓冲带有能力减少 67%~89% 地下水中 N 的含量[8],并对地表径流水中的沉淀物和颗粒状磷的去除超过 50%[9]。

B. 不同降雨时期缓冲带的空间差异性

在雨季对不同指标采样点的显著性分析见表 2-5。对于 TN 来说,X1、X2、X3、X4、X5、X6 点与 X9 点之间差异性极显著。对于 TP 来说,X1、X2、X3、X4 点与 X9 点之间差异性极显著。对于 PO_4^{3-}-P 来说,X1、X2、X3、X4 点与 X6、X7、X8、X9 点之间差异性极显著,X5 点与 X7、X8 点之间差异性极显著。对于 Chla 来说,X1、X2、X3、X4、X5、X8、X9 点与 X6、X7 点之间差异性极显著。对于 NH_4^+-N、NO_3^--N、NO_2^--N、COD_{Cr}、BOD_5 和 DO 来说,各采样点之间差异性不显著,即稳定性较好。X9 点是太湖入口点,也是河流的汇聚点,其在雨季时的 TN 和 TP 含量明显高于其他点。对于 PO_4^{3-}-P 来说,X5 点是分界点,这可能是由于 X5 与 X6 被土堤隔开从而影响了下游水质。总之,太湖新城快速城市化新区园林绿地型缓冲带整体稳定性好,除 COD_{Cr} 外,各指标含量都很低,有利于太湖的保护。

表 2-5　雨季太湖新城快速城市化新区园林绿地型缓冲带不同指标下各采样点的显著性分析

采样点	采样点	Sig.									
		TN	TP	NH_4^+-N	NO_3^--N	NO_2^--N	PO_4^{3-}-P	COD_{Cr}	BOD_5	DO	Chla
X1	X2	0.907	0.918	0.957	0.853	0.542	0.993	0.511	0.685	0.528	0.382
	X3	0.914	0.563	0.980	0.753	1.000	0.993	0.567	0.115	0.138	0.717
	X4	0.780	0.455	0.953	0.970	0.542	0.640	0.594	0.525	0.159	0.836
	X5	0.843	0.297	0.891	0.415	0.447	0.083	0.663	0.898	0.231	0.980
	X6	0.714	0.216	0.849	0.507	0.593	0.001	0.918	0.966	0.112	0.011
	X7	0.141	0.261	0.833	0.385	0.593	0.001	0.684	0.173	0.964	0.003
	X8	0.208	0.124	0.918	0.454	0.702	0.000	0.501	0.498	0.528	0.716
	X9	0.015	0.005	0.841	0.433	0.542	0.006	0.783	0.144	0.808	0.829
X2	X3	0.993	0.497	0.977	0.618	0.542	1.000	0.931	0.131	0.110	0.599
	X4	0.692	0.397	0.996	0.882	1.000	0.634	0.899	0.814	0.149	0.498
	X5	0.753	0.254	0.934	0.320	0.179	0.082	0.823	0.595	0.108	0.395
	X6	0.629	0.182	0.807	0.398	0.259	0.001	0.448	0.654	0.103	0.003
	X7	0.115	0.222	0.792	0.295	0.259	0.001	0.293	0.317	0.558	0.001
	X8	0.171	0.103	0.875	0.353	0.325	0.000	0.191	0.781	0.215	0.228
	X9	0.012	0.004	0.799	0.547	1.000	0.006	0.355	0.087	0.746	0.283
X3	X4	0.698	0.864	0.973	0.725	0.542	0.634	0.968	0.146	0.445	0.876
	X5	0.760	0.633	0.910	0.613	0.447	0.082	0.890	0.112	0.928	0.736
	X6	0.635	0.497	0.829	0.725	0.593	0.001	0.501	0.114	0.588	0.006
	X7	0.116	0.574	0.814	0.575	0.593	0.001	0.332	0.168	0.134	0.002
	X8	0.174	0.320	0.899	0.662	0.702	0.000	0.220	0.059	0.126	0.473
	X9	0.012	0.019	0.822	0.276	0.542	0.006	0.400	0.538	0.137	0.566
X4	X5	0.934	0.759	0.938	0.395	0.179	0.191	0.922	0.447	0.394	0.856
	X6	0.930	0.609	0.803	0.484	0.259	0.004	0.526	0.498	0.200	0.008
	X7	0.225	0.695	0.788	0.366	0.259	0.002	0.352	0.435	0.147	0.002
	X8	0.320	0.407	0.872	0.433	0.325	0.001	0.235	0.966	0.419	0.571
	X9	0.028	0.028	0.795	0.454	1.000	0.016	0.422	0.128	0.136	0.674
X5	X6	0.865	0.838	0.743	0.877	0.818	0.067	0.591	0.932	0.651	0.011
	X7	0.197	0.932	0.728	0.956	0.818	0.045	0.403	0.142	0.029	0.003
	X8	0.283	0.598	0.810	0.946	0.702	0.022	0.273	0.423	0.107	0.698
	X9	0.023	0.052	0.736	0.119	0.179	0.213	0.479	0.065	0.091	0.810

采样点	采样点	Sig.									
		TN	TP	NH_4^+-N	NO_3^--N	NO_2^--N	PO_4^{3-}-P	COD_{Cr}	BOD_5	DO	Chla
X6	X7	0.258	0.905	0.984	0.834	1.000	0.844	0.761	0.162	0.111	0.423
	X8	0.363	0.746	0.930	0.931	0.878	0.584	0.567	0.472	0.095	0.020
	X9	0.033	0.078	0.992	0.156	0.259	0.517	0.863	0.141	0.213	0.016
X7	X8	0.818	0.658	0.914	0.902	0.878	0.724	0.787	0.460	0.499	0.005
	X9	0.270	0.062	0.992	0.108	0.259	0.401	0.895	0.412	0.839	0.004
X8	X9	0.187	0.140	0.922	0.134	0.325	0.239	0.688	0.137	0.422	0.881

在旱季对不同指标采样点的显著性分析见表 2-6。对于 NO_2^--N 来说,X2、X3点与 X9 点之间差异性极显著。对于 PO_4^{3-}-P 来说,X1、X2、X3、X4、X5 点与 X7、X8 点之间差异性极显著,对于 BOD_5 来说,X1、X4 点与 X6 点之间差异性极显著。对于 DO 来说,X1 点与 X2、X5 点之间差异性极显著,X2、X5 点与 X6、X7、X8、X9点之间差异性极显著,X3 点与 X6、X7、X8 点之间差异性极显著,X4 点与 X6、X8点之间差异性极显著。对于 TN、TP、NH_4^+-N、NO_3^--N、COD_{Cr} 和 Chla 来说,各采样点之间差异性不显著,稳定性较好。X9 点 NO_2^--N 浓度高于其他点,尤其是 X2点与 X3 点,这可能是由于 X9 点的水体受到太湖水体的影响或者其他河段的影响。对于 PO_4^{3-}-P 来说,X6 点是分界点,这可能是由于 X5 与 X6 被土堤隔开从而影响了下游水质。对于 DO 来说,尽管各点间的波动较大,但由于最低的 DO 浓度也很高,因此不会影响生物的正常生存。总而言之,旱季时各点的整体稳定性都非常好,且基本好于雨季。由此可见,快速城市化新区园林绿地型缓冲带对于稳定入湖水质具有非常明显的作用。

表 2-6　旱季太湖新城快速城市化新区园林绿地型缓冲带不同指标下各采样点的显著性分析

采样点	采样点	Sig.									
		TN	TP	NH_4^+-N	NO_3^--N	NO_2^--N	PO_4^{3-}-P	COD_{Cr}	BOD_5	DO	Chla
X1	X2	0.718	0.858	0.832	0.978	0.236	0.804	0.546	0.429	0.026	0.419
	X3	0.983	0.704	0.969	0.993	0.236	0.629	0.538	0.078	0.183	0.157
	X4	0.392	0.663	0.729	0.982	0.548	0.949	0.859	0.854	0.468	0.630
	X5	0.473	0.911	0.788	0.978	1.000	0.944	0.502	0.229	0.016	0.310
	X6	0.965	0.540	0.618	1.000	0.548	0.051	0.420	0.033	0.131	0.142
	X7	0.512	0.232	0.604	0.996	1.000	0.013	0.063	0.304	0.412	0.693
	X8	0.460	0.285	0.491	0.996	1.000	0.016	0.826	0.062	0.155	0.426
	X9	0.531	0.071	0.361	1.000	0.236	0.075	0.186	0.137	0.627	0.378

采样点	采样点	Sig.									
		TN	TP	NH_4^+-N	NO_3^--N	NO_2^--N	PO_4^{3-}-P	COD_{Cr}	BOD_5	DO	Chla
X2	X3	0.702	0.840	0.802	0.985	1.000	0.813	0.991	0.304	0.313	0.524
	X4	0.615	0.797	0.893	0.996	0.548	0.853	0.669	0.541	0.110	0.740
	X5	0.718	0.946	0.954	1.000	0.236	0.858	0.945	0.668	0.808	0.831
	X6	0.751	0.663	0.479	0.978	0.083	0.083	0.836	0.152	0.001	0.489
	X7	0.314	0.305	0.468	0.982	0.236	0.023	0.189	0.806	0.004	0.675
	X8	0.276	0.370	0.371	0.982	0.236	0.028	0.700	0.252	0.001	0.990
	X9	0.328	0.099	0.264	0.978	0.025	0.119	0.457	0.465	0.009	0.940
X3	X4	0.380	0.955	0.701	0.989	0.548	0.674	0.660	0.110	0.529	0.337
	X5	0.460	0.788	0.758	0.985	0.236	0.679	0.954	0.541	0.215	0.670
	X6	0.948	0.814	0.645	0.993	0.083	0.127	0.845	0.668	0.008	0.955
	X7	0.526	0.406	0.631	0.996	0.236	0.037	0.193	0.429	0.039	0.296
	X8	0.473	0.484	0.515	0.996	0.236	0.045	0.691	0.902	0.010	0.516
	X9	0.545	0.143	0.381	0.993	0.025	0.179	0.464	0.759	0.077	0.574
X4	X5	0.887	0.746	0.939	0.996	0.548	0.995	0.620	0.304	0.070	0.586
	X6	0.416	0.858	0.401	0.982	0.236	0.058	0.527	0.048	0.032	0.310
	X7	0.139	0.437	0.391	0.985	0.548	0.015	0.089	0.395	0.131	0.930
	X8	0.120	0.518	0.305	0.985	0.548	0.019	0.966	0.088	0.039	0.749
	X9	0.147	0.157	0.214	0.982	0.083	0.085	0.248	0.188	0.232	0.684
X5	X6	0.500	0.616	0.445	0.978	0.548	0.059	0.890	0.304	0.000	0.630
	X7	0.178	0.276	0.434	0.982	1.000	0.015	0.212	0.854	0.002	0.528
	X8	0.154	0.336	0.342	0.982	1.000	0.019	0.650	0.465	0.001	0.821
	X9	0.187	0.088	0.242	0.978	0.236	0.086	0.499	0.759	0.005	0.890
X6	X7	0.484	0.547	0.985	0.996	0.548	0.521	0.263	0.229	0.468	0.272
	X8	0.434	0.639	0.847	0.996	0.548	0.585	0.554	0.759	0.922	0.481
	X9	0.503	0.212	0.672	1.000	0.548	0.843	0.589	0.465	0.291	0.536
X7	X8	0.932	0.893	0.862	1.000	1.000	0.924	0.096	0.363	0.529	0.684
	X9	0.976	0.504	0.687	0.996	0.236	0.404	0.553	0.624	0.733	0.621
X8	X9	0.908	0.424	0.817	0.996	0.236	0.459	0.264	0.668	0.336	0.930

2. 宜兴周铁现代化农村大面积耕地型缓冲带

1) 研究区概况

周铁位于宜兴市东北部,是农业快速发展的农业型现代化城镇,同时也是工业聚集的地区。该地区太湖沿岸多是农业混合型的缓冲带。研究区垂直于太湖段,地势平坦,主要有杨树林、农田和鱼塘等,河流宽度 1.7 m,长度 600 m,深度1.5 m,主要污染来自农业耕地施肥,林业喷药,鱼塘渗入。平行于太湖段,是具有一定坡度的缓冲带,主要由梨树和杂草组成,河流宽度 11.6 m,长度 750 m,深度2.2 m,主要污染来自对梨树施肥和喷农药。

2) 采样布点

在土地覆盖和土地利用状况调查的基础上,选择宜兴周铁现代化农村大面积耕地型缓冲带为采样区。根据太湖缓冲带地形、植被分布状况、水流状况、有无鱼塘等背景条件,确定采样点:沿着入湖河流,先垂直于太湖大堤,然后平行于太湖大堤,最后进入太湖,共 17 个采样点,其中鱼塘 1 个采样点,降水径流独立采样区 2个点(L1,L2),如图 2-11 所示。采样从 2011 年 7 月开始,到 2011 年 12 月结束,共10 次(分别为 7 月 27 日、8 月 14 日、8 月 30 日、9 月 21 日、10 月 10 日、10 月 27日、11 月 12 日、11 月 27 日、12 月 7 日、12 月 18 日)。

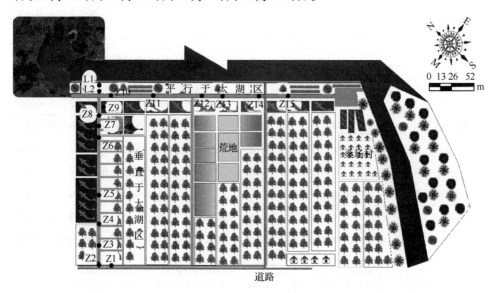

图 2-11 宜兴周铁现代化农村大面积耕地型缓冲带采样点

3) 结果与分析[10]

A. 雨量不同时缓冲带的缓冲效果

根据 2011 年宜兴市的月平均降水量和径流采样器中收集的水量,将采样期分为雨季、过渡期和旱季。采样时段内,7 月、8 月为雨季(采样时间为 2011 年 7 月 27 日、2011 年 8 月 14 日和 2011 年 8 月 30 日),9 月为过渡期(采样时间为 2011 年 9 月 21 日),旱季为 10 月、11 月(采样时间为 2011 年 10 月 10 日、2011 年 10 月 27 日和 2011 年 11 月 12 日)。

图 2-12 显示,在雨季,周铁垂直于太湖段(Z2～Z8,Z1 点在道路旁边),TN 浓度大致呈上升趋势,Z2 为 1.398 mg/L(Ⅳ类水),Z8 为 1.728 mg/L(Ⅴ类水);周铁平行于太湖段(Z10～Z15),TN 浓度较前段有所减少且大致稳定,起始点水体 TN 平均浓度 1.577 mg/L(Ⅴ类水),终止点为 1.629 mg/L(Ⅴ类水)。在过渡期,TN 浓度在垂直于太湖段大致呈上升趋势;而在平行于太湖段逐渐减少。在旱季,TN 浓度在垂直于太湖段显著上升,起始点水体 TN 平均浓度 0.878 mg/L(Ⅲ类水),终止点为 2.535 mg/L(劣Ⅴ类水);而在平行于太湖段逐步减少,起始点水体 TN 平均浓度 1.302 mg/L(Ⅳ类水),终止点为 1.231 mg/L(Ⅳ类水)。在垂直于太湖段,自 Z4 点之后,各时期 TN 浓度均显著增高,尤其是旱季。在雨季和过渡期可能与 Z4 点之后,河流一侧开始出现成片鱼塘,TN 渗透增高有关,在旱季垂直于太湖区的水量急剧减少使从 Z4 点开始水草浓度超过负荷,溶解氧迅速降低甚至为零,部分植物开始腐烂,TN 浓度高于雨季和过渡期。在平行于太湖段,TN 浓度

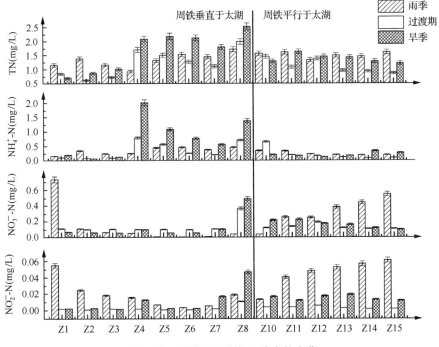

图 2-12　不同雨量平均 N 浓度的变化

大致雨季最大,旱季次之,过渡期最小。可能由于在雨季,大量外源污染物质被降雨冲刷流入河流,TN 浓度较高;而在过渡期,由于大量的地表污染物质已被冲刷进入河流,所以过渡期进入河流的污染物质反而较少;在旱季,一方面累积的污染物质通过渗入等方式进入河水,另一方面,水体的溶解氧较少,部分植物,尤其是农作物出现腐烂,营养物质渗入河流。总之,无论在雨季、旱季还是过渡期,在周铁垂直于太湖段 TN 含量均有所增加,而在平行于太湖段 TN 含量皆显著减少,且波动不大。

在雨季,垂直于太湖段,NH_4^+-N 浓度大致逐步上升,起始点水体 NH_4^+-N 平均浓度 0.35 mg/L(Ⅱ类水),终止点为 0.473 mg/L(Ⅱ类水);平行于太湖段,NH_4^+-N 明显减小,且相对稳定,起始点水体 NH_4^+-N 平均浓度 0.354 mg/L(Ⅱ类水),终止点为 0.204 mg/L(Ⅱ类水)。过渡期和旱季呈类似的变化趋势。在旱季,在垂直于太湖段,从 Z4 点开始,各时期 NH_4^+-N 含量明显增高,起始点水体 NH_4^+-N 平均浓度 0.075 mg/L(Ⅰ类水),终止点为 1.4 mg/L(Ⅳ类水),与 TN 呈现类似的变化趋势,可能与河流一侧开始出现成片鱼塘和植物腐烂有关。平行于太湖段,尤其在河流下游段,各时期的 NH_4^+-N 浓度差别不大,起始点水体 NH_4^+-N 平均浓度 0.218 mg/L(Ⅱ类水),终止点为 0.28 mg/L(Ⅱ类水)。总之,无论在雨季、旱季还是过渡期,在垂直于太湖段 NH_4^+-N 含量均显著增加,而在平行于太湖段 NH_4^+-N 含量皆显著减少,且波动不大,与 TN 的变化趋势类似。

在周铁垂直于太湖段,在雨季、过渡期或旱季,NO_3^--N 浓度均相对较低,尤其是雨季;在平行于太湖段,NO_3^--N 浓度则明显增高,尤其是雨季。类似地,在垂直于太湖段,在雨季或旱季,NO_2^--N 浓度相对较低;而在平行于太湖段,NO_2^--N 浓度则相对较高,尤其是雨季。这与 NH_4^+-N 的变化趋势正相反。可能是由于在平行于太湖段,水量急剧增多,水生植物生长繁茂,水体溶解氧充沛,NH_4^+-N 逐步转化为 NO_3^--N 和 NO_2^--N 的缘故。Z1 点(道路旁)和 Z8 点(农田终点)硝氮和亚硝氮浓度很高,分别反映出道路和农田对缓冲带的污染影响。

图 2-13 显示,垂直于太湖段,在雨季 TP 浓度波动较大,起始点水体 TP 平均浓度 0.168 mg/L(Ⅲ类水),终止点为 0.183 mg/L(Ⅲ类水);在周铁平行于太湖段,TP 浓度均大于垂直于太湖段,但波动相对较小,起始点水体 TP 平均浓度 0.226 mg/L(Ⅳ类水),终止点为 0.212 mg/L(Ⅳ类水)。在过渡期,垂直于太湖段,TP 浓度波动较大;而在周铁平行于太湖段,TP 浓度逐步减少。在旱季,总的来说,TP 浓度较高,波动较大。平行于太湖段去除 TN 的效果优于去除 TP 的效果。

在雨季,周铁垂直于太湖段,PO_4^{3-}-P 浓度波动较大;在平行于太湖段,呈逐步下降的趋势。在过渡期,呈现类似的趋势。而在旱季,PO_4^{3-}-P 浓度波动较大。PO_4^{3-}-P 浓度在过渡期较高,与 TP 相反,可能因为磷转化细菌在过渡期比较活跃,将 TP 转化为 PO_4^{3-}-P。

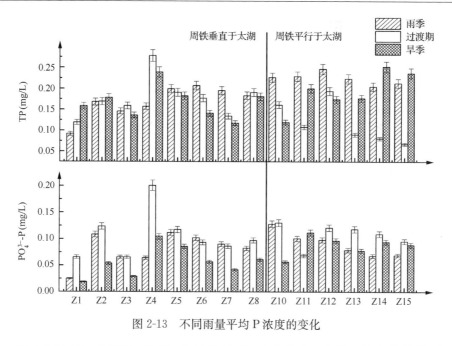

图 2-13　不同雨量平均 P 浓度的变化

图 2-14 显示,在雨季,COD_{Cr} 在整条河段,波动较大,无明显的变化趋势,在垂

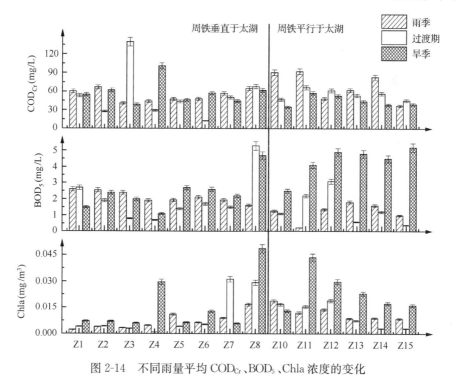

图 2-14　不同雨量平均 COD_{Cr}、BOD_5、Chla 浓度的变化

直于太湖段,起始点水体 COD_{Cr} 平均浓度为 66.85 mg/L(劣Ⅴ类水),终止点为 65.02 mg/L(劣Ⅴ类水)。在平行于太湖段,起始点水体 COD_{Cr} 平均浓度为 90.62 mg/L(劣Ⅴ类水),终止点为 37.23 mg/L(Ⅴ类水)。在过渡期,在垂直于太湖段,COD_{Cr} 波动显著;在平行于太湖段,逐步趋于平稳。在旱季,COD_{Cr} 在整条河段有所波动,但总体比较平稳,在垂直于太湖段,起始点水体 COD_{Cr} 平均浓度为 62.29 mg/L(劣Ⅴ类水),终止点为 62.45 mg/L(劣Ⅴ类水)。在平行于太湖段,起始点水体 COD_{Cr} 平均浓度为 35.34 mg/L(Ⅴ类水),终止点为 39.76 mg/L(Ⅴ类水)。COD_{Cr} 的去除效果相对较差。

在雨季,BOD_5 在垂直于太湖段波动较小,维持在Ⅱ类水,且整体高于平行于太湖段;而在旱季,在垂直于太湖段明显低于平行于太湖段;过渡期内,BOD_5 浓度波动较大。在垂直于太湖段,旱季 BOD_5 浓度最高;在旱季,水生植物开始衰亡,在平行于太湖段水生植物生长繁茂,因而平行于太湖段 BOD_5 含量保持在较高水平上。BOD_5 在雨季去除效果较好,在旱季浓度反而增高。

在整个研究河段内,Chla 浓度在雨季、过渡期或者旱季,皆大致呈现在垂直于太湖段逐步增加,在平行于太湖段逐步减少的趋势。在平行于太湖段,水草丰茂,对 Chla 有显著的抑制作用。

Z4 点是鱼塘起点,同时,自 Z4 点开始,水中植物开始发展。从 Z4 点开始,不论在雨季或旱季,TN 和 NH_4^+-N 浓度显著增大。在雨季,大雨导致鱼塘溢流和渗入增大;在旱季,河道水量少而 Z4 点之后水生植物过多,导致溶解氧急剧下降(旱季 Z4 点 DO 平均值为 0.23 mg/L),进而导致植物腐烂[11]。在垂直于太湖段,Z2 点和 Z3 点雨季水体 TN 和 NH_4^+-N 浓度高于旱期,而在 Z4 点到 Z8 点雨季水体 TN 和 NH_4^+-N 浓度明显低于旱期,说明水生植物腐烂死亡的影响较大。

总的来说,无论在雨季、旱季还是过渡期,在垂直于太湖段 TN 和 NH_4^+-N 含量均显著增加;而在平行于太湖段皆显著减少,且波动不大。同时,在周铁垂直于太湖段,在雨季、过渡期或者旱季,NO_3^--N 和 NO_2^--N 浓度均相对较低,尤其是雨季;在平行于太湖段,NO_3^--N 和 NO_2^--N 浓度则明显增高,尤其是雨季;这与 NH_4^+-N 的变化趋势正相反。平行于太湖段去除氮的效果优于去除磷的效果。有机污染物(COD_{Cr})的去除效果相对较差。可生物降解有机污染物(BOD_5)在雨季去除效果较好,在旱季浓度反而增高。在平行于太湖段,水草丰茂,对 Chla 有显著的抑制作用。

垂直于太湖段的水沟作为纵向污染的控制点,控制面积是 59 500 m²(根据 GPS 仪器测出)。在垂直于太湖段,除 NO_3^--N 和 NO_2^--N 浓度略微下降外,其他水质指标均呈上升趋势。因此,该缓冲带的缓冲能力不足以净化来自地表和鱼塘的污染物质。对于农业型缓冲带而言,污染源包括大气的干、湿气沉降,农业所施化肥的大量流失,鱼类的饵料,农田的侵蚀等,而农业型缓冲带同时具有土壤的净化作用,陆生植物和水生植物的净化作用,但是这种净化作用小于农业型缓冲带所接纳的污染物质,使垂直于太湖段的水体污染程度逐步加大。因此,类似地,若不计平行于太湖段的河流的净化作用,整个缓冲带的净化作用小于纳入的污染物质量,污染物质总体增多。平行于太湖段的河流作为横向净化的控制点,控制面积是45 000 m²。在平行于太湖段,除 NO_3^--N 和 NO_2^--N 浓度逐步增高外,其他水质指标均呈下降趋势,说明包括河流在内的整个缓冲带的缓冲能力较强,净化作用大于缓冲带纳入的污染物质,缓冲效果好。因而,平行于太湖的河流起到了重要的净化作用,将进入河流的污染物质有效净化,从而使得进入太湖的水质达到了入湖标准,整个缓冲带缓冲效果良好。

B. 鱼塘放水时缓冲带的缓冲效果

从 2011 年 11 月 27 日开始鱼塘放水,鱼塘水被排入平行于太湖区的河道,对垂直于太湖区的河道影响比较小或基本没有影响,垂直于太湖区 N 浓度主要是随着时间、季节等变化。

图 2-15 显示,在垂直于太湖段,Z4 点之后 TN 和 NH_4^+-N 浓度显著增高,可能由于旱季植物腐烂和鱼塘渗入所致。在平行于太湖段,鱼塘放水后各采样点水体 TN、NO_3^--N 和 NO_2^--N 浓度增高,随后逐步减少,说明水质受鱼塘放水影响较大。同时,水体 NO_3^--N 和 NO_2^--N 浓度相对较高,而 NH_4^+-N 浓度相对较

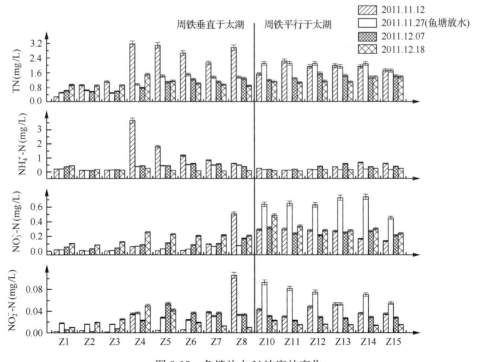

图 2-15　鱼塘放水 N 浓度的变化

低,与前文相符。2011 年 12 月 18 日,在平行于太湖段,TN 浓度与 2011 年 12 月 7 日基本持平,说明鱼塘排水对水质的影响已经结束,鱼塘排水的影响大致维持在两周左右。

图 2-16 显示,在垂直于太湖段,各采样点 TP 和 PO_4^{3-}-P 浓度有随时间变化逐步降低的趋势。在平行于太湖段,2011 年 11 月 27 日,鱼塘放水后对,各采样点水体 TP 和 PO_4^{3-}-P 浓度均位于较高水平。2011 年 12 月 18 日,河流出水口 TP 和 PO_4^{3-}-P 浓度较低,可能鱼塘排水影响已经结束。

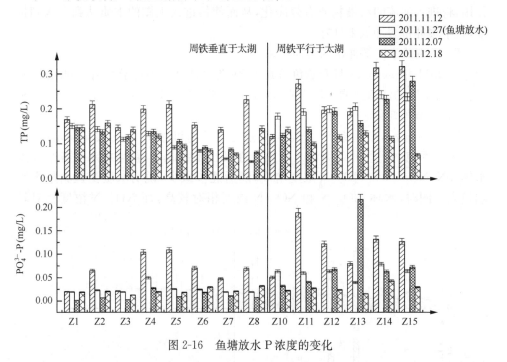

图 2-16　鱼塘放水 P 浓度的变化

图 2-17 显示,在垂直于太湖段,各采样点水体 COD_{Cr} 浓度有随时间变化逐步降低的趋势,Z4 点之后 COD_{Cr} 和 BOD_5 浓度增高,可能是受旱季植物腐烂和鱼塘渗入影响。在平行于太湖段,2011 年 11 月 27 日,各点 COD_{Cr} 和 BOD_5 浓度均位于较高水平,说明受到鱼塘排水影响;2011 年 12 月 18 日,COD_{Cr} 浓度显著降低,且各点波动不大,BOD_5 浓度也有所降低,说明鱼塘排水影响已经结束。

在平行于太湖段,鱼塘放水的水体 Chla 浓度明显高于其他采样时间。2011 年 12 月 7 日,平行于太湖段的 Chla 浓度有所下降,但仍然明显高于垂直于太湖段,说明鱼塘排水影响未去;2011 年 12 月 18 日,两者大致相等,说明鱼塘的影响已经结束,大致持续两周左右。

总的来说,鱼塘排水对缓冲带缓冲效果影响显著,尤其是 TP 和 Chla,这种影响一般两周之后结束。

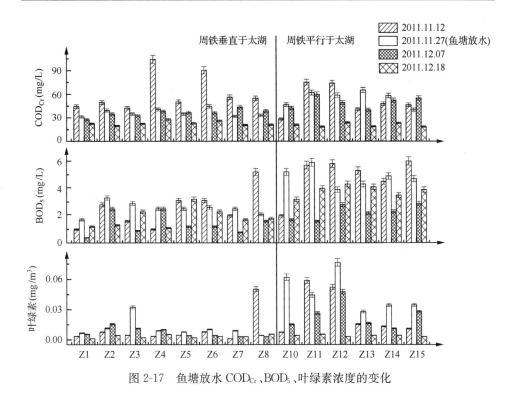

图 2-17　鱼塘放水 COD_{Cr}、BOD_5、叶绿素浓度的变化

C. 缓冲带不同时期空间差异性

对 10 次采样结果进行不同指标下采样点显著性分析。周铁垂直于太湖段,对于 TN,Z4 点是分界点,Z1～Z3 点与 Z4～Z8 点之间差异性极显著。对于 NH_4^+-N,Z4 点是分界点,Z1、Z2、Z3 点分别与 Z4、Z5、Z8 点之间差异性极显著。对于 NO_3^--N,Z1 点与 Z3、Z5、Z6 点之间差异性极显著。对于 PO_4^{3-}-P,Z1 点与 Z2、Z4、Z5 点,Z3 点与 Z4 点之间差异性极显著。对于 BOD_5,Z1、Z3、Z4、Z7 点与 Z8 点之间差异性极显著。对于 DO,Z4 点与 Z8 点之间差异性极显著。对于叶绿素,Z8 点除了和 Z4 点差异性不显著外,和其他点差异性均极显著。对于 TP、NO_2^--N 和 COD_{Cr} 采样点之间差异性均不显著,稳定性比较好;周铁平行于太湖段,对于 COD_{Cr},Z11 点和 Z15 点之间差异性极显著。对于 DO,Z10 点和其他各点之间差异性极显著。对于叶绿素,Z12 点与 Z14、Z15 点之间差异性极显著。对于 TN、TP、NH_4^+-N、NO_3^--N、PO_4^{3-}-P 和 BOD_5 采样点之间差异性均不显著。对于垂直于太湖段,Z4 点是分界点,正如前面所述,Z8 点的叶绿素明显要比其他各点要高,是由于 Z8 点为农田的终点,适合藻类生长的营养物质充分。对于平行于太湖段,水质比较稳定。无论是垂直于太湖段还是平行于太湖段,COD_{Cr} 差异性不显著,比较稳定,有机污染物难以降解,是主要的污染物。

对雨季采样结果进行不同指标下采样点显著性分析。周铁垂直于太湖段,对于 TN,Z4 点和 Z8 点差异性极显著。对于 TP,Z1 点除与 Z3 点外,和其他各点之间差异性极显著。对于 NH_4^+-N,Z1 点与 Z2、Z5、Z6、Z7、Z8 点,Z3、Z4 点与 Z5、Z6、Z8 点之间差异性极显著。对于 NO_3^--N,Z1 点与其他各点之间差异性极显著。对于叶绿素,Z1 点和 Z8 点之间差异性极显著。对于 NO_2^--N、PO_4^{3-}-P 和 COD_{Cr} 采样点之间差异性不显著;周铁平行于太湖段,所有水质指标下的采样点之间差异性均不显著。对于垂直于太湖段,Z1 点与其他各点的差异性显著,而 Z1 点在道路旁边,又处于雨季,受人为影响大。TP 变化波动比较大,易受周边环境干扰。无论是垂直于太湖段还是平行于太湖段,雨季 TN、COD_{Cr} 采样点之间差异性不显著,即沿河流流向降解不显著,由于受雨水径流的影响,TN、COD_{Cr} 的浓度都很高,因此 TN 和有机污染物是主要的污染物。

对旱季采样结果进行不同指标下采样点显著性分析。周铁垂直于太湖段,对于 TN,Z4 点是分界点,Z1 点与 Z4、Z5、Z6、Z7、Z8 点,Z2、Z3 点分别与 Z4、Z5、Z6、Z8 点之间差异性极显著。对于 TP,各采样点之间差异性不显著。对于 NH_4^+-N,Z4 点是分界点,Z1、Z2、Z3 点与 Z4、Z8 点差异性极显著。对于 NO_3^--N,Z8 点与其他各点之间差异性极显著。对于 NO_2^--N,Z8 点与 Z1、Z2、Z3、Z5、Z6 点之间差异性极显著。对于 PO_4^{3-}-P,Z1 点与 Z4、Z5 点,Z4 点与 Z3、Z7 点之间差异性极显著。对于 COD_{Cr},Z4 点与 Z1、Z2、Z3、Z5、Z7 点之间差异性极显著。对于 BOD_5、叶绿素,Z8 点与其他各点之间差异性极显著。对于 DO,Z8 点与 Z4、Z5 点之间差异性极显著;周铁平行于太湖段,对于 BOD_5,Z10 点与 Z12、Z13、Z14、Z15 点之间差异性极显著。对于 DO 和叶绿素,Z10 点与 Z11 点之间差异性极显著。对于其他指标下各采样点之间差异性不显著。对于垂直于太湖段,由于 Z4 点之后水生植物过多,导致溶解氧急剧下降(旱季 Z4 点 DO 平均值为 0.23 mg/L),导致植物部分腐烂,进而导致 TN、NH_4^+-N 浓度急剧升高,但对 TP 影响不大。Z8 点是农田的终点,受人为影响大,使其与其他点差异显著。对于平行于太湖段,Z10 点在莲旁边,旱季部分莲开始枯萎,使其 BOD_5、DO 和叶绿素浓度不同于其他点。其他指标下各采样点之间差异性不显著,稳定性好,且浓度相对于旱季比较低,水质较好。

对鱼塘放水期间及之后的采样结果进行不同指标下采样点显著性分析。周铁垂直于太湖段,对于 TN,Z3 点与 Z6 点之间差异性极显著。对于 TP,Z1、Z2 点与 Z7 点差异性极显著。对于 NH_4^+-N,Z2 点与 Z6 点之间差异性极显著。对于其他指标下各采样点之间差异性不显著;周铁平行于太湖段,对于 DO,Z10 点与其他各点之间差异性极显著。其他指标下各采样点之间差异性不显著。对于垂直于太湖段,鱼塘直接将水放入平行于太湖段,而水的流向又是从垂直于太湖段流入平行于太湖段,故受鱼塘放水的影响小,在此采样期间逐渐步入冬季,温度较低,植物逐渐衰亡,缓冲能力下降,水体整体比较稳定。对于平行于太湖段,Z10 点处的莲大量腐烂导致溶解氧急剧下降,冬季缓冲带的缓冲效果下降,整体比较稳定,但随时间下降效果还是比较明显的(如图 2-15 至图 2-17),尽管冬季缓冲带缓冲效果下降,但还是有一定的缓冲效果。

最后通过对比和分析两种类型缓冲带水体水质指标和酶活性的时空变化,得到如下主要结论:

(1) 周铁垂直于太湖段河流的控制区域为长度 595 m、面积 59 500 m² 的太湖缓冲带,该缓冲带不仅有净化作用,还有污染作用,监测结果显示,污染作用大于净化作用。依此类推,周边缓冲带的污染作用皆大于净化作用。周铁平行于太湖段河流的控制区域为长度 750 m、面积为 45 000 m² 的太湖缓冲带,缓冲带出水水质基本达到Ⅳ类标准,该缓冲带也有净化作用和污染作用,监测结果显示,净化作用大于污染作用。因此,针对 446 000 m² 面积的宜兴周铁现代化农村大面积耕地型缓冲带,还需 750 m 长、水草丰茂的缓冲带,才能使缓冲带的入湖水质达到理想目标。

(2) 在太湖新城快速城市化新区园林绿地型缓冲带内,研究发现,主要污染物是 COD_{Cr} 和 TN,尤其是 COD_{Cr};TP 污染相对较轻,BOD_5 始终大致保持在Ⅱ类水平上下,NH_4^+-N 始终保持在Ⅰ类水水平上下,Chla 含量相对较少。除 COD_{Cr} 外,试验区内出水口基本都可达到Ⅲ类水水平,达到了预期的净化效果。虽然 COD_{Cr}含量较高,但方差分析却说明 COD_{Cr} 每个采样点之间的差别非常小,因此太湖新城快速城市化新区园林绿地型缓冲带的净化作用较好,较好地去除了输入的污染物质,32 m 宽度的快速城市化新区园林绿地型缓冲带可以很好地稳定水质。

(3) 通过主成分分析可知,在雨季,周铁垂直于太湖段,NH_4^+-N 和 TP 占主导;周铁平行于太湖段,NH_4^+-N 和 PO_4^{3-}-P 占主导;太湖新城,TN、PO_4^{3-}-P 和 COD_{Cr} 占主导。在旱季,周铁垂直于太湖段,APA 和 Chla 占主导;周铁平行于太湖段,COD_{Cr}、Chla 和 DO 占主导;太湖新城,NH_4^+-N 和 PO_4^{3-}-P 占主导。可见,同一缓冲带不同降雨季节主成分是不一样的,同一降雨季节不同缓冲带主成分也是不一样的。

2.3　太湖缓冲带范围界定

2.3.1　缓冲带划定思路与方法

划定湖泊缓冲带包括四个步骤:①资料收集。收集缓冲带内污染源资料和已有治理工程资料,收集流域统计年鉴、湖泊规划、政策法规条例等基础资料。②地形勘测。采用 Leica 1230 GPS 定位、DMC 相机数码航摄和外业像控点测量相结合的方法,形成 DLG 格式地形图(比例尺 1∶5000)。③现场调查。基于地形图,再通过实地考察、咨询与访谈、记录、现场测量与取样分析、影像拍摄与收集等相结合的手段,开展现场调查。④研究与分析。基于掌握的资料与数据,在对地形地貌、土地利用结构、人口及分布等进行综合分析的基础上,确定缓冲带的宽度,划定缓冲带的边界,基于缓冲带勘测地形图,计算出缓冲带范围和面积。具体技术路线见图 2-18。

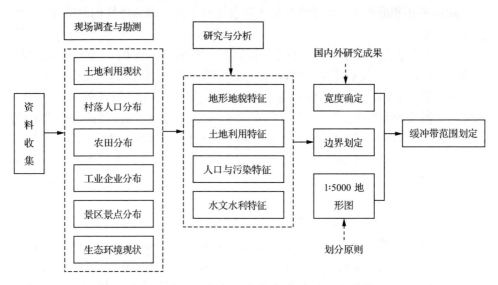

图 2-18　湖泊缓冲带范围划定的技术路线图[12]

2.3.2　缓冲带宽度的确定

通过对太湖进行详细的资料收集、现场调研及地形勘测,掌握了太湖缓冲带地形地貌特征:大堤和环湖公路间距 100 m 左右,环湖公路有的就在大堤上;缓冲带内农田、村落、水网交错分布。与欧美等河湖缓冲带相比,地形地貌相对复杂,因此在确定太湖缓冲带的宽度时,应考虑太湖实际情况,与欧美等的缓冲带最小宽度的范围有一定区别。

在确定太湖缓冲带的宽度时,同时也应充分考虑当地的法规、条例以及流域保护规划方案。太湖流域水环境综合治理总体方案中江苏省生态保护带建设内容明确在江苏省环太湖周边 300～500 m 范围内,主要水源保护区贡湖、梅梁湖等地区周边 1.5 km 范围内,直湖港等 14 个入湖河道上溯 10 km 两侧各 50～200 m 范围内,实施生态保护带建设,主要包括生态农业、河岸道路绿化,进行生态保护。总体方案中浙江省生态保护带建设明确在浙江省环太湖周边 300～500 m 范围内,主要水源保护区城北、城西水厂等地区周边 1.5 km 范围内,长兜港、小梅港、入湖河道上溯 5 km 两侧各 50 m 范围内,实施河岸道路绿化,进行生态保护带建设工程。无锡市太湖一级保护区保护建设规划明确太湖湖体、沿湖岸 5 km 区域、入湖河道上溯 10 km 以及沿岸两侧各 1 km 范围为太湖一级保护区。

在室内研究及室外试验研究基础上,结合国内外对湖泊、河流缓冲带的界定文献资料,与太湖流域水环境综合治理总体方案中设定的江苏省、浙江省的生态保护带,江苏省生态功能区划中禁止和限制开发区的规定的范围相衔接,经过专家咨询与充分讨论,确定太湖缓冲带的总体宽度为 2 km,若 2 km 缓冲带中有环湖公路、村落、山体则作相应调整。

2.3.3　缓冲带上下边界的划定

缓冲带边界划定是缓冲带范围界定的重要内容。由于太湖湖岸线较长,且周边地形与行政区域比较复杂,明确缓冲带宽度后,还需要根据以下原则确定上下边界:①标识物原则。充分考虑太湖周边地形地貌及土地利用类型等具体情况,以山体或公路等作为缓冲带的划分界限,这样将来缓冲带规划方案实施时便于识别范围。②区域差异原则。不同区域经济现状及生态环境现状不一样,要考虑地域对缓冲带影响的区域差异性。③与当地法规、条例及规划相衔接。

按照上述原则,基于现状调查与勘测结果,结合当地法规、条例及规划,确定太湖缓冲带上下边界为:下边界的确定根据太湖实际情况,环湖几乎都有大堤,而且沿太湖建设的 50 年一遇的标准大堤是重要的水工建筑物,可作为缓冲带下边界,部分无大堤的区域则以湖岸线为下边界。上边界的确定是以下边界线向陆地扩展 2 km 为基准,其内如有公路或山体,则进行相应调整,分别以公路和山体为上边界。如以距湖岸 2.0 km 左右的行政村为上边界,但具体划定时注重保持行政村的完整性;如距湖岸 1.5～2.0 km 内存在与太湖湖岸平行的公路,则以公路作为上边界;如滨岸 2.0 km 范围内有山体,则以山体的山脊为上边界,部分区域如竺山湾、梅梁湾、东诸—光福一带,属小尺度丘岗地区,山脊线另一侧的水也是流到太湖中,则以山体外底线为上边界。具体如下:

1) 以村落为上边界

即以距湖岸 2.0 km 左右的行政村为上边界。例如无锡大浮镇吴塘村到苏州市望亭镇、苏州市望亭镇到苏州市光福镇迁里村、苏州市胥口镇马舍村到苏州市临湖镇、苏州市临湖镇到吴江市、吴江市横扇镇诚心村到湖州长兴县夹浦镇香山村、湖州长兴县雉城镇新塘村到无锡宜兴市新庄镇茭渎村等区段的缓冲带。如图 2-19 和图 2-20 所示。划分该类型缓冲带,应考虑村落完整性,将村落整体纳入缓冲带内或划至缓冲带外。若村落规模小,生态状况良好,将其纳入缓冲带内;若村落规模大,产污量大,将其划至缓冲带外。

2) 以公路为上边界

即以距离湖岸 1.5～2.0 km 与太湖湖岸平行的公路为上边界,如宜兴新庄镇茭渎村到周铁镇周铁村的环湖公路、宜兴周铁镇周铁村到分水村的分范路、无锡华庄镇到苏州市高新区望亭镇的 230 省道和 312 国道等区段的缓冲带,如图 2-21 和图 2-22 所示。

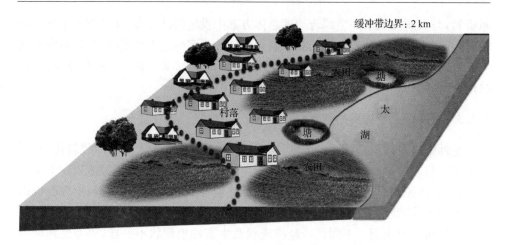

图 2-19　以村落为上边界的缓冲带划定示意图

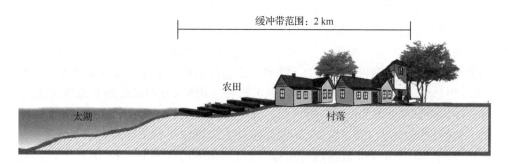

图 2-20　以村落为上边界的缓冲带断面图

图 2-21　以公路为上边界的缓冲带划定示意图

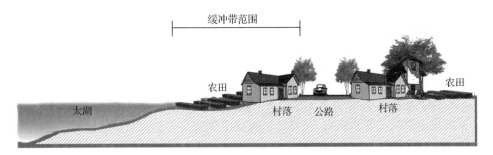

图 2-22　以公路为上边界的缓冲带断面图

3）以山体为上边界

即以山体山脊作为上边界，如苏州光福镇安山村到苏州太湖旅游度假区香山村、苏州临湖镇西南的半岛地区、浙江湖州夹浦镇香山村到宜兴丁蜀镇新园村、宜兴周铁镇分水村到常州市雪堰镇太滆村、无锡马山半岛的临湖山地、常州市雪堰镇到无锡大浮镇的大浮村等区段的缓冲带，如图 2-23 和图 2-24 所示。

图 2-23　以山体为上边界的缓冲带划定示意图

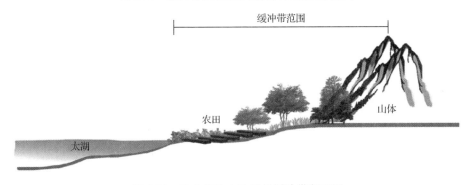

图 2-24　以山体为上边界的缓冲带断面图

2.3.4　缓冲带界定结果

　　根据上述太湖缓冲带的宽度及上下边界的划定结果,综合考虑太湖的地形、行政区划,以及村落、农田、工业区、景区等对太湖的影响,基于1∶5000地形图,以Auto CAD为工具,计算得出太湖缓冲带范围见图2-25。在Auto CAD图中,逐片计算出缓冲带的长度和面积,并累计加和得出缓冲带的总长度和总面积。据计算,太湖缓冲带总长度为382.75 km,总面积约为452.31 km²。

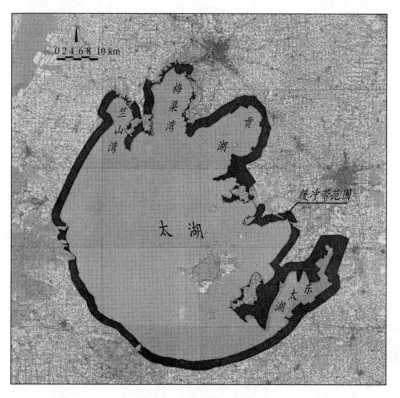

图2-25　太湖缓冲带范围图

　　湖泊缓冲带的划定和应用对于我国湖泊水体污染控制与生态修复,具有十分重要的意义。缓冲带保护与生态恢复间接反映并具体化了土地利用保护与湖泊环境质量改善的关系,可以说它是土地科学与生态学向土地利用实践方向发展的一项实用型工程技术概念与措施。如何科学划定湖泊缓冲带的范围是湖泊缓冲带生态保护与修复首要解决的问题。本研究采用文献调研、地形勘测、现状调查,结合湖泊流域土地利用、经济发展与湖泊流域保护等诸多方面进行研究分析,并咨询专家进行讨论,确定了太湖缓冲带的宽度和上下边界。然而,所划定的缓冲带正位于"太湖水污染防治条例"划定的一级保护区境内,缓冲带的功能如何与一级保护区的空间管理相协调,是未来值得进一步研究的方面。另外,如何应用模型和模拟研究,从缓冲带宽度与污染物削减效果的关系方面来更加科学地定义我国湖泊最适缓冲带的范围,也还待进一步深入研究。

参 考 文 献

[1] 苗青,施春红,胡小贞,等.不同草皮构建的湖泊缓冲带对污染物的净化效果研究.环境污染与防治, 2013,35(2):22-27

[2] 王敏,晃宇驰,吴建强.植被缓冲带径流渗流水量分配及氮磷污染物去除定量化研究.环境科学,2010, 31(11):2607-2612

[3] Melsaac F G, Hirsehi M C, Mitehell J K. Nitrogen and phosphorus in eroded sediment from corn and soybean tillage system. Journal of Environmental Quality, 1991, 20:663-670

[4] Sharpley A N, Menzel R G. The impact of soil and fertilizer phosphorus on the environment. [2012-07-19]. http://www. sciencedirect. com/science/article/pii/S006521130860807X

[5] Susanm S. Movement of forest birds across river and clearcut edges of varying riparian buffer strip widths. Forest Ecology and Management, 2006, 223:190-199

[6] Greenway M. Suitability of macrophytes for nutrient removal from surface flow constructed wetlands receiving secondary treated sewage efflu-ent in Queensland, Australia. Water Science and Technology, 2003, 48(2):121-128

[7] 卜卫志,张光生,张明,等.太湖新城湖滨带的缓冲效果分析.安全与环境学报,2013,13(5):129-134

[8] Jacobs T C, Gilliam J W. Riparian losses of nit rate from agricultural drainage waters. Journal of Environmental Quality, 1985, 14:472-478

[9] Magette W L, Brinsfield R B, Palmer R E, et al. Nutrient and sediment removal by vegetated filter strips. Transactions, American Society of Agricultural Engineers, 1989, 32:663-667

[10] 成小英,卜卫志,张明,等.太湖湖滨带的缓冲效果.环境工程学报,2013,7(10):3813-3820

[11] Reddy K R, Diaz O A, Scinto L J, et al. Phosphorus dynamics in selected wetlands and streams of the Lake Okeechobee Basin. Ecological Engineering, 1995, 5(4):183-207

[12] 胡小贞,许秋瑾,蒋丽佳,等.湖泊缓冲带范围划定的初步研究——以太湖为例.湖泊科学,2011, 23(5):719-724

第3章 太湖缓冲带现状调查与问题分析

太湖缓冲带一直是太湖流域内经济发展和自然生态保护矛盾最为集中的区域,大量的人类活动侵占了缓冲带,使其生态系统及生态功能遭到破坏。目前由于对太湖缓冲带的变迁与现状尚缺乏深刻的了解,给制定相应的生态修复和建设方案造成困难。为此,需要开展太湖缓冲带现状调查,了解其自然与社会经济发展历史与现状、生态环境质量现状、污染负荷与结构等,及其对太湖湖体的直接和间接影响,并分析研究其存在问题,为制定太湖湖滨缓冲带的建设方案提供依据。

3.1 太湖缓冲带现状调查的目的、内容与方法

3.1.1 调查目的

为了解太湖缓冲带的现状,于 2009 年 10 月至 2010 年 9 月间,多次开展了现场踏勘、资料收集、现场调查与补充调查,主要调查内容包括缓冲带内的土地利用情况、乡镇及村落分布情况、工业企业及工业污染情况、农村农业面源污染情况、旅游景区景点及旅游污染情况、缓冲带内的生态环境现状等。

通过对太湖缓冲带的全面调查,结合不同年代太湖缓冲带的遥感解译成果,分析了缓冲带内村落生活污水、生活垃圾、畜禽粪便、工业点源污染、农业面源污染以及旅游污染等污染现状,对不同类型的污染源进行了特征分析;确定了污染物产生及缓冲带破坏的重点区域,并诊断了太湖缓冲带的主要环境问题,为编制适合太湖流域特点的缓冲带生态建设方案提供了翔实的基础资料与科学依据。

3.1.2 调查内容

1. 太湖缓冲带现状调查

环太湖进行缓冲带全线调查,主要调查内容:

(1) 现有湖岸及缓冲带的土地利用现状调查,包括农田、村落、鱼塘、公路、景区景点、工业企业、宾馆饭店等建筑物;

(2) 缓冲带内生态环境现状调查,包括水质现状、地形地貌条件、植物的种类以及生长状况等;

(3) 缓冲带内生物群落调查,包括缓冲带内水体浮游植物、浮游动物、底栖动物及缓冲带陆生植被。

2. 太湖缓冲带内村落分布现状调查

(1) 沿湖村落的分布、村庄的户数及人口、生活用水来源及人均用水量;
(2) 村落生活污水及生活垃圾的收集处理现状;
(3) 村落的畜禽养殖情况及畜禽粪便的收集处理现状;
(4) 农田分布情况、大春小春播种作物种类、播种面积及化肥施用情况;
(5) 经济状况、主要经济来源、人均收入情况。

3. 太湖缓冲带内旅游景区景点现状调查

(1) 景点与景区分布、规模;
(2) 各景区景点的经营项目、旅游旺季及淡季的客流量;
(3) 餐饮污水与垃圾的收集处理现状。

4. 太湖缓冲带内已经完成或正在实施的相关工程调查

(1) 村落生活污水收集处理工程调查,包括其收集范围、服务人口、处理规模、处理工艺、投资情况、目前系统的运行状态;
(2) 农村面源污染治理示范工程调查,包括其地理位置、服务范围、处理规模、主要工程内容、投资情况、目前系统的运行状态。

3.1.3　调查方法

为获取翔实的基础数据与资料,主要通过资料收集、遥感解译与现场调查相结合的手段开展工作。

1. 资料收集

主要从以下三方面进行资料收集:
(1) 从当地政府、环保部门以及企业等收集资料,包括地方政府的统计年鉴、有关太湖保护管理的条例与规定、相关的太湖污染防治规划与方案、工业企业污染物的排放情况、污染物处理的设施及运行参数等。
(2) 已有研究基础与成果的总结。包括大量的关于缓冲带污染源调查、污染源控制与生态修复等方面的成果。
(3)国内外文献的收集与参考。主要包括国内外对不同水体类型河湖缓冲带的界定、对水体产生影响的机理、影响缓冲带宽度的因素以及太湖流域污染物的产排污系数等资料。

2. 遥感解译

太湖缓冲带的面积较大,为从宏观尺度上了解近些年来太湖缓冲带内的土地利用与生态变化情况,购置了 20 世纪 80 年代、1995 年、2000 年、2007 年、2009 年不同年代的遥感影像,并进行了解译分析。

3. 现场调查

(1) 实地考察与记录:深入缓冲带内各个行政村及自然村,对其生活污水、生活垃圾、人畜粪便、养殖废水、农田面源等情况进行调查与研究,并对现有的生态状况进行考察记录。在定性判断缓冲带内居民生活方式对太湖水体影响程度大小的同时,也为修正产排污系数等工作提供依据。

(2) 居民咨询与访谈:主要采取当面咨询或发放调查问卷的形式,对缓冲带的污染物处理处置方式进一步研究,并对已建处理设施的管理维护情况进行一定程度的了解,认真分析缓冲带内存在的主要环境问题,确保提出的污染源控制及生态修复方案切实可行。

(3) 现场测量与取样:对一些资料不足或缺失的调查对象采用现场测定或取样后运回实验室分析的方法,主要采用 GPS、卷尺等测定其面积、方位及其距离入湖河道或太湖水体的距离等。对于在现场无法获得的污染物含量、某些处理设施出水水质等则采集其样品后运回实验室进行分析,以尽可能准确地分析污染源特征并计算污染负荷。

(4) 影像拍摄与收集:在实地考察、现场测量与取样时,对有代表性的污染源、处理设施、处理工艺、生态状况等进行影像资料的拍摄与收集,以利于调查研究报告的撰写与形成。

3.2 太湖缓冲带行政区划与人口调查

太湖缓冲带共涉及江苏省的无锡市、苏州市、常州市和浙江省的湖州市,共计 2 省 4 市 19 个乡镇 5 个街道 130 个行政村,人口共计 34.2 万人。

从缓冲带面积与缓冲带内总人口数据可以得出:2009 年太湖缓冲带内的人口平均密度为 757 人/km²,而 2009 年太湖流域人口密度为 1398 人/km²,所以缓冲带内的人口密度水平要低于流域的平均水平。

3.3 太湖缓冲带分类及其分布

3.3.1 缓冲带分类的原则

由于湖泊缓冲带不同地段存在着地貌特征、生态类型、土地利用形式、污染状况等差异,需要对湖泊缓冲带分类,因类制宜,进而为缓冲带分区管理、分区治理、恢复设计提供科学依据。湖泊缓冲带分类就是拟定一个能充分反映湖泊缓冲带相似性和

差异性的分类单位。结合湖泊缓冲带的特点和性质等,可按照以下原则进行分类:

（1）整体性原则。湖泊缓冲带的形成是在特定的自然条件下,在人类长期的生产、生活过程中,人与自然相互影响协同演变的结果。在类型划分过程中必须始终注重这一特点,分析影响湖泊缓冲带结构、功能和特征的各因素间的整体联系。

（2）区域性原则。湖泊缓冲带区域差异明显,缓冲带分类需要针对不同区域的水环境问题,结合区域地形地貌特征、经济社会条件和生态环境状况,在充分考虑区域差异性的基础上构建。

（3）主导性原则。体现湖泊缓冲带特点的因素众多,它们不可能都用于分类,应在综合考虑基本属性、多功能特性的基础上,突出其主要特征,并从多个因素中选择其主导功能,表征其所属类别。

（4）可操作、实用性原则。湖泊缓冲带分类应兼顾科学研究的需要和规划及管理的需求,宜分则分,宜合则合,选择既简单易用,又满足分类目的的分类标准,确保不同研究人员便于管理、易于实施。

3.3.2　缓冲带分类结果

根据分类原则,太湖缓冲带可划分为农田型、村落型、养殖塘型、生态防护林型、景区型五种类型。

1. 农田型缓冲带

农田型缓冲带是以农田、林地和水塘等为主要土地利用形式的缓冲带类型。由于人类活动的影响,缓冲带内的原有生态系统已不存在,该类型缓冲带地势平缓,缓冲带内以及外围以农田、林地、水塘分布为主,缓冲带内产生的农田面源污染以及鱼塘、蟹塘的排水基本未处理直接入湖或进入入湖河流后流入湖泊水体,对太湖水质有较大影响。根据农田型缓冲带的污染源类型、污染程度、缓冲带生态状况等,需将农田型缓冲带作为太湖缓冲带生态构建方案的重点。见图 3-1。

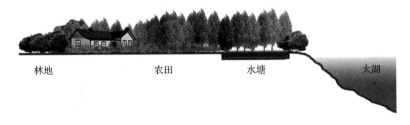

林地　　　　　农田　　　　　水塘　　　　太湖

图 3-1　农田型缓冲示意图

2. 村落型缓冲带

村落型缓冲带是以密集的河网以及村落等为主要土地利用形式的一种类型,

该类型缓冲带是我国东部河网密集型地区特有的缓冲带类型。此类缓冲带地势平坦,河道纵横交错,网状分布,河道多为天然自成(仅苏州高新区段、苏州吴中区段以及苏州吴江市段沿环湖路开挖少数人工河流),河道比降小,水体流动性较差,且多与湖水形成往复流。村落沿河分布,人口密集,该类型缓冲带人类生产生活强度较大,污染物产生量相对较多。由于各个河流之间关系密切,单个河流受到污染就可能使其他水体污染,同时影响太湖水质,为确保太湖的水环境与生态环境,因此需要对河网进行及时治理并高度重视村落型缓冲带的生态构建。见图3-2。

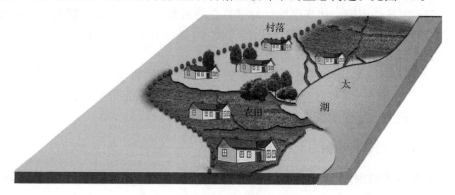

图 3-2　村落型缓冲带示意图

3. 养殖塘型缓冲带

养殖塘型缓冲带是以人工鱼塘、蟹塘以及自然形成的小型坑塘为主要土地利用形式的缓冲带,主要分布于太湖北部、东部以及西部。太湖流域大面积的水产养殖已具备了相当规模,这些养殖排水会给太湖造成一定的污染,蟹塘出水较鱼塘出水污染水平低,处理后可以用作周围农田或林地的灌溉用水,同时由于污染源单一,加强管理应可取得较好的效果。见图3-3。

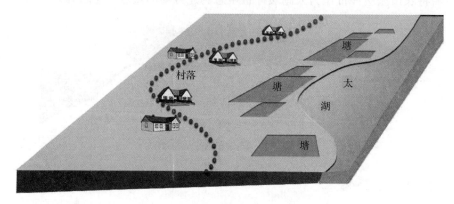

图 3-3　养殖塘型缓冲带示意图

4. 生态防护林型缓冲带

生态防护林型缓冲带是以太湖周边的生态防护林为主,主要由林地、草坪以及花卉组成,此类型缓冲带主要分布于太湖周边经济较发达区域。该类型缓冲带人类活动较少,基本无污染物产生,此外防护林及草坪的植物有一定的自净能力,可以拦截部分入湖污染物,对太湖水环境保护有益。见图 3-4。

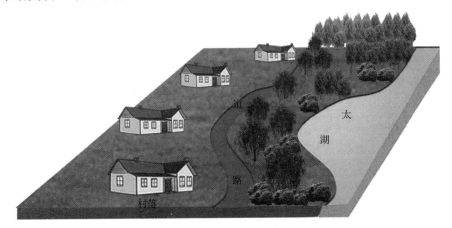

图 3-4　生态防护林型缓冲带示意图

5. 景区型缓冲带

在太湖缓冲带范围内以经营餐馆、酒店、娱乐设施等为目的从事旅游活动的缓冲带区域,划分为景区型缓冲带。此类缓冲带人类活动密集、频繁,产生的污染量大。景区型缓冲带又可细分为小型景点与旅游设施集中景点。旅游设施集中景区主要指中央电视台无锡影视基地和灵山风景区,小型景点指一些未完全规模化的旅游、餐饮活动区。见图 3-5。

图 3-5　景区型缓冲带示意图

3.3.3 缓冲带不同类型分布调查

太湖缓冲带总长度为 382.75 km,总面积约为 452.31 km²,涉及江苏、浙江共二省,无锡、苏州、常州、湖州四市。其中农田型缓冲带岸线长 121.75 km,占整个缓冲带长度的 31.8%;村落型长度 99.6 km,占 26.0%;养殖塘型长 67.43 km,占 17.6%;生态防护林型长 60.87 km,占 15.9%;景区型长度 33.1 km,占 8.6%。太湖缓冲带不同类型及其分布见图 3-6。

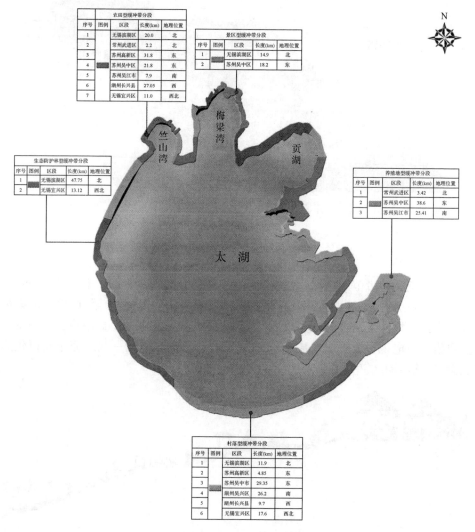

图 3-6 太湖缓冲带不同类型及其分布示意图

其中农田型缓冲带共七段,总长度 121.75km,具体划分见表 3-1。

表 3-1　农田型缓冲带分段

序号	区段	长度(km)	地理位置
1	无锡滨湖区	20.0	北
2	常州武进区	2.2	北
3	苏州高新区	31.8	东
4	苏州吴中区	21.8	东
5	苏州吴江市	7.9	南
6	湖州长兴县	27.05	西
7	无锡宜兴区	11.0	西北

村落型缓冲带共六段,总长度 99.6 km,具体划分见表 3-2。

表 3-2　村落型缓冲带分段

序号	区段	长度(km)	地理位置
1	无锡滨湖区	11.9	北
2	苏州高新区	4.85	东
3	苏州吴中区	29.35	东
4	湖州吴兴区	26.2	南
5	湖州长兴县	9.7	西
6	无锡宜兴区	17.6	西北

养殖塘型缓冲带共三段,总长度 67.43 km,具体划分见表 3-3。

表 3-3　养殖塘型缓冲带分段

序号	区段	长度(km)	地理位置
1	常州武进区	3.42	北
2	苏州吴中区	38.6	东
3	苏州吴江市	25.41	南

生态防护林型缓冲带共两段,长度 60.87 km,具体划分见表 3-4。

表 3-4　生态防护林型缓冲带分段

序号	区段	长度(km)	地理位置
1	无锡滨湖区	47.75	北
2	无锡宜兴区	13.12	西北

景区型缓冲带共有 2 处,长度 33.1 km,具体划分见表 3-5。

表 3-5　景区型缓冲带分段

序号	区段	长度(km)	地理位置
1	无锡滨湖区	14.9	北
2	苏州吴中区	18.2	东

3.4　太湖缓冲带现状分区调查与分析

2009 年采取资料收集、现场勘察等方式对太湖缓冲带各区段的土地利用形式、人口分布、工业、旅游业发展状况、污染负荷等情况进行深入调查研究。调查结果具体如下。

3.4.1　太湖缓冲带分区

太湖缓冲带的范围涉及江苏省的常州市、无锡市、苏州市以及浙江省的湖州市2 省 4 市。考虑"工程易于实施,便于管理,可操作性强"的原则,根据缓冲带的行政区划,将太湖的缓冲带分为 8 段,分别为:①无锡滨湖区段;②苏州高新区段;③苏州吴中区段;④苏州吴江市段;⑤湖州吴兴区段;⑥湖州长兴县段;⑦无锡宜兴市段;⑧常州武进区段。见图 3-7。以行政区划分区,主要优点是生态构建工程实施能找到相应的责任主体。

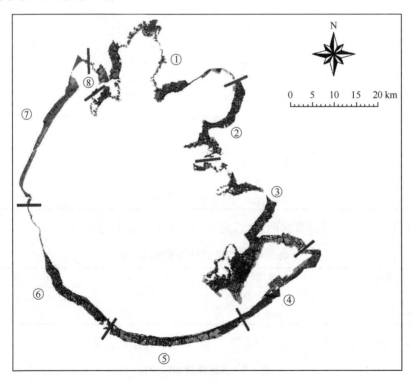

图 3-7　太湖缓冲带分区图

无锡滨湖区段:位于太湖北岸,从无锡市马山镇至无锡与苏州交界处的望虞河,西面的马山镇与常州市武进区接壤,东面的华庄街道则与苏州市高新区隔望虞河相望,从雅浦港至沙墩港之间的太湖缓冲带区段。

苏州高新区段:位于太湖东岸,北面与无锡市接壤,南面镇湖街道与苏州吴中区相接,从沙墩港至下淹湖之间的太湖缓冲带区段。

苏州吴中区段:位于太湖东岸,北面与苏州高新区接壤,南面与苏州吴江市相接,从下淹湖至京杭运河之间的太湖缓冲带区段。

苏州吴江市段:位于太湖东南岸,北面与苏州吴中区接壤,南面与湖州吴兴区相接,从京杭运河至莘七线公路之间的太湖缓冲带区段。

湖州吴兴区段:位于太湖南岸,从莘七线公路至鸭梅港之间的太湖缓冲带区段。

湖州长兴县段:位于太湖西南岸,北面的父子岭村与无锡宜兴市接壤,南面的图影村与湖州吴兴区相连,从鸭梅港至宁杭高速苏浙省界收费站之间的太湖缓冲带区段。

无锡宜兴市段:位于太湖西岸,北面的分水村与常州市武进区接壤,南面的大港村与湖州长兴县相连,以太湖大堤为下边界,上边界至省道 S230—宁杭高速 G25—兰右山,北至百渎港,南至宁杭高速苏浙省界收费站。

常州武进区段:位于太湖北岸的竺山湖湾沿线,东面与无锡市滨湖区相接,西面紧邻无锡宜兴市段太湖缓冲带,以 X317—清波堤为下边界,上边界至霄云路—黄家山—杨湾岭,北至百渎港,南至雅浦港。

3.4.2　缓冲带人口与土地利用分区段调查

1. 无锡滨湖区段

无锡滨湖区位于太湖北岸,从无锡市马山镇到无锡与苏州的交界处的望虞河,西面的马山镇与常州市武进区接壤,东部的华庄街道则与苏州市高新区隔望虞河相望。本段缓冲带是指雅浦港至沙墩港之间的太湖缓冲带区段,区段缓冲带总长度 94.55 km,缓冲带总面积 66.61 km²。该区段包括马山镇和滨湖街道,共 1 个镇 1 个街道 14 个行政村,人口总计 25 325 人。农田、鱼塘在本段缓冲带范围内广泛分布,其中农田 47 550 亩①,鱼塘等水域面积 8670 亩。工业企业主要分布在马山镇工业区和滨湖街道附近的山水城科技工业园,工业企业 73 家。缓冲带内旅游景区景点最多,且集中分布在太湖沿岸,主要景点有马山镇的灵山风景区、三国城景区、水浒城景区和鼋头渚景区等,年接待旅游总人数 836.44 万人。无锡滨湖区段缓冲带土地利用现状见图 3-8 和表 3-6。

———————————

① 1 亩≈666.7 m²

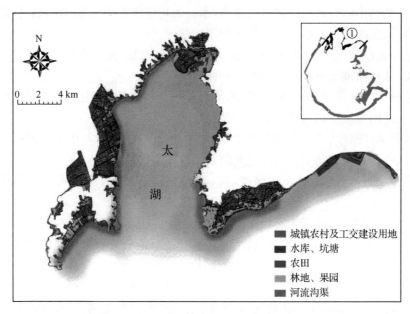

图 3-8　无锡滨湖区段缓冲带现状

表 3-6　太湖缓冲带无锡滨湖区段土地利用现状

土地利用类型	面积(km²)	面积(亩)	比例(%)
农田	31.7	47 550	47.6
林地、果园	9.69	14 535	14.5
河流沟渠	3.6	5 400	5.4
水库、坑塘	5.78	8 670	8.7
城镇农村及工交建设用地	15.84	23 760	23.8
合计	66.61	99 915	100.0

据太湖新城规划,无锡滨湖区段梅梁湾景区以东皆为绿地。考虑到未来土地利用类型变化,此段的缓冲带类型应为生态防护林型缓冲带,主要分布于滨湖街道的吴塘村以东地区,长度为 47.75 km。其余缓冲带类型为村落型、农田型和景区型,总长度为 46.8 km。

2. 苏州高新区段

苏州市高新区段缓冲带位于太湖流域东岸、贡湖湾东南侧,北面与无锡市接壤,南面与苏州吴中区相接。本段缓冲带是指沙墩港至下淹湖之间的太湖缓冲带区段,缓冲带总长度为 36.65 km,总面积为 44.39 km²。其包括望亭镇、通安镇、东渚镇、镇湖街道共 3 个镇 1 个街道 14 个行政村,人口总计 28 551 人。缓冲带土

地利用类型以农田、林地果园、水库坑塘为主,分别占本段缓冲带总面积的
44.2%、17.8%和 11.3%,其中现有农田面积为 29 415 亩。此段缓冲带内只有一
个在建的旅游景点——苏州太湖湿地公园。工业企业主要集中在望亭镇的宅基
村、迎湖村的工业区内,工业企业 300 余家。沿太湖大堤有 200 m 宽的生态林带。
苏州高新区段缓冲带土地利用现状见图 3-9 和表 3-7。

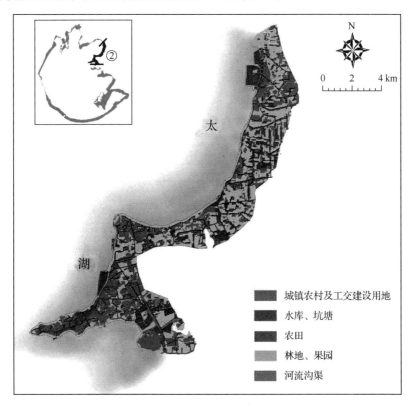

图 3-9　苏州高新区段缓冲带现状

表 3-7　太湖缓冲带苏州高新区段土地利用现状

土地利用类型	面积(km²)	面积(亩)	比例(%)
农田	19.61	29 415	44.2
林地、果园	7.9	11 850	17.8
河流沟渠	3.4	5 100	7.7
水库、坑塘	5.02	7 530	11.3
城镇农村及工交建设用地	8.46	12 690	19.1
合计	44.39	66 585	100.0

按太湖缓冲带类型划分,此段缓冲带类型主要为农田型缓冲带,分布于通安镇的东泾村以南,长 31.8 km。其余缓冲带类型为村落型,长度为 4.85 km。

3. 苏州吴中区段

苏州市吴中区位于太湖流域东岸,北面与苏州高新区接壤,南面与苏州吴江市相接。本段缓冲带是指下淹湖至京杭运河之间的太湖缓冲带区段,总长度为107.95 km,面积为 142.55 km²。其包括光福镇、香山街道、胥口镇、临湖镇、东山镇、横泾街道共 4 个镇 2 个街道 22 个行政村,人口总计 80 194 人。缓冲带土地利用类型主要为水库坑塘、农田、城镇农村及工交建设用地,其中现有农田 55 275亩,水库坑塘 98 835 亩。水产养殖污染、旅游生活污染是此段的主要污染源。此段缓冲带内有一个旅游景区,即苏州太湖国家旅游度假区。工业企业主要集中在光福镇的工业园区,工业企业 187 家。此外,沿太湖大堤有 200 m 宽的生态林带。苏州吴中区段缓冲带土地利用现状见图 3-10 和表 3-8。

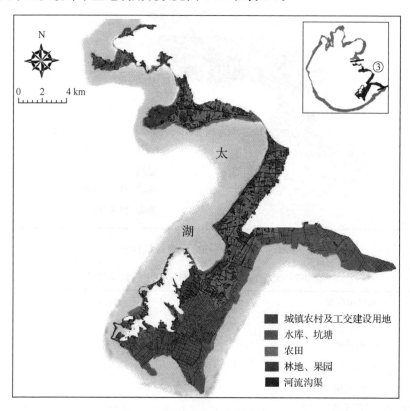

图 3-10　苏州吴中区段缓冲带现状

表 3-8　太湖缓冲带苏州吴中区段土地利用现状

土地利用类型	面积（km²）	面积（亩）	比例（%）
农田	36.85	55275	25.9
林地、果园	11.6	17400	8.1
河流沟渠	7.62	11430	5.3
水库、坑塘	65.89	98835	46.2
城镇农村及工交建设用地	20.59	30885	14.4
合计	142.55	213825	100.0

　　按太湖缓冲带类型划分，此段的缓冲带类型主要为养殖塘型缓冲带，包括整个横泾街道以及东山镇东部、南部区域，长 38.6 km。其余缓冲带类型为农田型、村落型和景区型，总长度为 69.35 km。

4. 苏州吴江市段

　　苏州吴江市段太湖缓冲带是指京杭运河至莘七线公路之间的太湖缓冲带区段，总长度为 33.31 km，总面积为 44.68 km²。包括横扇镇、七都镇共 2 个镇 16 个行政村，人口总计 40 713 人。缓冲带土地利用类型主要为水库坑塘、城镇农村及工交建设用地、农田等，其中现有农田 21 165 亩，水库坑塘 27 180 亩。水产养殖污染、村落生活污染及农田面源污染是此段的主要污染源。此段缓冲带内的工业企业约有 763 家，其主要集中在横扇镇工业区和七都镇工业区。苏州吴江市段缓冲带土地利用现状见图 3-11 和表 3-9。

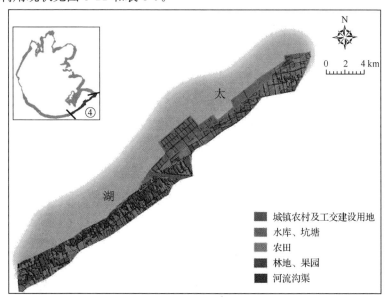

图 3-11　苏州吴江市段缓冲带现状

表 3-9　太湖缓冲带苏州吴江市段土地利用现状

土地利用类型	面积(km²)	面积(亩)	比例(%)
农田	14.11	21165	31.6
林地、果园	3.03	4545	6.8
河流沟渠	3.84	5760	8.6
水库、坑塘	18.12	27180	40.6
城镇农村及工交建设用地	5.58	8370	12.5
合计	44.68	67020	100.0

　　按太湖缓冲带类型划分,此段的缓冲带类型主要为养殖塘型缓冲带,分布于七都镇的大浦闸以东地区,长 25.41 km;其次为农田型缓冲带,主要分布于七都镇的大浦闸以西地区,长 7.9 km。

5. 湖州吴兴区段

　　本段缓冲带是指莘七线公路至鸭梅港之间的太湖缓冲带区段,缓冲带总长度为 26.2 km,缓冲带总面积为 60.81 km²。包括织里镇、环渚乡、滨湖街道 2 个镇 1 个街道 20 个行政村,人口总计 47 845 人。湖州吴兴区段的土地利用类型主要为农田、水库坑塘、城镇农村及工交建设用地,其中农田 52 785 亩,鱼塘等水域面积 12 765 亩,且鱼塘主要分布在织里镇的常乐村和许溇村。工厂企业主要分布在织里镇常乐村工业区。该段入湖河流以及农灌沟数量较多河网密集,与大堤平行截污河两岸生态较差,由于该河道附近农田、村落等污水皆排入其中,造成河中水体水质较差。正在实施的环太湖公路及环太湖沿路大堤加固工程加固总长度为 51.5 km,其中湖州吴兴区长度 16 km。沿环太湖公路有一条与公路平行的水道,沈溇村到荣丰村部分地区大堤下无水道,直接临农田。湖州吴兴区段缓冲带土地利用现状见图 3-12 和表 3-10。

表 3-10　太湖缓冲带湖州吴兴区段土地利用现状

土地利用类型	面积(km²)	面积(亩)	比例(%)
农田	35.19	52 785	57.9
林地、果园	1.61	2 415	2.6
河流沟渠	4.3	6 450	7.1
水库、坑塘	8.51	12 765	14.0
城镇农村及工交建设用地	11.2	16 800	18.4
合计	60.81	91 215	100.0

　　按太湖缓冲带类型划分,此段的缓冲带类型为村落型缓冲带,长度为 26.2 km。

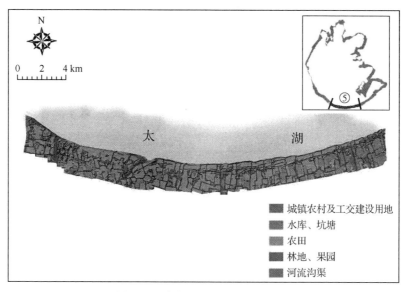

图 3-12　湖州吴兴区段缓冲带现状

6. 湖州长兴县段

湖州长兴县段缓冲带是指鸭梅港至宁杭高速苏浙省界收费站之间的太湖缓冲带区段,位于太湖西南岸,北面的父子岭村与无锡宜兴市接壤,南面的图影村与湖州吴兴区相连,其缓冲带总长为 36.75 km,总面积为 44.5 km²。其包括夹浦镇、雉城镇、洪桥镇共 3 个镇 19 个行政村,人口总计 36 701 人。缓冲带土地利用类型主要为农田、城镇农村及工交建设用地。其中农田 44 070 亩,鱼塘等水域面积约为 3690 亩。缓冲带内有 1 个景区——图影旅游度假区,工业企业主要集中在夹浦镇特色轻纺园区,据统计有工业企业 454 家,主要从事轻纺业和印染业。湖州长兴县段缓冲带土地利用现状见图 3-13 和表 3-11。

表 3-11　太湖缓冲带湖州长兴县段土地利用现状

土地利用类型	面积(km²)	面积(亩)	比例(%)
农田	29.38	44070	66.0
林地、果园	2.37	3555	5.3
河流沟渠	3.94	5910	8.9
水库、坑塘	2.46	3690	5.5
城镇农村及工交建设用地	6.35	9525	14.3
合计	44.5	66750	100.0

按太湖缓冲带类型划分,此段的缓冲带类型主要为农田型缓冲带,分布于洪桥镇东汪村以北,长 27.05 km;其次为村落型,长度为 9.7 km。

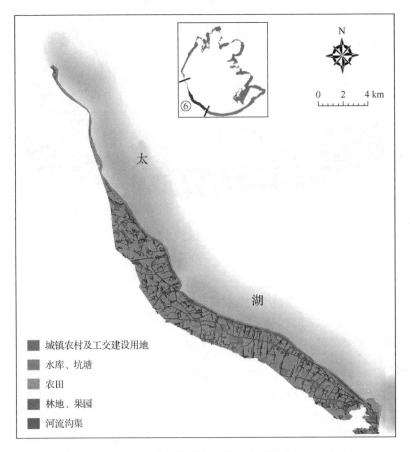

图 3-13　湖州长兴县段缓冲带现状

7. 无锡宜兴市段

无锡宜兴市段太湖缓冲带位于太湖西北部沿线,以太湖大堤为下边界,上边界至省道 S230—宁杭高速 G25—兰右山,北至百渎港,南至宁杭高速苏浙省界收费站,缓冲带长 41.72 km,总面积为 41.38 km²。该区段包括丁蜀镇、新庄镇、周铁镇 3 个镇 22 个行政村,人口总计 77 109 人。缓冲带内的土地利用类型以农田、鱼塘及水系、苗圃为主,分别占本段缓冲带总面积的 55.3%、15.5% 和 14.2%,其中现有农田面积为 34 305 亩,鱼塘等水域面积为 9630 亩。该段河网密集,与大堤平行河流和入湖河流交叉分布,入湖河流近三十条,较典型的河流为漕桥河。在建工程有沙塘港—邾渎港太湖湖滨湿地修复工程,该工程总长 4600 m,占地 2430 亩;中新村农业面源 N、P 流失生态拦截工程,该工程共建生态沟渠 1.5 万 m²,并对已有沟渠进行保护,最后达到 TN 削减量为 80%,TP 削减量为 60%;太湖水环境综合治理二期工程——新庄街道老横河面源 N、P 流失生态拦截工程,范围涉及菱溇、核心、横巷三个村,治理河道长 1385 m,宽 27 m;大浦港河流湿地生态修复工程,东西总长 2400 m,占地 246 亩。工业企业主要分布在周铁镇工业园内,工业企业 172 家。无锡宜兴市段缓冲带土地利用现状见图 3-14 和表 3-12。

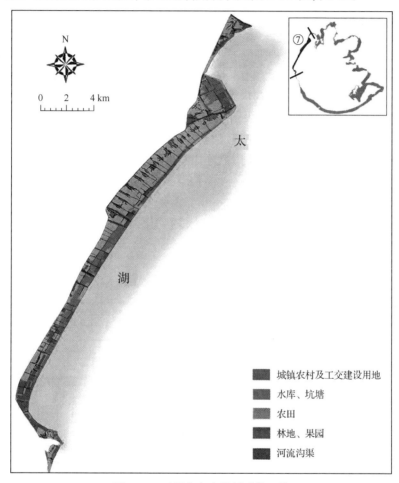

图 3-14　无锡宜兴市段缓冲带现状

表 3-12　太湖缓冲带无锡宜兴市段土地利用现状

土地利用类型	面积(km²)	面积(亩)	比例(%)
农田	22.87	34 305	55.3
林地、果园	5.86	8 790	14.2
河流沟渠	2.55	3 825	6.2
水库、坑塘	6.42	9 630	15.5
城镇农村及工交建设用地	3.68	5 520	8.9
合计	41.38	62 070	100.0

　　按太湖缓冲带类型划分,此段的缓冲带类型主要为村落型缓冲带,分布于周铁镇沙塘港村到丁蜀镇汤庄村,长 17.6 km;其次为生态防护林型以及农田型缓冲带,总长度 24.12 km。

8. 常州武进区段

　　常州市武进区段太湖缓冲带位于太湖北岸的竺山湖湾沿线,以 X317—清波堤为下边界,上边界至霄云路—黄家山—杨湾岭,北至百渎港,南至雅浦港,缓冲带长 5.62 km,总面积为 7.39 km²。该区段包括雪雁镇 1 个镇 3 个行政村,人口总计 5821 人。缓冲带内的土地利用类型以农田和坑塘水系为主,占到缓冲带总面积的 33% 和 25.81%,其中现有农田 4350 亩,鱼塘、蟹塘等 3870 亩。缓冲带内的景区景点主要为竺山湖旅游度假区,其包括竺山湖小镇、竺山湖度假村、太湖湾金陵大酒店、太湖湾度假村等。在建工程有漕桥河河流湿地生态修复工程,工程长 23.3 km,占地 1362 亩;太湖湾环湖生态景观建设工程,总长 2.8 km。工业企业很发达,主要分布在雪雁镇,工业企业有 588 家。常州武进区段缓冲带土地利用现状见图 3-15 和表 3-13。

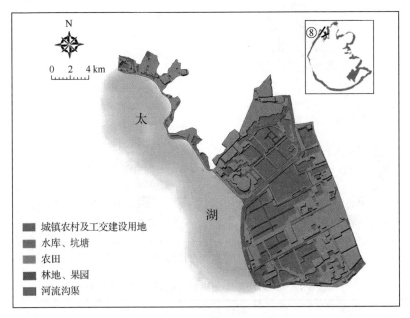

图 3-15　常州武进区市段缓冲带现状

表 3-13　太湖缓冲带常州武进区段土地利用现状

土地利用类型	面积(km²)	面积(亩)	比例(%)
农田	2.9	4350	39.2
林地、果园	0.2	300	2.7

续表

土地利用类型	面积(km²)	面积(亩)	比例(%)
河流沟渠	0.43	645	5.8
水库、坑塘	2.58	3870	34.9
城镇农村及工交建设用地	1.28	1920	17.3
合计	7.39	11085	100.0

按太湖缓冲带类型划分,此段的缓冲带类型主要为养殖塘型缓冲带,分布于雪雁镇太滆村以南,长 3.42 km;其次为农田型缓冲带,长 2.2 km。

3.4.3　缓冲带污染负荷分区段调查

1. 无锡滨湖区段

1) 村落生活污染现状调查与分析

A. 村落生活污水

调查发现,本区段经济发展较快,目前生活水平较高,自来水入户率基本达到 100%。本区段 14 个行政村中,除耿湾村、吴塘村外,其余 12 个村落全建有污水管网,这 12 个村初步形成了污水收集系统,所产生的生活污水通过污水管网分别输送至马山镇和贡湖污水处理厂处理,污水收集处理率为 40% 左右。耿湾村、吴塘村是通过人工湿地进行村落污水处理。

根据《第一次全国污染源普查城镇生活源产排污系数手册》,无锡属二区一类城市,缓冲区内的人均生活污水产生量以 185 L/(人·d)计,则无锡滨湖区段村落生活污水产生量为 1.71×10^6 m³/a。

其中本段缓冲带内马山镇 6 个行政村(和平村、西村、群丰村、万丰村、桃坞村、嶂青村,4240 人)40% 的生活污水通过无锡太湖国家旅游度假区污水处理厂处理后达标排放。按污水处理厂平均出水水质 COD 为 27.61 mg/L,总氮为 10.62 mg/L,总磷为 0.28 mg/L 计,年处理生活污水为 1.15×10^5 m³/a,其污染物排放量如下:

COD$=1.15 \times 10^5$ m³/a $\times$ 27.61 mg/L$=3.18$ t/a

TN$=1.15 \times 10^5$ m³/a $\times$ 10.62 mg/L$=1.22$ t/a

TP$=1.15 \times 10^5$ m³/a $\times$ 0.28 mg/L$=0.03$ t/a

马山镇的耿湾村(956 人)40% 的生活污水经过人工湿地处理后,达到《城镇污水处理厂污染物排放标准》(GB 18918—2002)的一级 B 标,年处理生活污水为 2.58×10^4 m³/a,其污染物排放量如下:

COD$=2.58 \times 10^4$ m³/a $\times$ 60 mg/L$=1.55$ t/a

TN=2.58×10⁴ m³/a × 20 mg/L=0.52 t/a

TP=2.58×10⁴ m³/a × 1 mg/L=0.03 t/a

滨湖街道的吴塘村40%的生活污水采用集合式中型人工湿地法加以处理,湿地处理量为2.92×10⁴ t/a,其污染物排放量如下:

COD=2.92×10⁴ m³/a ×60 mg/L=1.75 t/a

TN=2.92×10⁴ m³/a × 20 mg/L=0.58 t/a

TP=2.92×10⁴ m³/a × 1 mg/L=0.03 t/a

本段缓冲带内滨湖街道辖6个行政村(大浮村、贡湖村、南湖村、壬港村、裕村、滨湖村,20 129人)40%的生活污水通过无锡贡湖污水处理厂处理后达标排放,出水水质按《城镇污水处理厂污染物排放标准》(GB 18918—2002)的一级B标执行,年处理生活污水为5.44×10⁵ m³/a,其污染物排放量如下:

COD=5.44×10⁵ m³/a × 60 mg/L=32.64 t/a

TN=5.44×10⁵ m³/a × 20 mg/L=10.88 t/a

TP=5.44×10⁵ m³/a × 1 mg/L=0.54 t/a

所有村落的生活污水收集处理率为40%,其余60%的生活污水未经处理直接排放,按总人数的60%折合15 195人。参照《第一次全国污染源普查城镇生活源产排污系数手册》的统计数据,无锡属二区一类城市,污染物排放量按COD 79 g/(人·d)、TN 13.9 g/(人·d)、TP 1.16 g/(人·d)计,则污染物排放量为:

COD=79 g/(人·d)×15195人=438.15 t/a

TN=13.9 g/(人·d)×15195人=77.09 t/a

TP=1.16 g/(人·d)×15195人=6.43 t/a

因此,无锡滨湖区段缓冲带内村落生活污水中污染物排放量合计为:

COD=3.18 t/a + 1.55 t/a+1.75 t/a + 32.64 t/a +438.15 t/a=477.27 t/a

TN=1.22 t/a + 0.52 t/a+0.58 t/a + 10.88 t/a+ 77.09 t/a=90.29 t/a

TP=0.03 t/a + 0.03 t/a+0.03 t/a + 0.54 t/a+ 6.43 t/a =7.06 t/a

B. 村落生活垃圾

本区段缓冲带内马山镇和滨湖街道的各个行政村的生活垃圾均设有专门的垃圾箱进行收集,并建有垃圾收集池(每个村大约建有垃圾池5～6个)(图3-16)。由村里的保洁员把垃圾箱、垃圾池中的垃圾全部集中到各村的生活垃圾转运站,沿湖村庄的垃圾清运车进行垃圾清运也比较及时。最后统一运至马山镇垃圾处理厂和无锡市垃圾处理厂处理。本区段缓冲带内的生活垃圾有效清运率约占到本段生活垃圾产生量的70%,约30%的生活垃圾未被收集清运处理。

参照《第一次全国污染源普查城镇生活源产排污系数手册》的统计数据知,无锡属二区一类,人均生活垃圾产生量按0.68 kg/(人·d)计算,该区段共有人口25 325人,则该区段生活垃圾的产生总量为6285.67 t/a。参考太湖流域相关的研

图 3-16　村落生活垃圾收集处理现状

究资料,垃圾中有机质、氮、磷成分的含量分别为 10%、0.5%、0.2%,未被收集清运处理生活垃圾占 30%,计算得到本段太湖缓冲带每年的农村生活垃圾污染负荷见表 3-14。

表 3-14　村落垃圾污染估算表

指标	未被收集清运处理的生活垃圾产生量(t/a)
垃圾产生总量	1885.70
COD(取总量 10%)	188.57
氮(取总量 0.5%)	9.43
磷(取总量 0.2%)	3.77

2) 农田面源污染现状调查与分析

本区段无锡滨湖区(图 3-17)太湖缓冲带共有耕地面积 47 550 亩,主要种植水稻,耕地主要集中在滨湖街道和马山镇的平原地区,如滨湖街道的南湖村和滨湖村,马山镇的耿湾村、嶂青村和西村。

图 3-17　太湖缓冲带无锡滨湖区段农田污染现状

根据《第一次全国污染源普查农业污染源肥料流失系数手册》及太湖流域农田面源污染的相关研究资料,太湖流域属于南方湿润平原区—平地—水田—稻麦轮作模式,常规施肥区的氮肥施用量为 21.78 kg/(亩·a),磷肥施用量为 6.35 kg/(亩·a)。污染物流失量 COD 为 15 kg/(亩·a),TN 为 1.106 kg/(亩·a),TP 为 0.024 kg/(亩·a),则本段缓冲带内的农田面源污染物排放量见表 3-15。

表 3-15 缓冲带内农田面源污染物排放量

农田面积(亩)	污染物排放量(t/a)		
	COD	TN	TP
47 550	713.25	52.59	1.14

3)旅游景区景点污染现状调查与分析

A. 旅游景区景点生活污水

本段缓冲带内景区较多,主要包括马山镇灵山景区、三国城水浒城景区和鼋头渚景区等,年接待旅游总人数 836.44 万人。

按每人次停留两天、每人每天产生污水 185 L 计,本段缓冲带内每年由旅游产生的废水为 3.09×10^6 m^3。产生的污水都通过污水处理厂处理,出水标准按一级 B 标执行,那么所产生污水的污染物排放量为:

COD=3.09×10^6 m^3×60 mg/L=185.4 t/a

TN=3.09×10^6 m^3×20 mg/L=61.8 t/a

TP=3.09×10^6 m^3×1 mg/L=3.09 t/a

B. 旅游景区景点生活垃圾

参照太湖流域地方统计年鉴,旅游景区景点生活垃圾的产生量以每人每天 0.68 kg 计算,那么本段缓冲带内每年由旅游所产生的垃圾为 11 375.58 t。景区内的垃圾收集与处理比较及时,只有约 5% 的生活垃圾未被收集清运处理。参考太湖流域相关的研究资料,垃圾中有机质、氮、磷成分的含量分别为 10%、0.5%、0.2%,那么垃圾产生的污染物排放量为:

COD=11 375.58 t/a×5%×10%=56.88 t/a

TN=11 375.58 t/a×5%×0.5%=2.84 t/a

TP=11 375.58 t/a×5%×0.2%=1.14 t/a

因此,旅游景区景点的污染物排放量总量为:

COD=185.4 t/a+56.88 t/a=242.28 t/a

TN=61.8 t/a+2.84 t/a=64.64 t/a

TP=3.09 t/a+1.14 t/a=4.23 t/a

4)工业企业点源污染现状调查与分析

无锡市滨湖区段缓冲带内工业比较发达,较大的工业园区主要有两个,分别为位于无锡市滨湖街道附近的山水城科技工业园区和位于马山镇附近的马山镇工业园区。据统计,工业企业共有 73 家。根据实地调查及资料搜集,本段缓冲带内的工业企业,污水产生量为 24 445.84 t/a,折合 COD 排放量为 10.86 t/a。

5) 水产养殖污染现状调查与分析

参照《第一次全国污染源普查水产养殖业污染源产排污系数手册》,中部地区淡水池塘养殖的排污系数:COD 为 36.94 kg/(亩·a)、TN 为 3.24 kg/(亩·a)、TP 为 0.64 kg/(亩·a)。本段缓冲带内共有鱼塘等水域面积 8670 亩,计算得水产养殖污染物排放量见表 3-16。

表 3-16　本段缓冲带内水产养殖业污染情况

鱼塘面积(亩)	污染物排放量(t/a)		
	COD	TN	TP
8670	316.37	28.09	5.55

2. 苏州高新区段

1) 村落生活污染现状调查与分析

A. 村落生活污水

本段缓冲带内的部分村落已建有生活污水收集管网及处理系统,而其他村落无污水收集管网,污水排放方式以排入沟渠为主,存在污水直接泼洒的现象。

本段缓冲带内有 6 个行政村(宅基村、迎湖村、黄区村、姚市村、姚江村、新苏村)的生活污水收集至村中或镇上的污水处理厂进行处理,污水收集处理率为40%左右;而其余 8 个行政村(东泾村、街西村、金市村、航船浜、长巷村、中村、大寺村、西村)无污水收集管网,生活污水直接排放(图 3-18)。

图 3-18　村落生活污水排放沟渠现状

　　根据《第一次全国污染源普查城镇生活源产排污系数手册》,苏州属二区一类,缓冲带内的人均生活污水产生量以 185 L/(人·d)计,则苏州高新区段村落生活污水产生量为 1.93×10⁶ m³/a。

　　其中本段缓冲带内有 6 个行政村(14 975 人)40%的生活污水通过村中或镇上的污水处理厂处理后达标排放,按《城镇污水处理厂污染物排放标准》(GB 18918—2002)的一级 B 标执行,年处理生活污水为 4.04×10⁵ m³/a,其污染物产生量如下:

COD=4.04×10⁵ m³/a × 60 mg/L=24.24 t/a

TN=4.04×10⁵ m³/a × 20 mg/L=8.08 t/a

TP=4.04×10⁵ m³/a × 1 mg/L=0.4 t/a

　　6 个行政村 60%(8985 人)的生活污水和其余 8 个行政村(13 576 人)的全部生活污水没有收集处理(共 22 561 人),污水直接排放。参照《第一次全国污染源普查城镇生活源产排污系数手册》的统计数据,苏州属二区一类,污染物产生量按 COD 79 g/(人·d)、TN 13.9 g/(人·d)、TP 1.16 g/(人·d)计,则污染物产生量为:

COD=79 g/(人·d)×22561 人=650.55 t/a

TN=13.9 g/(人·d)×22561 人=114.46 t/a

TP=1.16 g/(人·d)×22561 人=9.55 t/a

苏州高新区段缓冲带内村落生活污水中污染物产生量合计为:

COD=24.24 t/a ＋ 650.55 t/a=674.79 t/a

TN=8.08 t/a ＋ 114.46 t/a=122.54 t/a

TP=0.4 t/a ＋9.55 t/a=9.95 t/a

B. 村落生活垃圾

　　目前,缓冲带内各村都建有垃圾收集池,并配备了垃圾清运车及专门的管理人员进行集中清运,生活垃圾的处置方式为燃烧发电,主要为苏州市的发电厂。

　　现场调查发现,苏州高新区缓冲带内的生活垃圾有效清运率达到 70%,剩余30%的生活垃圾未被收集清运处理。沿湖有少数村庄的垃圾清运车虽有指标但未配置齐全,而是采取租用或承包的方式进行垃圾清运,这种收集运输体系导致了垃圾收集不完善、清运不及时的现象时有发生(图 3-19)。

　　参照《第一次全国污染源普查城镇生活源产排污系数手册》的统计数据,苏州属二区一类,人均生活垃圾产生量按 0.68 kg/(人·d)计算,该区段共有人口28 551 人,则该区段生活垃圾的产生总量为 7086.36 t/a。

　　参考太湖流域相关的研究资料,垃圾中有机质、氮、磷成分的含量分别为10%、0.5%、0.2%,未被收集清运处理生活垃圾占 30%,计算得到本段太湖缓冲带内每年的农村生活垃圾污染负荷见表 3-17。

图 3-19　村落生活垃圾收集处理现状

表 3-17　村落垃圾污染估算表

指标	未被收集清运处理的生活垃圾产生量(t/a)
垃圾产生总量	2125.91
COD(取总量 10%)	212.59
氮(取总量 0.5%)	10.63
磷(取总量 0.2%)	4.25

2）农田面源污染现状调查与分析

根据 2009 年太湖流域缓冲带测图,苏州市高新区缓冲带共有耕地面积 29 415 亩,且主要集中在望亭镇的平原地区(图 3-20)。根据《苏州统计年鉴 2009》,苏州市化肥施用量(折纯)为 40 kg/(亩·a),农药施用量为 2.25 kg/(亩·a)。

根据《第一次全国污染源普查农业污染源肥料流失系数手册》及太湖流域农田面源污染的相关研究资料,太湖流域为南方湿润平原区—平地—水田—稻麦轮作模式,常规施肥区的氮肥施用量为 21.78 kg/(亩·a),磷肥施用量为 6.35 kg/(亩·a)。污染物流失量 COD 为 15 kg/(亩·a),TN 为 1.106 kg/(亩·a),TP 为 0.024 kg/(亩·a),则本段缓冲带内的农田面源污染物排放量见表3-18。

图 3-20　太湖缓冲带苏州高新区段农田现状

表 3-18　缓冲带内农田面源污染物排放量

农田面积（亩）	污染物排放量（t/a）		
	COD	TN	TP
29 415	441.23	32.53	0.71

3）工业企业点源污染现状调查与分析

苏州高新区太湖缓冲带内的工业企业主要集中在望亭镇的工业区内，据调查统计，宅基村、迎湖村等总计有工厂 300 多家，主要产业为机械、玻璃、化纤、五金等。工业区内有污水收集管网，工业废水全部输送至望亭镇污水处理厂处理后达标排放。

4）水产养殖污染现状调查与分析

参照《第一次全国污染源普查水产养殖业污染源产排污系数手册》，中部地区淡水池塘养殖的排污系数：COD 为 36.94 kg/（亩·a）、TN 为 3.24 kg/（亩·a）、TP 为 0.64 kg/（亩·a）。本段缓冲带内共有鱼塘等水域面积 7530 亩，计算得水产养殖污染物排放量见表 3-19。

表 3-19　本段缓冲带内水产养殖业污染情况

鱼塘面积（亩）	污染物排放量（t/a）		
	COD	TN	TP
7530	274.77	24.40	4.82

3. 苏州吴中区段

1）村落生活污染现状调查与分析

A. 村落生活污水

本段缓冲带内的大部分村落已建有生活污水收集管网及处理系统（图 3-21），

其中有 6 个行政村(郁舍村、周山村、蒋墩村、梅舍村、香山村、小横山村)的生活污水送往光福镇污水处理厂进行处理;3 个行政村(新峰村、箭泾村、马舍村)的生活污水送往胥口镇污水处理厂进行处理;12 个行政村(东吴村、界路村、灵湖村、石舍村、陆舍村、钱塘村、渡口村、渡桥村、吴巷村、新潦村、潦里村、新湖村)的生活污水送往吴中区污水处理厂进行处理;污水收集处理率为 40% 左右。只有迁里村无污水收集管网,生活污水直接排放。

图 3-21　村落生活污水排放沟渠现状

根据《第一次全国污染源普查城镇生活源产排污系数手册》,苏州属二区一类,缓冲带内的人均生活污水产生量以 185 L/(人·d)计,则苏州吴中区段村落生活污水产生量为 $5.41×10^6$ m³/a。

其中本段缓冲带内有 21 个行政村(72 084 人)40% 的生活污水通过镇上或吴中区的污水处理厂处理后达标排放,按《城镇污水处理厂污染物排放标准》(GB 18918—2002)的一级 B 标执行,年处理生活污水为 $4.87×10^6$ m³/a,其污染物产生量如下:

COD=$4.87×10^6$ m³/a × 60 mg/L=292.2 t/a

TN=$4.87×10^6$ m³/a × 20 mg/L=97.4 t/a

TP=$4.87×10^6$ m³/a × 1 mg/L=4.87 t/a

21 个行政村 60%(43 250 人)的生活污水和缓冲带内迁里村(8110 人)的全部生活污水没有收集处理(共 51 360 人),污水直接排放。参照《第一次全国污染源普查城镇生活源产排污系数手册》的统计数据,苏州属二区一类,污染物产生量按 COD 79 g/(人·d)、TN 13.9 g/(人·d)、TP 1.16 g/(人·d)计,则污染物产生量为:

COD=79 g/(人·d)×51360 人=1480.97 t/a

TN=13.9 g/(人·d)×51360 人=260.57 t/a

TP=1.16 g/(人·d)×51360 人=21.75 t/a

因此,苏州吴中区段缓冲带内村落生活污水中污染物产生量合计为:

COD=292.2 t/a +1480.97 t/a=1773.17 t/a

TN=97.4 t/a + 260.57 t/a=357.97 t/a

TP=4.87 t/a + 21.75 t/a=26.62 t/a

B. 村落生活垃圾

目前,缓冲带内各村都建有垃圾收集池,并配备了垃圾清运车及专门的管理人员进行集中清运。现场调查发现,苏州吴中区缓冲带内的生活垃圾有效清运率达到 70%,剩余 30% 的生活垃圾未被收集清运处理。沿湖有少数村庄的垃圾清运车虽有指标但未配置齐全,而是采取租用或承包的方式进行垃圾清运,这种收集运输体系导致了垃圾收集不完善、清运不及时的现象发生(图 3-22)。

图 3-22　村落生活垃圾收集处理现状

参照《第一次全国污染源普查城镇生活源产排污系数手册》的统计数据,苏州属二区一类,人均生活垃圾产生量按 0.68 kg/(人·d)计算,该区段共有人口 80 194 人,则该区段生活垃圾的产生总量为 19 904.15 t/a。

参考太湖流域相关的研究资料,垃圾中有机质、氮、磷成分的含量分别为 10%、0.5%、0.2%,未被收集清运处理生活垃圾占 30%,计算得到本段太湖缓冲带每年的农村生活垃圾污染负荷见表 3-20。

表 3-20　村落垃圾污染估算表

指标	未被收集清运处理的生活垃圾产生量(t/a)
垃圾产生总量	5971.25
COD(取总量 10%)	597.13
氮(取总量 0.5%)	29.86
磷(取总量 0.2%)	11.94

2) 农田面源污染现状调查与分析

根据 2009 年太湖流域缓冲带测图,本段苏州市吴中区太湖缓冲带共有耕地面积 55 275 亩,主要种植水稻,仅有部分耕地用来种植蔬菜,耕地均匀分布于该缓冲带内的平原地区,但东山镇的耕地比较少。根据《苏州统计年鉴 2009》,苏州市化肥施用量(折纯)为 40 kg/(亩·a),农药施用量为 2.25 kg/(亩·a)。

根据《第一次全国污染源普查农业污染源肥料流失系数手册》及太湖流域农田面源污染的相关研究资料,太湖流域为南方湿润平原区—平地—水田—稻麦轮作模式,常规施肥区的氮肥施用量为 21.78 kg/(亩·a),磷肥施用量为 6.35 kg/(亩·a)。污染物流失量 COD 为 15 kg/(亩·a),TN 为 1.106 kg/(亩·a),TP 为 0.024 kg/(亩·a),则本段缓冲带内的农田面源污染物排放量见表 3-21。

表 3-21　缓冲带内农田面源污染物排放量

农田面积(亩)	污染物排放量(t/a)		
	COD	TN	TP
55 275	829.13	61.13	1.33

3) 旅游景区景点污染现状调查与分析

A. 旅游景区景点生活污水

本段缓冲带内旅游景区景点年接待旅游总人数 197.6 万人,按每人平均停留两天,每人每天产生生活污水 185 L 计算,那么本段缓冲带旅游产生的生活废水为:197.6×10^4 人$\times 185$ L/(人·d)$\times 2$ d/a$=7.31 \times 10^5$ m^3/a。产生的污水都通过污水处理厂处理,出水标准按一级 B 标执行,那么所产生生活污水的污染物量为:

COD$=7.31 \times 10^5$ m^3/a$\times 60$ mg/L$=43.86$ t/a

TN$=7.31 \times 10^5$ m^3/a$\times 20$ mg/L$=14.62$ t/a

TP$=7.31 \times 10^5$ m^3/a$\times 1$ mg/L$=0.73$ t/a

B. 旅游景区景点生活垃圾

参照太湖流域地方统计年鉴,旅游景区景点生活垃圾的产生量以每人每天 0.68 kg 计算,那么本段缓冲带内旅游产生的生活垃圾为 2687.36 t/a。旅游景区内的生活垃圾收集与处理比较及时,只有约 5% 的生活垃圾未被收集清运处理。参考太湖流域相关的研究资料,垃圾中有机质、氮、磷成分的含量分别为 10%、0.5%、0.2%,计算得到本段缓冲带旅游产生的生活垃圾污染负荷为:

COD$=2687.36$ t/a$\times 5\% \times 10\% =13.44$ t/a

TN$=2687.36$ t/a$\times 5\% \times 0.5\% =0.67$ t/a

TP$=2687.36$ t/a$\times 5\% \times 0.2\% =0.27$ t/a

因此,旅游景区景点的污染物排放量合计为:

COD$=43.86$ t/a $+ 13.44$ t/a $=57.3$ t/a

TN=14.62 t/a + 0.67 t/a =15.29 t/a

TP=0.73 t/a + 0.27 t/a =1.0 t/a

4) 工业企业点源污染现状调查与分析

苏州吴中区太湖缓冲带内的工业企业主要集中在光福镇的工业区内,据调查统计,工厂总计有 187 家,主要产业为机械、玻璃、化纤、五金等。在此,我们重点调查了规模较大的工业企业。在本次重点调查的工业企业中,苏州化联高新陶瓷材料有限公司等产生工业废水,年产生废水量为 821.12 t/a,折合 COD 排放量为 0.06 t/a。

5) 水产养殖污染现状调查与分析

参照《第一次全国污染源普查水产养殖业污染源产排污系数手册》,中部地区淡水池塘养殖的排污系数:COD 为 36.94 kg/(亩·a)、TN 为 3.24 kg/(亩·a)、TP 为 0.64 kg/(亩·a)。本段缓冲带内共有鱼塘等水域面积 98 835 亩,计算得水产养殖污染物排放量见表 3-22。

表 3-22　本段缓冲带内水产养殖业污染情况

鱼塘面积(亩)	污染物排放量(t/a)		
	COD	TN	TP
98 835	3606.49	320.23	63.25

4. 苏州吴江市段

1) 村落生活污染现状调查与分析

A. 村落生活污水

苏州吴江市段太湖缓冲带内部分村落已建有生活污水收集管网及处理系统,其中有 2 个行政村(陆港村、望湖村)的生活污水送至金明村污水处理厂处理;1 个行政村(燦烂村)的生活污水送至燦烂村污水处理厂进行处理;13 个行政村(诚心村、饯港村、盛庄村、同芯村、王焰村、姚家港村、沧洲村、叶家港村、太浦闸村、联强村、庙港村、吴溇村、沈家湾村)的生活污水未经处理直接排放。

根据《第一次全国污染源普查城镇生活源产排污系数手册》,苏州属二区一类,缓冲带内的人均生活污水产生量以 185 L/(人·d)计,则苏州吴江市段沿岸村落生活污水产生量为 2.75×10^6 m^3/a。

其中本段缓冲带内有 3 个行政村(8870 人)40%的生活污水通过污水处理厂处理后达标排放,按《城镇污水处理厂污染物排放标准》(GB 18918—2002)的一级 B 标执行,年处理生活污水量为 5.99×10^5 m^3/a,其污染物排放量为:

COD=5.99×10^5 m^3/a × 60 mg/L=35.94 t/a

TN=5.99×10^5 m^3/a × 20 mg/L=11.98 t/a

$TP = 5.99 \times 10^5 \ m^3/a \times 1 \ mg/L = 0.6 \ t/a$

3 个行政村 60%(5322 人)的生活污水和其余 13 个行政村(31 843 人)的全部生活污水未经处理直接排放。参照《第一次全国污染源普查城镇生活源产排污系数手册》的数据,苏州属二区一类,污染物产生量按 COD79 g/(人·d)、TN13.9 g/(人·d)、TP 1.16 g/(人·d)计,则污染物产生量为:

$COD = 79 \ g/(人 \cdot d) \times 37165 \ 人 = 1071.65 \ t/a$

$TN = 13.9 \ g/(人 \cdot d) \times 37165 \ 人 = 188.56 \ t/a$

$TP = 1.16 \ g/(人 \cdot d) \times 37165 \ 人 = 15.74 \ t/a$

苏州吴江市段太湖缓冲带内村落生活污水中污染物产生量合计为:

$COD = 35.94 \ t/a + 1071.65 \ t/a = 1107.59 \ t/a$

$TN = 11.98 \ t/a + 188.56 \ t/a = 200.54 \ t/a$

$TP = 0.6 \ t/a + 15.74 \ t/a = 16.34 \ t/a$

B. 村落生活垃圾

苏州吴江市段太湖缓冲带内的横扇镇、七都镇 2 个乡镇都配有垃圾中转站,各行政村内都建有 3～5 个垃圾房,且每个行政村都配有 6～15 个不等的保洁员,负责垃圾的收集及清运。虽然沿湖村落均已有非常完备的垃圾收集—清运—处理系统,但由于村民的自觉性不高,生活垃圾随意堆放的现象仍有发生。经过现场调查发现,本区段缓冲带内的生活垃圾有效清运率占到本段生活垃圾产生量的 70%,约有 30% 的生活垃圾未被收集清运处理(图 3-23)。

图 3-23　村落生活垃圾收集处理现状

参照《第一次全国污染源普查城镇生活源产排污系数手册》的统计数据,苏州属二区一类,人均生活垃圾产生量按 0.68 kg/(人·d)计算,该区段共有人口

40 713 人,则该区段生活垃圾的产生总量为 10 104.97 t/a。参考太湖流域相关的研究资料,垃圾中有机质、氮、磷成分的含量分别为 10%、0.5%、0.2%,生活垃圾未被收集清运处理占 30%,计算得到本段太湖缓冲带每年的农村生活垃圾污染负荷见表 3-23。

表 3-23　村落垃圾污染估算表

指标	未被收集清运处理的生活垃圾产生量(t/a)
垃圾产生总量	3031.49
COD(取总量 10%)	303.15
氮(取总量 0.5%)	15.16
磷(取总量 0.2%)	6.06

2) 农田面源污染现状调查与分析

苏州吴江市段太湖缓冲带内共有耕地 21 165 亩,其主要种植水稻、蔬菜等。根据《苏州统计年鉴 2009》,苏州市化肥施用量(折纯)为 40 kg/(亩·a),农药施用量为 2.25 kg/(亩·a)。根据《第一次全国污染源普查农业污染源肥料流失系数手册》及太湖流域农田面源污染的相关研究资料,太湖流域为南方湿润平原区—平地—水田—稻麦轮作模式,常规施肥区的氮肥施用量为 21.78 kg/(亩·a),磷肥施用量为 6.35 kg/(亩·a)。污染物流失量 COD 为 15 kg/(亩·a),TN 为 1.106 kg/(亩·a),TP 为 0.024 kg/(亩·a),则本段缓冲带内的农田面源污染物排放量见表 3-24。

表 3-24　缓冲带内农田面源污染物排放量

农田面积(亩)	污染物排放量(t/a)		
	COD	TN	TP
21 165	317.48	23.41	0.51

3) 工业企业点源污染现状调查与分析

苏州吴江市段太湖缓冲带内的工业企业主要集中在横扇镇工业区和七都镇工业区,总计有 763 家。该段缓冲带以"中国光电缆之都"而闻名,仅光缆电缆生产企业就有 40 多家,电缆生产线 168 条,生产能力达 2500 万对公里;光缆生产线 31 条,年产量 300 万芯公里。根据实地调查及资料搜集,本段缓冲带内工厂企业废水产生量为 765 951 t/a,废水排放量为 719 871 t/a,COD 排放量为 226.87 t/a。

4) 水产养殖污染现状调查与分析

参照《第一次全国污染源普查水产养殖业污染源产排污系数手册》,中部地区淡水池塘养殖的排污系数:COD 为 36.94 kg/(亩·a)、TN 为 3.24 kg/(亩·a)、TP 为 0.64 kg/(亩·a)。本段缓冲带内共有鱼塘等水域面积 27 180 亩,计算得水产养殖污染物排放量见表 3-25。

表 3-25　吴江市段缓冲带内水产养殖业污染情况

鱼塘面积(亩)	污染物排放量(t/a)		
	COD	TN	TP
27 180	991.80	88.06	17.40

5. 湖州吴兴区段

1) 村落生活污染现状调查与分析

湖州吴兴区段缓冲带内有 13 个行政村(杨溇、乔溇、汤溇、陆家湾、常乐、伍浦、义皋、东桥、荣丰村、大钱村、塘甸、大红旗、湖滨)的生活污水通过镇上或吴兴区污水处理厂进行处理,污水收集率为 30%;其余 7 个行政村(许溇、幻溇、大溇、沈溇、双丰、新桥、黄龙洞)的生活污水没有收集处理直接排放。

A. 村落生活污水

根据《第一次全国污染源普查城镇生活源产排污系数手册》,湖州属二区二类城市,缓冲带内的人均生活污水产生量以 175 L/(人·d)计,则湖州吴兴区段村落生活污水产生量为 3.06×10^6 m³/a。

其中本段缓冲带内有 13 个行政村(30 545 人)30% 的生活污水通过村中或镇上的污水处理厂处理后达标排放,按《城镇污水处理厂污染物排放标准》(GB 18918—2002)的一级 B 标执行,年处理生活污水为 5.85×10^5 m³/a,其污染物排放量如下:

COD=5.85×10^5 m³/a × 60 mg/L=35.1 t/a

TN=5.85×10^5 m³/a × 20 mg/L=11.7 t/a

TP=5.85×10^5 m³/a × 1 mg/L=0.59 t/a

13 个行政村 70%(21 382 人)的生活污水和其余 7 个行政村(17 300 人)的全部生活污水(共 38 682 人)未经处理直接排放。参照《第一次全国污染源普查城镇生活源产排污系数手册》的统计数据,湖州属二区二类城市,污染物排放量按 COD 73 g/(人·d)、TN 12.9 g/(人·d)、TP 1.05 g/(人·d)计,则污染物产生量为:

COD=73 g/(人·d)×38682 人=1030.68 t/a

TN=12.9 g/(人·d)×38682 人=182.13 t/a

TP=1.05 g/(人·d)×38682 人=14.82 t/a

湖州吴兴区段缓冲带内村落生活污水中污染物产生量合计为:

COD=35.1 t/a ＋ 1030.68 t/a=1065.78 t/a

TN=11.7 t/a ＋ 182.13 t/a=193.83 t/a

TP=0.59 t/a ＋14.82 t/a=15.41 t/a

B. 村落生活垃圾

湖州吴兴区段缓冲带内的织里镇、环渚乡、滨湖街道等沿湖村落中均已建设垃圾收集房,街道两旁配有垃圾桶。垃圾房形式以封闭为主,村中由市里统一发放垃圾桶,生活垃圾由保洁员每天从垃圾桶中统一收集至村中的垃圾收集房,最后统一外运。虽然沿湖村落中均具有非常完备的垃圾收集—清运—处理系统,但由于村民的自觉性不高,生活垃圾随意堆放的现象仍然很严重。本段缓冲带内的生活垃圾有效清运率占到生活垃圾产生量约 60%,另外约有 40% 的生活垃圾未被收集清运处理。

参照《第一次全国污染源普查城镇生活源产排污系数手册》的统计数据,湖州属二区二类,人均生活垃圾产生量按 0.6 kg/(人·d)计算,该区段共有人口 47 845 人,则该区段生活垃圾的产生总量为 10 478.01 t/a。参考太湖流域相关的研究资料,垃圾中有机质、氮、磷成分的含量分别为 10%、0.5%、0.2%,未被收集清运处理的生活垃圾占 40%,计算得本段太湖缓冲带每年的农村生活垃圾污染负荷见表 3-26。

表 3-26　村落垃圾污染估算表

指标	未被收集清运处理的生活垃圾产生量(t/a)
垃圾产生总量	4191.2
COD(取总量 10%)	419.12
氮(取总量 0.5%)	20.96
磷(取总量 0.2%)	8.38

2) 农田面源污染现状调查与分析

本段湖州吴兴区段太湖缓冲带共有耕地面积 52 785 亩,主要种植水稻、蔬菜,且耕地均匀分布在平原地区(图 3-24)。

图 3-24　太湖缓冲带湖州吴兴区段农田现状

根据《第一次全国污染源普查农业污染源肥料流失系数手册》及太湖流域农田面源污染的相关研究资料,太湖流域为南方湿润平原区—平地—水田—稻麦轮作模式,常规施肥区的氮肥施用量为 21.78 kg/(亩·a),磷肥施用量为 6.35 kg/(亩·a)。污染物流失量 COD 为 15 kg/(亩·a),TN 为 1.106 kg/(亩·a),TP 为 0.024 kg/(亩·a),则本段缓冲带内的农田面源污染物排放量见表 3-27。

表 3-27　缓冲带内农田面源污染物排放量

农田面积(亩)	污染物排放量(t/a)		
	COD	TN	TP
52 785	791.78	58.38	1.27

3) 水产养殖污染现状调查与分析

参照《第一次全国污染源普查水产养殖业污染源产排污系数手册》,中部地区淡水池塘养殖的排污系数:COD 为 36.94 kg/(亩·a)、TN 为 3.24 kg/(亩·a)、TP 为 0.64 kg/(亩·a)。本段缓冲带内共有鱼塘等水域面积 12 765 亩,计算得水产养殖污染物排放量见表 3-28。

表 3-28　本段缓冲带内水产养殖业污染情况

鱼塘面积(亩)	污染物排放量(t/a)		
	COD	TN	TP
12 765	465.79	41.36	8.17

6. 湖州长兴县段

1) 村落生活污染现状调查与分析

A. 村落生活污水

本段缓冲带内 3 个镇 19 个村中有 3 个村(父子岭村、香山村和长平村)建有污水处理厂。其余 16 个村没有生活污水收集管道和污水处理厂,各家生活污水直接排入自家化粪池。

根据《第一次全国污染源普查城镇生活源产排污系数手册》,湖州属二区二类城市,缓冲带内的人均生活污水产生量以 175 L/(人·d)计,则湖州长兴县段村落生活污水产生量为 2.34×10^6 m³/a。

其中本段缓冲带内有 3 个行政村(6287 人)30%的生活污水通过村中或镇上的污水处理厂处理后达标排放,按《城镇污水处理厂污染物排放标准》(GB 18918—2002)的一级 B 标执行,年处理生活污水为 1.61×10^5 m³/a,其污染物排放量如下:

COD=1.61×10^5 m³/a × 60 mg/L=9.66 t/a

TN=1.61×10^5 m³/a × 20 mg/L=3.22 t/a

TP＝1.61×10⁵ m³/a × 1 mg/L＝0.16 t/a

3 个行政村 70％(4401 人)的生活污水和其余 16 个行政村(30 414 人)全部的生活污水(共 34 815 人)未经处理直接排放。参照《第一次全国污染源普查城镇生活源产排污系数手册》的统计数据,湖州属二区二类城市,污染物产生量按 COD 73 g/(人·d)、TN 12.9 g/(人·d)、TP 1.05 g/(人·d)计,则污染物产生量为:

COD＝73 g/(人·d)×34815 人＝927.65 t/a

TN＝12.9 g/(人·d)×34815 人＝163.93 t/a

TP＝1.05 g/(人·d)×34815 人＝13.34 t/a

湖州长兴县段缓冲带内村落生活污水中污染物排放量合计为:

COD＝9.66 t/a ＋ 927.65 t/a＝937.31 t/a

TN＝3.22 t/a ＋ 163.93 t/a＝167.15 t/a

TP＝0.16 t/a ＋ 13.34 t/a＝13.5 t/a

B. 村落生活垃圾

夹浦镇、雉城镇、洪桥镇 3 个镇的沿湖村落中均已建设垃圾收集池,垃圾池总数基本满足村落垃圾收集的要求。垃圾池形式以封闭为主,村落垃圾无露天堆放现象(图 3-25)。村中由市里统一发放垃圾桶,生活垃圾由保洁员每天从垃圾桶中统一收集至村中的垃圾收集池,再集中至村垃圾中转站,然后再运往镇上的垃圾收集中心或者垃圾发电厂做统一处理。其中,缓冲带内夹浦镇和雉城镇下辖各个村庄的生活垃圾集中至新城环保热电厂做统一发电使用。洪桥镇的生活垃圾也集中收集统一外运处理。缓冲带内的垃圾收集清运率为 60％,剩余 40％的生活垃圾未被收集清运处理。

图 3-25　村落生活垃圾收集处理现状

参照《第一次全国污染源普查城镇生活源产排污系数手册》的统计数据,湖州属二区二类,人均生活垃圾产生量按 0.6 kg/(人·d)计算,该区段共有人口 36 701 人,则该区段生活垃圾的产生总量为 8037.52 t/a。参考太湖流域相关的研究资料,垃圾中有机质、氮、磷成分的含量分别为 10%、0.5%、0.2%,未被收集清运处理的生活垃圾占 40%,计算得到本段太湖缓冲带每年的农村生活垃圾污染负荷见表 3-29。

表 3-29　村落垃圾污染估算表

指标	未被收集清运处理的生活垃圾产生量(t/a)
垃圾产生总量	3215.01
COD(取总量 10%)	321.5
氮(取总量 0.5%)	16.08
磷(取总量 0.2%)	6.43

2) 农田面源污染现状调查与分析

本段湖州长兴县段太湖缓冲带共有耕地面积 44 070 亩,主要种植水稻,蔬菜,农田广泛分布(图 3-26)。

图 3-26　太湖缓冲带湖州长兴县段农田现状

根据《第一次全国污染源普查农业污染源肥料流失系数手册》及太湖流域农田面源污染的相关研究资料,太湖流域为南方湿润平原区—平地—水田—稻麦轮作模式,常规施肥区的氮肥施用量为 21.78 kg/(亩·a),磷肥施用量为 6.35 kg/(亩·a)。污染物流失量 COD 为 15 kg/(亩·a),TN 为 1.106 kg/(亩·a),TP 为 0.024 kg/(亩·a),则本段缓冲带内的农田面源污染物排放量见表 3-30。

表 3-30　缓冲带内农田面源污染物排放量

农田面积(亩)	污染物排放量(t/a)		
	COD	TN	TP
44 070	661.05	48.74	1.06

3）旅游景区景点污染现状调查与分析

A. 旅游景区景点生活污水

本段缓冲带内的图影旅游度假区年接待旅游总人数为 18.25 万人,按每人次停留两天、每人每天产生污水 175 L 计,本段缓冲带内每年由旅游产生的废水为 6.39×10^4 m³。产生的污水都通过污水处理厂处理,出水标准按一级 B 标执行,那么所产生污水的污染物排放量为:

COD 产生量为:6.39×10^4 m³×60 mg/L＝3.83 t/a

TN 产生量为:6.39×10^4 m³×20 mg/L＝1.28 t/a

TP 产生量为:6.39×10^4 m³×1 mg/L＝0.06 t/a

B. 旅游景区景点生活垃圾

参照太湖流域地方统计年鉴,旅游景区景点生活垃圾的产生量以每人每天 0.68 kg 计算,那么本段缓冲带内旅游产生的生活垃圾为 219 t/a。旅游景区内的生活垃圾收集与处理比较及时,只有约 5％的生活垃圾未被收集清运处理。参考太湖流域相关的研究资料,垃圾中有机质、氮、磷成分的含量分别为 10％、0.5％、0.2％,计算得到本段缓冲带旅游产生的生活垃圾污染负荷为:

COD＝219 t/a×5％×10％＝1.1 t/a

TN＝219 t/a×5％×0.5％＝0.05 t/a

TP＝219 t/a×5％×0.2％＝0.02 t/a

因此,旅游景区景点的污染物排放量合计为:

COD＝3.83 t/a＋1.10 t/a＝4.93 t/a

TN＝1.28 t/a＋0.05 t/a＝1.33 t/a

TP＝0.06 t/a＋0.02 t/a＝0.08 t/a

4）工业企业点源污染现状调查与分析

湖州长兴县段太湖缓冲带的工业企业主要集中在夹浦镇特色轻纺园区,工业企业有 454 家,主要从事产业为轻纺业和印染业。根据实地调查及资料搜集,本段缓冲带内的工厂企业的 COD 排放量为 2470.78 t/a。

5）水产养殖污染现状调查与分析

参照《第一次全国污染源普查水产养殖业污染源产排污系数手册》,中部地区淡水池塘养殖的排污系数:COD 为 36.94 kg/(亩·a)、TN 为 3.24 kg/(亩·a)、TP 为 0.64 kg/(亩·a)本段缓冲带内共有鱼塘等水域面积 3690 亩,计算得水产养殖污染物排放量见表 3-31。

表 3-31　湖州长兴县段缓冲带内水产养殖业污染情况

鱼塘面积（亩）	污染物排放量(t/a)		
	COD	TN	TP
3690	134.65	11.96	2.36

7. 无锡宜兴市段

1) 村落生活污染现状调查与分析

A. 村落生活污水

本段无锡宜兴市段缓冲带内 22 个村有 5 个村(前观村、东湖村、核心村、双桥村、定溪村)建有农村生活污水处理系统。大港村的农村生活污水处理工程正在建设当中。15 个村的生活污水经过生活污水收集管道进入周铁镇污水处理厂、丁蜀镇污水处理厂和宜兴市污水处理厂处理。沙塘港村的生活污水未经处理直接排放。

根据《第一次全国污染源普查城镇生活源产排污系数手册》,无锡属二区一类,缓冲带内的人均生活污水产生量以 185 L/(人·d)计,则无锡宜兴市段村落生活污水产生量为 5.21×10^6 m³/a。

其中本段缓冲带内有 20 个行政村(70 122 人)40%的生活污水通过镇上或宜兴市的污水处理厂和村里的污水处理系统处理后达标排放,按《城镇污水处理厂污染物排放标准》(GB 18918—2002)的一级 B 标执行,年处理生活污水为 1.89×10^6 m³/a,其污染物排放量如下:

COD$=1.89 \times 10^6$ m³/a $\times$ 60 mg/L$=113.4$ t/a

TN$=1.89 \times 10^6$ m³/a $\times$ 20 mg/L$=37.8$ t/a

TP$=1.89 \times 10^6$ m³/a $\times$ 1 mg/L$=1.89$ t/a

20 个行政村 60%(40 273 人)的生活污水和其余 2 个行政村(沙塘港、大港村,6987 人)的全部生活污水(共 49 060 人)未经处理直接排放。参照《第一次全国污染源普查城镇生活源产排污系数手册》的统计数据,无锡属二区一类城市,污染物产生量按 COD 79 g/(人·d)、TN 13.9 g/(人·d)、TP 1.16 g/(人·d)计,则污染物产生量为:

COD$=79$ g/(人·d)$\times 49060$ 人$=1414.65$ t/a

TN$=13.9$ g/(人·d)$\times 49060$ 人$=248.91$ t/a

TP$=1.16$ g/(人·d)$\times 49060$ 人$=20.77$ t/a

无锡宜兴市段缓冲带内村落生活污水中污染物排放量合计为:

COD$=113.4$ t/a $+$ 1414.65 t/a$=1528.05$ t/a

TN$=37.8$ t/a $+$ 248.91 t/a$=286.71$ t/a

TP$=1.89$ t/a $+$ 20.77 t/a$=22.66$ t/a

B. 村落生活垃圾

周铁镇、新庄镇、丁蜀镇 3 个镇的沿湖村落中均已建设有垃圾收集池,垃圾池总数满足村落垃圾收集的要求。垃圾池形式以封闭为主,无垃圾露天堆放现象。村中由市里统一发放垃圾桶,生活垃圾由保洁员每天从垃圾桶中统一收集集中至村垃圾中转站,然后一部分生活垃圾再运往镇上的垃圾收集中心,一部分垃圾则运往垃圾发电厂用作发电(图 3-27)。本段缓冲带内的生活垃圾有效清运率占到生活垃圾产生量约 70%,另外约有 30% 的生活垃圾未被收集清运处理。

图 3-27　村落生活垃圾收集处理现状

　　参照《第一次全国污染源普查城镇生活源产排污系数手册》的统计数据,无锡属二区一类,人均生活垃圾产生量按 0.68 kg/(人·d)计算,该区段共有人口 77 109 人,则该区段生活垃圾的产生总量为 19 138.45 t/a。参考太湖流域相关的研究资料,垃圾中有机质、氮、磷成分的含量分别为 10%、0.5%、0.2%,未被收集清运处理的生活垃圾占 30%,计算得本段缓冲带农村生活垃圾污染负荷(表 3-32)。

表 3-32　村落垃圾污染估算表

指标	未被收集清运处置的生活垃圾产生量(t/a)
垃圾产生总量	5741.54
COD(取总量 10%)	574.15
氮(取总量 0.5%)	28.71
磷(取总量 0.2%)	11.48

　2) 农田面源污染现状调查与分析

　　本段无锡宜兴市段太湖缓冲带共有耕地面积 34 305 亩,主要种植水稻和蔬菜,在临湖地区均有大片农田分布(图 3-28)。

　　根据《第一次全国污染源普查农业污染源肥料流失系数手册》及太湖流域农田面源污染的相关研究资料,太湖流域为南方湿润平原区—平地—水田—稻麦轮作模式,常规施肥区的氮肥施用量为 21.78 kg/(亩·a),磷肥施用量为 6.35 kg/(亩·a),污染物流失量 COD 为 15 kg/(亩·a),TN 为 1.106 kg/(亩·a),TP 为 0.024 kg/(亩·a),则本段缓冲带内的农田面源污染物排放量见表 3-33。

图 3-28　太湖缓冲带无锡宜兴市农田现状

表 3-33　缓冲带内农田面源污染物排放量

农田面积（亩）	污染物排放量（t/a）		
	COD	TN	TP
34 305	514.58	37.94	0.82

3）工业企业点源污染现状调查与分析

无锡宜兴市段太湖缓冲带的工业企业主要分布在周铁镇工业园内，有工业企业172家。根据实地调查及资料搜集，本段缓冲区内的工业企业废水产生量为1472.45 t/a，COD 排放量为 2.57 t/a。

4）水产养殖污染现状调查与分析

参照《第一次全国污染源普查水产养殖业污染源产排污系数手册》，中部地区淡水池塘养殖的排污系数：COD 为 36.94 kg/（亩·a）、TN 为 3.24 kg/（亩·a）、TP 为 0.64 kg/（亩·a）。本段缓冲带内共有鱼塘等水域面积 9630 亩，计算得水产养殖污染物排放量见表 3-34。

表 3-34　本段缓冲带内水产养殖业污染情况

鱼塘面积（亩）	污染物排放量（t/a）		
	COD	TN	TP
9630	351.40	31.20	6.16

8. 常州武进区段

1）村落生活污染现状调查与分析

A. 村落生活污水

常州武进区段太湖缓冲带内龚巷村、雅浦村已建村落生活污水处理工程，污水收集处理率为 40％左右；太滆村无污水收集管网，生活污水未经处理直接排放。

根据《第一次全国污染源普查城镇生活源产排污系数手册》，常州属二区一类，缓冲带内的人均生活污水产生量以 185 L/(人·d)计，则常州武进区段缓冲带内村落生活污水产生量为 3.93×10^5 m³/a。

本段缓冲带内的龚巷村(1700 人)40％的生活污水通过污水处理工程处理后达标排放，按《城镇污水处理厂污染物排放标准》(GB 18918—2002)的一级 B 标执行，年处理生活污水为 4.59×10^4 m³/a，其污染物排放量如下：

COD＝4.59×10^4 m³/a × 60 mg/L＝2.75 t/a

TN＝4.59×10^4 m³/a × 20 mg/L＝0.92 t/a

TP＝4.59×10^4 m³/a × 1 mg/L＝0.05 t/a

雅浦村(1421 人)40％的生活污水通过污水处理工程处理后，出水全部用于绿化或灌溉水，基本不外排，污染物排放量不再进行核算。

龚巷村、雅浦村(1872 人)60％的生活污水和太滆村(2700 人)的全部生活污水(共 4572 人)未经处理直接排放。参照《第一次全国污染源普查城镇生活源产排污系数手册》的统计数据，常州属二区一类，污染物的排放量按 COD 79 g/(人·d)、TN 13.9 g/(人·d)、TP 1.16 g/(人·d)计，则污染物排放量为：

COD＝79 g/(人·d)× 4572 人＝131.83 t/a

TN＝13.9 g/(人·d)× 4572 人＝23.2 t/a

TP＝1.16 g/(人·d)× 4572 人＝1.94 t/a

常州武进区段缓冲带内村落生活污水中污染物排放量合计为：

COD＝2.75 t/a ＋ 131.83 t/a＝134.58 t/a

TN＝0.92 t/a ＋23.2 t/a＝24.12 t/a

TP＝0.05 t/a ＋ 1.94 t/a＝1.99 t/a

B. 村落生活垃圾

目前，本段缓冲带内的村落都有垃圾收集池，农户将垃圾堆存于垃圾收集池中，后由专人全部集中到各村的生活垃圾转运站，最后统一运至雪雁镇垃圾处理厂进行处理(图 3-29)。本段缓冲带内各村垃圾池的数量充足，经现场调查发现，本段缓冲带内的生活垃圾有效清运率为 70％，剩余 30％的生活垃圾未被收集清运处理。

参照《第一次全国污染源普查城镇生活源产排污系数手册》的统计数据，常州属二区一类，人均生活垃圾产生量按 0.68 kg/(人·d)计算，该区段共有人口 5821人，则该区段的生活垃圾产生总量为 1444.77 t/a。参考太湖流域相关的研究资料，垃圾中有机质、氮、磷成分的含量分别为 10％、0.5％、0.2％，未被收集清运处理生活垃圾占 30％，计算得到本段太湖缓冲带内每年的农村生活垃圾污染负荷见表 3-35。

图 3-29　村落生活垃圾收集处理现状

表 3-35　村落生活垃圾污染估算表

指标	未被及时收集处理的生活垃圾量(t/a)
垃圾产生总量	433.43
COD(取总量 10%)	43.34
氮(取总量 0.5%)	2.17
磷(取总量 0.2%)	0.87

2）农田面源污染现状调查与分析

常州武进区太湖缓冲带内共有耕地 4350 亩,且主要分布在龚巷村,耕地主要种植水稻、蔬菜等。根据《第一次全国污染源普查农业污染源肥料流失系数手册》及太湖流域农田面源污染的相关研究资料,太湖流域为南方湿润平原区—平地—水田—稻麦轮作模式,常规施肥区的氮肥施用量为 21.78 kg/(亩·a),磷肥施用量为 6.35 kg/(亩·a)。污染物流失量 COD 为 15 kg/(亩·a),TN 为 1.106 kg/(亩·a),TP 为 0.024 kg/(亩·a),则本段缓冲带内的农田面源污染物排放量见表 3-36。

表 3-36　缓冲带内农田面源污染物排放量

农田面积(亩)	污染物排放量(t/a)		
	COD	TN	TP
4350	65.25	4.81	0.10

3）旅游景区景点污染现状调查与分析

A. 旅游景区景点生活污水

本段缓冲带内有一个旅游景区景点,即竺山湖旅游度假区,年接待旅游人次约 5 万人。按每人次停留两天、每人每天产生生活污水 185 L 计,每年旅游产生的废

水为 1.85×10^4 m³。废水经污水处理厂处理后达标排放,按《城镇污水处理厂污染物排放标准》(GB 18918—2002)的一级 B 标执行,其污染物排放量如下:

COD$=1.85 \times 10^4$ m³$\times 60$ mg/L$=1.11$ t/a

TN$=1.85 \times 10^4$ m³$\times 20$ mg/L$=0.37$ t/a

TP$=1.85 \times 10^4$ m³$\times 1$ mg/L$=0.02$ t/a

B. 旅游景区景点生活垃圾

参照太湖流域地方统计年鉴,旅游景区景点生活垃圾的产生量以每人每天 0.68 kg 计,那么本段缓冲带内的旅游每年带来的生活垃圾为 68 t。旅游景区景点的生活垃圾收集处理均比较及时,仅有 5% 的生活垃圾未被处理。参考太湖流域相关的研究资料,垃圾中有机质成分、氮、磷的比例分别取 10%、0.5%、0.2%,那么旅游带来的垃圾污染物排放量为:

COD$=68$ t/a$\times 5\% \times 10\%=0.34$ t/a

TN$=68$ t/a$\times 5\% \times 0.5\%=0.02$ t/a

TP$=68$ t/a$\times 5\% \times 0.2\%=0.01$ t/a

因此,旅游景区景点的污染物排放量总量为:

COD$=1.11$ t/a$+0.34$ t/a$=1.45$ t/a

TN$=0.37$ t/a$+0.02$ t/a$=0.39$ t/a

TP$=0.02$ t/a$+0.01$ t/a$=0.03$ t/a

4) 工业企业点源污染现状调查与分析

常州市武进区段缓冲带的面积较小,但是其工业发达,整个雪雁镇工业企业有 588 家。其中雪雁镇工业集中区二区就位于本段缓冲带内,主要产业为机械、塑料等。根据实地调查及资料搜集,本段缓冲带内的工厂企业废水产生量及排放量为 2992 t/a,COD 排放量为 0.24 t/a。

5) 水产养殖污染现状调查与分析

参照《第一次全国污染源普查水产养殖业污染源产排污系数手册》,中部地区淡水池塘养殖的排污系数:COD 为 36.94 kg/(亩·a)、TN 为 3.24 kg/(亩·a)、TP 为 0.64 kg/(亩·a)本段缓冲带内共有鱼塘等水域面积 3870 亩,计算得水产养殖污染物排放量见表 3-37。

表 3-37　常州武进区段缓冲带内水产养殖业污染情况

鱼塘面积(亩)	污染物排放量(t/a)		
	COD	TN	TP
3870	141.22	12.54	2.48

3.4.4　缓冲带分区段污染特征分析

将各区段的调查结果汇总,对其进行综合分析。太湖缓冲带分区段基本概况见表 3-38,各区段污染源 COD、TN、TP 贡献率及主要污染源见表 3-39。

表 3-38　太湖缓冲带分区段基本概况表

	主要土地利用形式	人口数量	工业企业	旅游景点
无锡滨湖区段	农田、城镇农村及工交建设用地、林地	25325 人	马山镇工业园等 (73 家工业企业)	灵山、三国、水浒和 鼋头渚景区
苏州高新区段	农田、城镇农村及工交建设用地、林地	28551 人	望亭镇工业园区 (300 家工业企业)	
苏州吴中区段	水库坑塘、农田、城镇农村及工交建设用地	80194 人	机械、玻璃、化纤、五金 (187 家工业企业)	苏州太湖国家 旅游度假区
苏州吴江市段	水库坑塘、农田、城镇农村及工交建设用地	40713 人	光缆电缆 (763 家工业企业)	
湖州吴兴区段	农田、城镇农村及工交建设用地、水库坑塘	47845 人	织里镇常乐村工业园区	
湖州长兴县段	农田、城镇农村及工交建设用地、水库坑塘	36701 人	轻纺业和印染业 (454 家工业企业)	图影旅游度假区
无锡宜兴市段	农田、水库坑塘、林地	77109 人	周铁镇工业园 (172 家工业企业)	
常州武进区段	农田、水库坑塘、城镇农村及工交建设用地	5821 人	机械、塑料 (588 家工业企业)	

表 3-39　各区段污染源 COD、TN、TP 贡献率及主要污染源

缓冲带分区	主要 COD 来源(t/a)	主要 TN 来源(t/a)	主要 TP 来源(t/a)	主要污染源
无锡滨湖区段	农田面源(36.60%) 生活污水(24.49%) 水产养殖(16.24%)	生活污水(36.85%) 旅游污染(26.38%) 农田面源(21.46%)	生活污水(32.16%) 旅游污染(20.18%) 生活垃圾(17.17%)	生活污水 农田面源 旅游污染
苏州高新区段	生活污水(42.09%) 农田面源(27.52%) 水产养殖(17.14%)	生活污水(64.46%) 农田面源(17.11%)	生活污水(50.43%) 水产养殖(24.43%) 生活垃圾(21.54%)	生活污水 农田面源 水产养殖
苏州吴中区段	水产养殖(52.54%) 生活污水(25.83%)	生活污水(45.63%) 水产养殖(40.82%)	水产养殖(60.73%) 生活污水(25.56%)	水产养殖 生活污水
苏州吴江市段	生活污水(37.58%) 水产养殖(33.65%)	生活污水(61.29%) 水产养殖(26.91%)	水产养殖(43.16%) 生活污水(40.53%)	水产养殖 生活污水
湖州吴兴区段	生活污水(38.86%) 农田面源(28.87%) 水产养殖(16.98%)	生活污水(61.62%) 农田面源(18.56%)	生活污水(46.37%) 生活垃圾(25.21%) 水产养殖(24.58%)	生活污水 农田面源 水产养殖

缓冲带分区	主要 COD 来源(t/a)	主要 TN 来源(t/a)	主要 TP 来源(t/a)	主要污染源
湖州长兴县段	工业污染(54.53%) 生活污水(20.69%)	生活污水(68.15%) 农田面源(19.87%)	生活污水(58.08%) 生活垃圾(27.66%)	生活污水 工业污染
无锡宜兴市段	生活污水(51.43%) 生活垃圾(19.32%) 农田面源(17.32%)	生活污水(74.55%) 农田面源(9.87%)	生活污水(55.10%) 生活垃圾(27.91%)	生活污水 农田面源 生活垃圾
常州武进区段	水产养殖(36.57%) 生活污水(34.85%) 农田面源(16.90%)	生活污水(54.78%) 水产养殖(28.48%)	水产养殖(45.33%) 生活污水(36.38%)	水产养殖 生活污水

由表 3-38、表 3-39 可见,缓冲带各区段具有如下特征:

(1) 表 3-38 显示缓冲带八个区段内都分布有一定数量的工业企业,但表 3-39 显示除了湖州长兴段,工业污染在其他区段内并不严重,这与各区段主要土地利用形式有关,八个区段土地利用形式大多以农田、水库坑塘为主,工业企业所占土地比例相对较小,工业污染成为缓冲带的次要污染源。对比各段内工业情况,苏州吴江市段有多达 763 家工业企业,为湖州长兴县段企业数量近 2 倍之多,但苏州吴江市段 COD 年排放量为 226.87 t/a,仅为湖州长兴县段 COD 年排放量(2470.78 t/a)的十分之一,原因是与区段内的主要发展行业密切相关,调查显示湖州长兴县段主要以轻纺和印染业为主,印染废水具有水量大(排放量约占工业废水总排放量的1/10)、有机污染物含量高、难降解物质多、色度高以及组分复杂等特点[1],染料中的有机化合物和重金属元素,具有较大的生物毒性,会对水体造成严重污染[2]。苏州吴江市段主要以光缆电缆也为主,污水量小,有机污染物相对较少,所以湖州长兴县段工业企业虽然数量不及苏州吴江市段多,但其工业污染程度要远远高于苏州吴江市段以及其他各段。

(2) 生活污水是出现在每一区段每个污染指标当中贡献率较高的污染源,均在 20% 以上。以生活污水为最主要污染源的区段有以下几个:无锡滨湖区、苏州高新区、湖州吴兴区、无锡宜兴区,其中生活污水在无锡宜兴市段的 TN 贡献当中高达 74%,之所以在沿太湖流域的八个区段内,有一半都是受到生活污水污染的区域,是因为太湖地区人口密集,污水处理和垃圾清运系统虽然努力改善提高,但还不尽完善,再加上多数村落临湖而建,入湖的生活污染物增多,水质也随之下降。

(3) 缓冲带内的库塘绝大部分被开发为鱼塘、蟹塘,进行水产养殖,饵料的投放是造成水体污染的主要原因,养殖区底泥逐年调查分析表明养殖 4 年后,底泥中有机质、TN 和 TP 含量分别增加了 116.9%、90.5% 和 5.6%,水体中营养物含量随养殖规模和放养密度的增加而呈升高趋势,水质明显恶化[3]。水产养殖污染贡献率在 16.98%～60.7%，其中苏州吴中区段高达 60.7%。

（4）目前农田仍是整个太湖缓冲带中最主要的土地利用方式[4]，典型代表区段有苏州高新区段、湖州吴兴区段及无锡宜兴市段，有研究指出，自 20 世纪 80 年代初以来太湖地区农田生态系统中的氮、磷一直处于盈余状态，养分高度集中，大田作物施肥量远远高于作物实际需要量[5]。更有研究指出太湖流域农田径流中 N、P 流失量与肥料投入水平显著相关[6]。所以，农田在太湖流域严重污染的原因一是流域内大量土地为农田所占，二是农田施用化肥量大，带入的氮、磷总量高。

（5）近年来太湖流域国民生产总值快速增长，同时导致了污染排放量增大。有关研究显示，太湖流域的 GDP 总量与太湖的年均 COD 及 TN、TP 浓度的变化趋势基本一致[7]，但对于污染的治理没有紧跟城市化建设的步伐，例如太湖上游及沿湖地区城市污水处理大多仍为 1～2 级处理，技术上难以满足脱氮除磷的新、高要求[8]。太湖周边旅游设施如宾馆、饭店等，产生的餐饮垃圾和污水有的经过简单处理就直接排放到入湖河流或湖体内，这均会严重影响湖滨带水质，使水生生态系统受到破坏。

3.4.5 缓冲带污染负荷排放量及分析

根据太湖缓冲带内的污染源计算数据，对各类污染源进行综合分析可知，在各类污染源中，农村"两污"产生的污染物量最大，生活污水和生活垃圾合计的 COD、TN、TP 的贡献率分别占到总量的 43%、62%、57%。其次是水产养殖产生的污染，分别占到 26%、22%、38%。两者为缓冲带内的主要污染源，综合贡献率均超过 60%，尤其是 TP，达到 95%。太湖缓冲带内不同类型污染源的污染物排放情况见表 3-40 和图 3-30。

表 3-40 太湖缓冲带内不同类型污染源的污染物排放量统计

序号	分区	COD(t/a)	TN(t/a)	TP(t/a)
1	工业污染	2711.38	—	—
2	村落生活污水	7698.54	1443.15	113.53
3	村落生活垃圾	2659.55	133.0	53.18
4	农田面源污染	4333.75	319.53	6.94
5	水产养殖污染	6282.49	557.84	110.19
6	旅游污染	305.96	81.65	5.34
	合计	23991.67	2535.17	289.18

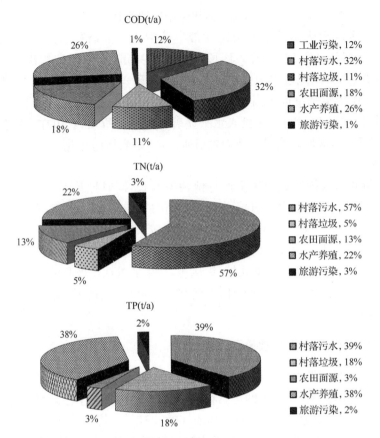

图 3-30　太湖缓冲带内不同类型污染源污染物排放量贡献率

　　根据太湖缓冲带内各个分区段的污染源计算数据,对其进行综合分析。其中,
COD 的排放量以苏中吴中区段和湖州长兴县段最多,苏州吴江市段和无锡宜兴市
段次之,常州武进区段最小;TN 排放量最多的为苏州吴兴区段,无锡宜兴市段和
苏州吴江市段次之,常州武进区段最小;TP 排放量最多的为苏州吴中区段,而无
锡宜兴市段和苏州吴江市段次之,常州武进区段最小。综上可知苏州吴中区段的
污染物排放量最大,COD、TN、TP 的排放量明显高于其他区段,分别占总排放量
的 29%、31%和 36%,这与该区缓冲带长度和面积较大以及人口最多有直接关系。
而相应的长度、面积和人口最少的常州武进段,其各污染物排放量则最小,COD、
TN、TP 的排放量所占比重均在 2%左右。此外,缓冲带范围和人口较大的苏州吴
江区段和无锡宜兴市段的污染物排放量也较大。太湖缓冲带内不同区段的污染物
排放情况见表 3-41 和图 3-31。

表 3-41　太湖缓冲带内不同区段的污染物排放量统计

序号	区段	COD(t/a)	TN(t/a)	TP(t/a)
1	无锡滨湖区段	1948.6	245.04	21.75
2	苏州高新区段	1603.38	190.1	19.73
3	苏州吴中区段	6863.28	784.48	104.14
4	苏州吴江市段	2946.89	327.17	40.31
5	湖州吴兴区段	2742.47	314.53	33.23
6	湖州长兴县段	4530.22	245.26	23.43
7	无锡宜兴市段	2970.75	384.56	41.12
8	常州武进区段	386.08	44.03	5.47
	合计	23991.67	2535.17	289.18

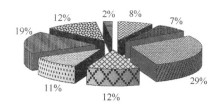

COD(t/a)

- ⊠ 无锡滨湖区段, 8%
- ▨ 苏州高新区段, 7%
- ▨ 苏州吴中区段, 29%
- ▨ 苏州吴江市段, 12%
- ▨ 湖州吴兴区段, 11%
- ▥ 湖州长兴县段, 19%
- ▨ 无锡宜兴市段, 12%
- ▤ 常州武进区段, 2%

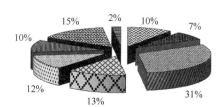

TN(t/a)

- ▨ 无锡滨湖区段, 10%
- ▨ 苏州高新区段, 7%
- ▨ 苏州吴中区段, 31%
- ▨ 苏州吴江市段, 13%
- ▨ 湖州吴兴区段, 12%
- ▥ 湖州长兴县段, 10%
- ▨ 无锡宜兴市段, 15%
- ▤ 常州武进区段, 2%

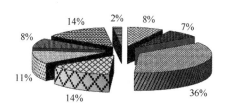

TP(t/a)

- ▨ 无锡滨湖区段, 8%
- ▨ 苏州高新区段, 7%
- ▨ 苏州吴中区段, 36%
- ▢ 苏州吴江市段, 14%
- ▨ 湖州吴兴区段, 11%
- ▦ 湖州长兴县段, 8%
- ▨ 无锡宜兴市段, 14%
- ▤ 常州武进区段, 2%

图 3-31　太湖缓冲带不同区段污染源污染物排放量贡献率

3.5　太湖缓冲带土地利用变化分析讨论

3.5.1　土地利用变化特征与规律

为了了解太湖缓冲带内的土地利用类型的变化特征及变化规律,在太湖缓冲带范围确定的基础上,对流域 1995 年、2000 年和 2007 年三个时期进行了遥感解译分析。由于 1995 年、2000 年、2007 年太湖缓冲带的上下边界无法通过实地考察确定,因此为了便于统计和对比分析,在解译时缓冲带范围统一划定为 2 km。不同时段的遥感解译结果见表 3-42。

表 3-42　太湖缓冲带不同时段的遥感解译结果

土地利用类型	1995 年		2000 年		2007 年	
	面积（km²）	百分比（%）	面积（km²）	百分比（%）	面积（km²）	百分比（%）
农田	393.85	55.69	428.18	60.41	236.25	32.01
林地	123.04	17.39	115.20	16.26	203.38	27.56
草地	3.56	0.50	3.04	0.43	21.98	2.98
河流沟渠	1.89	0.27	1.89	0.27	5.45	0.74
湖泊	2.22	0.31	2.11	0.30	8.96	1.21
水库、坑塘	94.53	13.36	90.87	12.82	105.38	14.28
滩地	24.56	3.47	21.46	3.03	17.49	2.37
城镇农村及工交建设用地	62.61	8.85	44.83	6.33	138.04	18.70
其他用地	1.13	0.16	1.09	0.15	1.06	0.14

对于太湖缓冲带土地利用类型变化趋势的研究,主要采用单一土地利用类型变化率进行分析与评价。单一土地利用类型变化率是以某种土地利用类型的面积基础,反映一定时间内其数量变化情况,公式如下:

$$K = \frac{U_b - U_a}{U_a} \times \frac{1}{T} \times 100\%$$

式中,K 为研究时段内区域某一种土地利用变化率指数;U_a,U_b 分别为研究时段开始与结束时该土地利用类型的面积;T 为研究时段,当设定为年时,结果表示该区此类土地利用类型的年变化率。土地利用变化率定量描述土地利用的变化速度,可以反映土地利用变化的剧烈程度,揭示土地利用变化过程的热点区域,同时可以预测未来土地利用变化的趋势[9]。

根据太湖缓冲带 1995~2007 年缓冲带遥感图及其解译结果,各种土地利用类型变化率如图 3-32 所示。

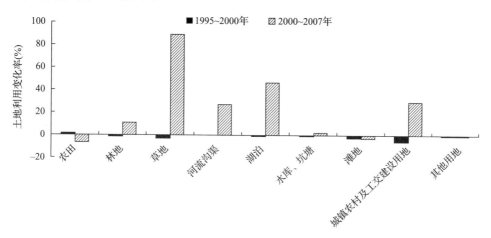

图 3-32　太湖缓冲带 1995～2007 年各土地利用类型变化率

如图 3-32 所示,近十多年来缓冲带内主要土地利用类型的变化基本趋势为:①农田在 1995～2000 年有所增加,由 1995 年的 55.69% 增至 60.41%,但 2000～2007 年则有所减少,降至 32.01%;②随着农田面积的减少,有些区段林业及草地面积相应的增加;③随着经济的发展及农村的建设,城镇及工交用地整体上呈现出上升的趋势,由 2000 年的 6.33% 增为 2007 年的 18.7%;④水库、坑塘、湖泊、河渠等水域所占比重较小,但面积呈现出上升趋势。

从图 3-33 可以看出,太湖缓冲带土地利用类型中,农田所占比重最高,为 32.01%,是最主要的土地利用形式,在缓冲带不同区段中均有分布,可见农田面源污染是太湖水体重要污染源之一。其次为林地,占 27.56%,主要分布在东部缓冲带中,在西部山地区也有零星分布。此外,城镇农村及工交建设用地也占较大比

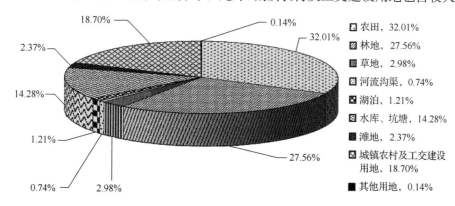

图 3-33　2007 年太湖缓冲带土地类型所占比重

重,占 18.7%,在缓冲带不同区段中均有分布。

通过对太湖缓冲带内土地利用类型的遥感及解译结果的分析与研究,可得出以下几方面的规律:

(1) 农田是整个太湖缓冲带中最主要的土地利用方式,现面积占 32.01%;其次为林地、城镇农村及工交建设用地、水库坑塘等,面积分别占 27.56%、18.7% 和 14.28%;此外还有小部分的滩地、草地、湖泊、河渠及其他用地等。这说明农田面源污染是缓冲带内主要污染源之一。

(2) 近十多年来缓冲带内主要土地利用类型的变化基本趋势为:①农田在 1995~2000 年有所增加,由 1995 年的 55.69% 增至 60.41%,但 2000~2007 年则有所减少,降至 32.01%;②随着农田面积的减少,有些区段林业及草地面积相应地增加;③随着经济的发展及农村的建设,城镇及工交用地整体上呈现出上升的趋势,由 2000 年的 6.33% 增为 2007 年的 18.7%;④水库、坑塘、湖泊、河渠等水域所占比重较小,但面积呈现出上升趋势。

(3) 随着经济的发展及宏观调控,部分区段的主要土地利用类型发生了变化,农业生产方式有所改变,大部分区段呈现出基本相同的变化趋势,农田种植的主导地位有所动摇,农业生产向多元化方向发展。

(4) 由于经济、地域及历史等因素,各区段土地利用方式有较大差别,农田在整个缓冲带内均有分布,城镇及工交用地则在东部苏州市区域占较大比重,水库、坑塘等水域相对集中地分布在太湖缓冲带东南部苏州吴江市,林地则是北部常州武进段及东北部苏州高新区、吴中区等区段的主要用地类型。

3.5.2 土地利用现状解析

从 2009 年太湖缓冲带的测图来看:农田仍是最主要的土地利用形式,所占比重为 42.58%;其次为水库坑塘,所占比重为 25.38%,用于河蟹、鱼类等水产养殖;城镇农村及工交建设用地也较多,所占比重为 16.13%;此外,林地果园用地为 9.34%,河流沟渠用地为 6.56%。2009 年土地利用现状见表 3-43 和图 3-34。

表 3-43 太湖缓冲带 2009 年土地利用现状　　　　　　单位:km²

序号	区段	城镇农村及工交建设用地	农田	林地、果园	河流沟渠	水库坑塘	分段合计
1	无锡滨湖区	15.84	31.7	9.69	3.6	5.78	66.61
2	苏州高新区	8.46	19.61	7.9	3.4	5.02	44.39
3	苏州吴中区	20.59	36.85	11.6	7.62	65.89	142.55
4	苏州吴江市	5.58	14.11	3.03	3.84	18.12	44.68
5	湖州吴兴区	11.2	35.19	1.61	4.3	8.51	60.81
6	湖州长兴县	6.35	29.38	2.37	3.94	2.46	44.5

序号	区段	城镇农村及工交建设用地	农田	林地、果园	河流沟渠	水库坑塘	分段合计
7	无锡宜兴市	3.68	22.87	5.86	2.55	6.42	41.38
8	常州武进区	1.28	2.9	0.2	0.43	2.58	7.39
	面积合计	72.98	192.61	42.26	29.68	114.78	452.31
	所占比例	16.13%	42.58%	9.34%	6.56%	25.38%	100%

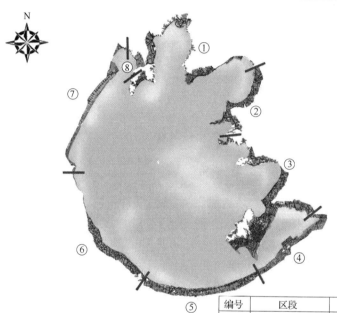

图例	土地利用	面积(km²)
	城镇农村及工交建设用地	72.98
	林地、果园	42.26
	农田	192.61
	河流沟渠	29.68
	水库坑塘	114.78

编号	区段	面积(km²)
①	无锡滨湖区段	66.61
②	苏州高新区段	44.39
③	苏州吴中区段	142.55
④	苏州吴江市段	44.68
⑤	湖州吴兴区段	60.81
⑥	湖州长兴县段	44.50
⑦	无锡宜兴市段	41.38
⑧	常州武进区段	7.39
	合计	452.31

图 3-34　太湖缓冲带土地利用现状图

3.6　太湖缓冲带现状问题分析

1. 土地利用方式的变化对缓冲带带来不利影响

由图 3-35 可以看出,长期以来农田一直是整个太湖缓冲带中最主要的土地利用方式,农田面源污染是缓冲带内主要污染源之一。农田面源污染主要包括农田化肥和农药流失污染,太湖缓冲带内有大量农田和耕地,使用的化肥和农药种类繁多,产生了大量的氮、磷等污染,对水体水质造成一定的污染。

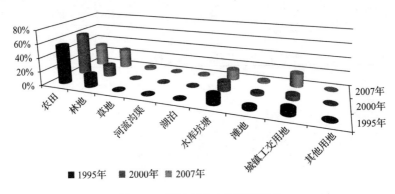

图 3-35　缓冲带内土地利用变化

2. 缓冲带内人口密度高,带来"两污"严重

太湖位于长江三角洲区域,该区域经济发达,缓冲带内人口密集,平均 757 人/km²,是全国人均人口密度 140 人/km² 的 5 倍多,其中无锡宜兴市段人口密度高达 1863 人/km²,超过了太湖流域人口密度 1398 人/km²(见图 3-36)。缓冲带内生活污水每年产生的污染物量 COD 为 7698.54 吨、TN 1443.15 吨、TP 113.53 吨,生活垃圾则 COD 为 2659.55 t/a、TN 133.0 t/a 和 TP 53.18 t/a,合计 COD、TN、TP 贡献率分别占总量的 42%、62%、59%。

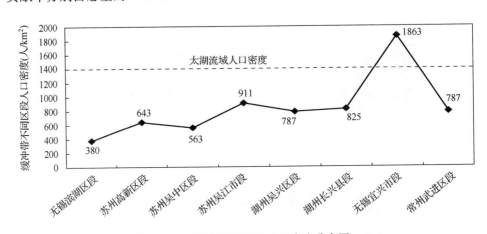

图 3-36　缓冲带不同区段人口密度分布图

根据现场调查,由于管网和垃圾清运系统不完善,缓冲带内的生活污水和生活

垃圾的收集、处理率较低,再加上多数村落临湖而建,造成污染物入湖率较高,对太湖的水质影响较大。太湖湖沿岸部分村落的生活污水未经处理直接排放,大量的生活污水、雨水、农田灌溉水及牲畜粪便等排水不经处理直接经沟渠排入水体,影响了太湖水质。太湖湖沿岸大部分村庄存在垃圾池数量不足以及清运不及时的问题。甚至在一些村庄内发现有些垃圾池并未得到利用,而是闲置或废弃的现象。沿湖部分村庄的垃圾清运车虽有指标但未配置齐全,而是采取、租用或承包的方式进行垃圾清运。此种收集运输体系导致了目前垃圾收集不完善,清运不及时的现象,垃圾堆满溢出的现象常见。

3. 缓冲带内特色养殖污染,带来较大的污染贡献

太湖地区水产养殖业较为发达,盛产鱼、虾、蟹等,产量极高。而太湖地区由于地处平原,水量充沛,缓冲带内有较多小型库塘。根据现场调查,缓冲带内的库塘绝大部分均被开发为鱼塘、蟹塘等,进行水产养殖。由于饵料等的投放,塘内的污染物含量较高,在换水时会通过太湖周边错综复杂的水网直接进入太湖,污染物的入湖率高。据计算,每年产生的 COD 达 6282.49 t,TN 557.84 t,TP 110.19 t,仅次于村落污水,对太湖的影响也不可忽视。不同区段由于养殖带来的磷污染贡献率较高,在 10%~60.7%(图 3-37)。

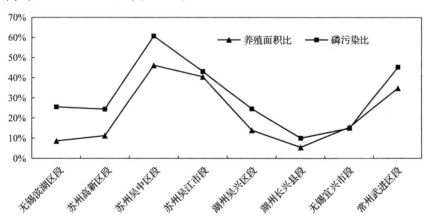

图 3-37 缓冲带不同区段养殖面积百分比与磷污染百分比

4. 太湖缓冲带内 4/5 以上面积被人为侵占,人为干扰与生态破坏严重

根据缓冲带内的土地利用现状分析和现场调查可知,缓冲带内的人为干扰强度较大,存在大量的农田、鱼塘和村镇等。其中农田现在约有 192.61 km²,占地面积在缓冲带中最大,占总面积的 42.58%。而鱼塘、蟹塘等占地面积为 114.78 km²,占总面积的 25.38%。此外村镇等占地面积也较大(72.98 km²),占

总面积的 16.13%。以上几部分占地面积之和占到缓冲带总面积的 84.09%。缓冲带带内不同类型用地比例见图 3-38。

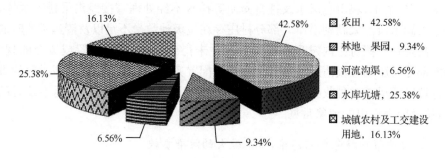

图 3-38　缓冲带内不同类型用地比例

由此可见,缓冲带内人为干扰十分严重,对缓冲带的影响较大,其内植被面积比重过小,覆盖率不高,生态系统受到破坏严重。

参 考 文 献

[1] 何珍宝. 印染废水特点及处理技术. 印染, 2007(17): 41-44

[2] 李家珍. 染料、染色工业废水处理. 北京:化学工业出版社, 1997

[3] 孔繁翔, 胡维平, 范成新, 等. 太湖流域水污染控制与生态修复的研究与战略思考. 湖泊科学, 2006, 18(3): 193-195

[4] 董思远, 许秋瑾, 胡小贞, 等. 太湖缓冲带土地利用现状及变化. 农业环境与发展, 2012, 4: 62-64

[5] 高超, 张桃林, 吴蔚东. 太湖地区农田土壤养分动态及其启示. 地理科学, 2001, 21(5): 428-432

[6] 闫丽珍, 石敏俊, 王磊. 太湖流域农业面源污染及控制研究进展. 2010, 20(1): 99-107

[7] 石登荣, 尤建军. 太湖流域水环境问题探讨. 上海师范大学学报(自然科学版), 2000, 29(3): 80-87

[8] 沈光范. 关于城市污水处理厂设计的若干问题. 中国给水排水, 2000, 16(3): 20-22

[9] 史培军, 宫鹏, 李晓兵. 土地利用/覆盖变化研究的方法与实践. 北京:科学出版社, 2000

第4章 太湖缓冲带内入湖河流河口及典型缓冲带水质调查

作为河流水网区,入湖河流是太湖缓冲带内污染物输送与入湖的重要途径。太湖缓冲带区域内有 100 多条入湖河流,处于不同缓冲带类型区域的河流,其在携带污染物并流动的过程中,河流水质沿程会发生较大的变化,从而对入湖口处水质产生较大的影响。为此针对太湖缓冲带区域内 68 条入湖水量较大的入湖河流,开展入湖河口水质现状调查,了解目前入湖河流水质状况。在此基础上,针对不同的缓冲带类型,选择典型缓冲带类型区段,开展入湖河流流经不同类型缓冲带污染物沿程变化研究,剖析不同缓冲带类型对入湖河流水质的影响,为进一步科学分析太湖缓冲带问题提供依据。

4.1 缓冲带内主要入湖河流河口水质调查

4.1.1 采样点位置及所处区域

在太湖的梅梁湾(MLW)、竺山湾(ZSW)、西北部湖区(XBQ)、西南部湖区(XNQ)、贡湖湾(GHW)、胥口湾(XKW)、东太湖(DTH)等区域中选择 68 条水量较大、不同污染程度的典型入湖河流,根据河道中入湖水量的变化情况,分别在 2010 年丰、平、枯水期间进行了 3 次采样调查。环太湖缓冲带内典型入湖河流采样点的编号、位置、所处区域及污染物来源如图 4-1 及表 4-1 所示。

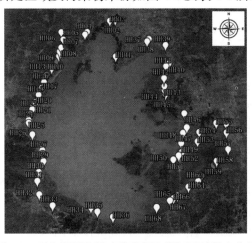

图 4-1 环太湖周边缓冲带典型入湖河流采样点位置

表 4-1 环太湖周边缓冲带内典型入湖河流采样点编号、位置及所处区域

编号	河道名	东经	北纬	所处区域	污染物来源
HH01	吴塘门港	120°13′20.78″	31°25′27.19″	梅梁湾	城镇居民生活、工业污水为主
HH02	梁溪河	120°13′43.61″	31°32′54.38″		
HH03	渔港	120°12′26.32″	31°32′49.34″		
HH04	直湖港	120° 7′3.79″	31°30′49.61″		
HH05	武进港	120° 6′31.57″	31°30′20.38″		
HH06	太滆运河	120° 0′58.64″	31°31′9.44″	竺山湾	城镇居民生活、工业污水为主
HH07	槽桥河	120° 1′25.03″	31°29′34.58″		
HH08	湾浜(盛渎港)	120° 0′50.69″	31°27′58.57″		
HH09	殷村港	120° 0′28.87″	31°27′11.20″		
HH10	周铁河	120° 0′16.20″	31°26′17.56″		
HH11	沙塘港	119°59′50.28″	31°25′25.00″		
HH12	横塘河	119°59′48.70″	31°25′5.95″		
HH13	邾渎港	119°58′32.05″	31°23′58.85″	西北部湖区	农业面源、农村生活污水为主、部分河流周边有工厂
HH14	洋溪河	119°57′23.04″	31°22′45.23″		
HH15	茭渎港	119°56′38.58″	31°21′50.33″		
HH16	社渎港	119°56′41.93″	31°21′19.69″		
HH17	官渎港	119°56′11.33″	31°20′14.64″		
HH18	陈东港	119°55′38.68″	31°19′19.70″		
HH19	大浦河	119°55′25.07″	31°18′52.52″		
HH20	汤渎港	119°54′44.64″	31°17′33.18″		
HH21	朱渎港	119°54′32.22″	31°17′12.91″		
HH22	黄渎港	119°53′54.10″	31°16′10.06″		
HH23	双桥港	119°53′23.14″	31°15′17.68″		
HH24	定化港	119°53′2.08″	31°14′8.77″		
HH25	乌溪港	119°53′2.29″	31°13′36.95″		
HH26	大港河	119°53′50.21″	31°11′22.96″		
HH27	金村港	119°55′58.91″	31° 8′17.16″	西南部湖区	农业面源、农村生活污水为主
HH28	上周港	119°56′0.28″	31° 7′38.14″		
HH29	夹浦港	119°56′10.79″	31° 6′15.37″		
HH30	金沙涧(后漾南门)	119°55′5.16″	31° 4′19.45″		
HH31	合溪新港	119°54′43.16″	31° 2′42.11″		
HH32	长兴港	119°55′5.05″	31° 0′14.36″		

编号	河道名	东经	北纬	所处区域	污染物来源
HH33	杨家浦港	119°57′55.44″	30°58′7.14″	西南部湖区	农业面源、农村生活污水为主
HH34	小梅港	120°6′12.92″	30°57′16.38″		
HH35	长兜港	120°7′33.92″	30°56′27.64″		
HH36	大钱港	120°10′48.68″	30°55′20.60″		
HH37	小溪港	120°20′49.60″	31°28′3.11″	贡湖湾	农村生活污水、农业面源为主
HH38	大溪港	120°21′18.11″	31°28′29.78″		
HH39	望虞河	120°25′0.08″	31°27′4.64″		
HH40	旱金浜桥(田鸡浜)	120°25′22.33″	31°23′16.51″		
HH41	金墅港	120°24′43.34″	31°22′49.15″		
HH42	龙塘港(下许桥)	120°24′3.96″	31°20′30.84″		
HH43	浒光运河	120°24′1.04″	31°18′54.25″		
HH44	光福镇(北田舍桥)	120°24′0.22″	31°18′5.58″		
HH45	运河福利桥	120°24′8.89″	31°17′19.57″		
HH46	胥口闸	120°27′59.72″	31°13′22.51″	胥口湾	农村生活污水、农业面源为主
HH47	洋河泾闸	120°28′16.64″	31°10′41.38″		
HH48	北港闸	120°27′20.52″	31°9′42.41″		
HH49	黄墅港	120°26′46.10″	31°7′48.72″		
HH50	渡水港	120°24′43.42″	31°4′53.00″		
HH51	直泾港	120°25′59.30″	31°5′33.97″		
HH52	大缺港	120°26′44.88″	31°6′8.60″	东太湖	农村生活污水、农业面源、养殖污水为主,区域内水草较多
HH53	张家浜	120°30′23.36″	31°7′54.88″		
HH54	横泾	120°30′56.56″	31°9′37.98″		
HH55	天鹅荡	120°34′54.08″	31°11′6.61″		
HH56	瓜泾港	120°37′8.72″	31°10′50.92″		
HH57	西塘港	120°37′0.48″	31°9′11.52″		
HH58	大浦河	120°36′59.40″	31°6′4.82″		
HH59	沈家路港2	120°34′11.50″	31°4′4.55″		
HH60	沈家路港	120°34′2.06″	31°3′52.24″		
HH61	新开路港	120°33′28.08″	31°3′18.00″		
HH62	盛家港	120°30′34.02″	31°1′32.59″		
HH63	太浦河	120°29′44.34″	31°0′35.32″		
HH64	庙港	120°27′33.23″	30°59′42.36″		

编号	河道名	东经	北纬	所处区域	污染物来源
HH65	丁家港	120°25′1.16″	30°58′15.74″		农村生活污水、农业面源、养殖污水为主，区域内水草较多
HH66	叶港	120°24′5.72″	30°57′49.90″	东太湖	
HH67	吴溇港	120°23′18.35″	30°57′30.13″		
HH68	汤溇	120°20′20.62″	30°56′29.51″		

4.1.2 主要入湖河流河口水质现状及变化特征

调查数据显示：环太湖不同区域缓冲带内主要入湖河流的水质存在显著的时空差异，其分布特征及变化趋势如图 4-2 至图 4-7 所示。

环太湖不同区域典型入湖河流水体中的溶解氧，呈现出显著的时空差异。其中，竺山湾、西北部湖区的河流中的溶解氧浓度显著低于其他区域（$P<0.05$），夏季（丰水期）显著低于冬季（枯水期）（图 4-2）。

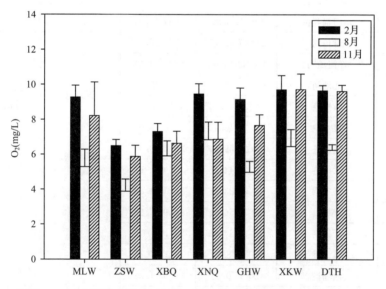

图 4-2　环太湖缓冲带典型入湖河流水体中溶解氧的时空分布格局

MLW. 梅梁湾；ZSW. 竺山湾；XBQ. 西北部湖区；XNQ. 西南部湖区；GHW. 贡湖湾；XKW. 胥口湾；DTH. 东太湖

除溶解氧的分布极不均匀外，典型入湖河流水体中的氮、磷营养盐浓度也存在着显著的时空差异。水体中的总氮浓度，由于受太湖水位、河流流动、污染物排放、农业生产施肥等因素的影响，呈现出梅梁湾、竺山湾、西北部湖区＞西南部湖区、贡湖湾＞胥口湾、东太湖（$P<0.05$）的趋势；且冬季（枯水期）＞夏季（丰水期）（图 4-3）。

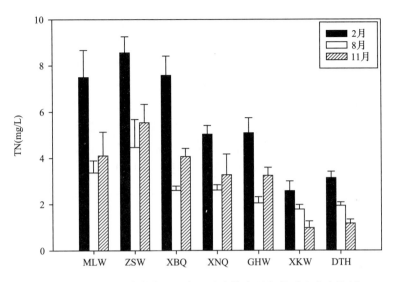

图 4-3　环太湖缓冲带典型入湖河流水体中总氮的时空分布格局

MLW. 梅梁湾；ZSW. 竺山湾；XBQ. 西北部湖区；XNQ. 西南部湖区；GHW. 贡湖湾；XKW. 胥口湾；DTH. 东太湖

　　环太湖不同区域典型入湖河流水体中的氨氮，呈现出与总氮相类似的变化趋势，只是其时空的变幅均要远大于总氮。尤其是在夏季，水体中的氨氮浓度均远低于其他季节($P<0.01$)(图 4-4)。氨氮的这种变化特征表明：一方面不同时期输入河道的氨氮具有显著的差异，这种差异或许与所处区域中的工农业生产密切相关；另一方面，由于夏季太湖流域正处于降水充沛期，河道中的水位较高，大量的降水、

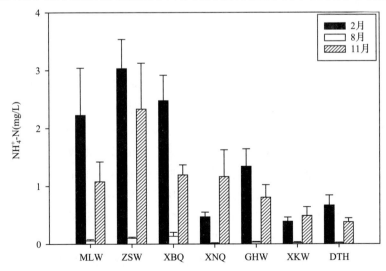

图 4-4　环太湖缓冲带典型入湖河流水体中氨氮的时空分布格局

MLW. 梅梁湾；ZSW. 竺山湾；XBQ. 西北部湖区；XNQ. 西南部湖区；GHW. 贡湖湾；XKW. 胥口湾；DTH. 东太湖

入流水量的稀释,加之夏季水温加高,氮的转化速率及藻类的利用也较快,使得夏季水体中氨氮浓度下降。

与水体中氮的变化趋势一样,环太湖缓冲带不同区域典型入湖河流水体中总磷的浓度分布也是极不均匀的,呈现出显著的时空差异。总体而言,不同区域入湖河流水体中总磷浓度的分布呈现出梅梁湾、竺山湾、西北部湖区>西南部湖区、贡湖湾、胥口湾、东太湖($P<0.05$)的趋势。但其季节的波动情况却显著不同于总氮、氨氮的变化,除周边水域中大量生长有沉水植物的胥口湾、东太湖外,其他区域均呈现出夏季(丰水期)>冬季(枯水期)的趋势(图4-5)。

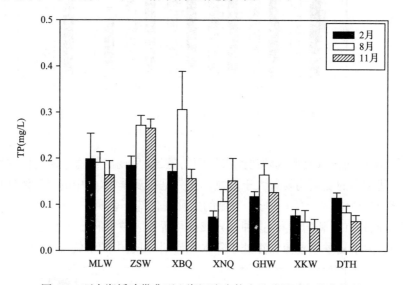

图 4-5　环太湖缓冲带典型入湖河流水体中总磷的时空分布格局

MLW. 梅梁湾;ZSW. 竺山湾;XBQ. 西北部湖区;XNQ. 西南部湖区;GHW. 贡湖湾;XKW. 胥口湾;DTH. 东太湖

与上述水体中氮、磷的分布特征及变化趋势不同,虽然环太湖缓冲带不同区域典型入湖河流水体中 COD_{Mn} 浓度分布也呈现出一定的空间差异,但除西南部区域的显著低一些($P<0.05$)以及冬季要显著高于夏季($P<0.05$)外,其他区域水体中的 COD_{Mn} 浓度差异均不显著($P>0.05$),其季节间的波动也较小。入湖河道水体中 COD_{Mn} 浓度的这种变化特征,或许与不同时期周边区域的工农业生产所产生的有机污染物数量、种类、排放方式的变化密切相关(图4-6)。

除水体中的理化参数呈现出显著的时空差异外,环太湖缓冲带不同区域典型入湖河流水体中的 Chla 浓度也呈现出显著的区域及季节差异。在冬季藻类衰亡时期,除梅梁湾的 Chla 浓度显著高于西南部区域和胥口湾外($P<0.05$),其他区域内的差异不显著($P>0.05$)。夏季由于太湖的藻类进入旺盛生长期,梅梁湾、竺山湾、西南部湖区等区域水体内的常出现大量的藻类水华,使得这些区域河道内的

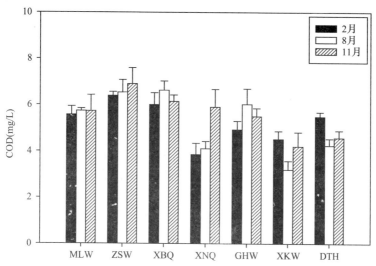

图 4-6　环太湖缓冲带典型入湖河流水体中 COD$_{Mn}$ 的时空分布格局

MLW. 梅梁湾;ZSW. 竺山湾;XBQ. 西北部湖区;XNQ. 西南部湖区;GHW. 贡湖湾;XKW. 胥口湾;DTH. 东太湖

藻类数量也呈现出急剧增加的趋势。但在胥口湾、东太湖等沉水植被覆盖较好的区域,河流中 Chla 浓度则未出现显著的增加($P>0.05$),甚至有些区域,如胥口湾,还有所减少。值得注意的是:在贡湖湾周边的河道中,夏季水体中的 Chla 浓度急剧增加,甚至已超过了梅梁湾、竺山湾等经常暴发水华的区域(图 4-7)。

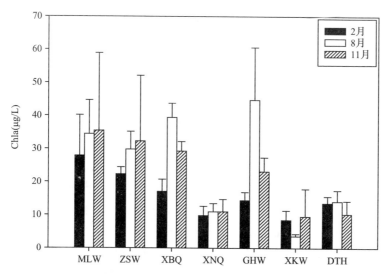

图 4-7　环太湖缓冲带典型入湖河流水体中 Chla 浓度的时空分布格局

MLW. 梅梁湾;ZSW. 竺山湾;XBQ. 西北部湖区;XNQ. 西南部区域;GHW. 贡湖湾;XKW. 胥口湾;DTH. 东太湖

4.1.3　太湖缓冲带对入湖河流河口水质的影响

水质监测数据显示,环太湖周边不同区域典型河流中水质的差异极为显著。虽然这种差异与所处区域内的经济发展水平、城市化进程、排放的污染物种类组成等因素密切相关,但入湖河流所处的地理位置、周边生态环境,也是导致河流水体中氮、磷营养盐等水质参数呈现出空间和时间差异的一个重要的因素。

从监测的区域来看,梅梁湾、竺山湾及西北部区域周边的地区,靠近城镇、经济发展水平相对较好,周边居民区、工厂等较为集中,土地的开发利用强度也比较大。污染物排放强度的增加,加之周边区域土地的缓冲能力较差,使得其入湖河流中的氮、磷等营养盐水平要显著高于其他区域,对太湖水质的影响也更大。

而西南部区域、胥口湾、东太湖等区域周边地区,由于城市化进程、经济发展水平相对较低,土地开发利用的强度也相对低一些,一方面这些区域内污染物的排放强度相对要小一些,另一方面,这些区域周边的生态环境、缓冲带等的保持也相对较好,污染物经过缓冲后,流入河流中的氮、磷营养盐水平得到显著的减少,对太湖水质的影响也相对小一些。

4.2　典型缓冲带入湖河流水质沿程调查

为研究入湖河流流经缓冲带后,水体中污染物及水质的迁移及演变过程,于2011年9月至12月分别在农田型缓冲带、养殖塘型缓冲带、村落型缓冲带、生态湿地型缓冲带等4种典型的缓冲带类型中,各选择1条入湖河流,在缓冲带内、外各约2 km的范围内布点,进行水质监测及指标测定。

4.2.1　典型缓冲带现状及采样点布设

1. 农田型缓冲带入湖河流现状及采样点布设

农田型缓冲带所在入湖河流的入湖港口为庙渎港,属于溪西河的分支。由于庙渎港口建有大坝,地势为南面高北面低,因此该入湖港口不直接入湖,河流方向由东至西流,汇入溪西河后自南至北流入大浦港,最终流向太湖。水流方向和水系分布见图4-8。庙渎港口由于闸口被封,因此入湖口内有蓝藻堆积现象,且有轻微恶臭,闸内河流情况水质相对较好,无蓝藻堆积现象。

该段缓冲带上界以省道230公路为界,在入湖河流沿程共布设8个采样点,缓冲带内入湖港口为点位H1,经济林带为H2,蔬菜地区域内选取H3,H4,H5三个点,省道230公路布设H6,缓冲带外范围500 m村落内布设点位H7、H8。点位布设位置见图4-9和表4-2。

图 4-8　水系分布

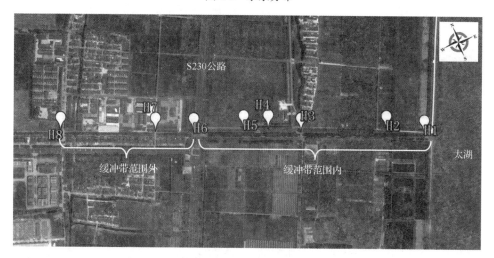

图 4-9　农田型缓冲带入湖河流沿程采样点布设

表 4-2　农田型缓冲带入湖河流沿程采样点经纬度

采样点	北纬	东经
H1	31°15′29.1″	119°54′08.2″
H2	31°15′31.4″	119°54′02.9″
H3	31°15′35.5″	119°53′51.1″

采样点	北纬	东经
H4	31°15′37.5″	119°53′46.8″
H5	31°15′38.7″	119°53′43.4″
H6	31°15′40.9″	119°53′36.4″
H7	31°15′42.9″	119°53′31.2″
H8	31°15′47.8″	119°53′18.2″

如图 4-10 所示,在缓冲带范围内主要是蔬菜地,主要种植小葱、青菜、白菜,农田种植玉米、水稻为主,农田类型是水浇地。该区域的村落为丁蜀镇双桥村的尹家自然村,零散分布在河流两边,户数为 420 户,人口数量 1344 人。在 S230 公路旁有零星饭店,沿河流的村落有部分生活污水,如洗涮、淘米水直排入河,上游村落里有一条东方紫砂街,卖陶艺品和陶艺加工厂居多。在双桥村——尹家自然村建有动力生活污水处理系统,其中建设污水收集管网为 2 km,污水处理

蔬菜地

陶业工厂

沿河村落

双桥村——尹家自然村污水处理系统

图 4-10 农田型缓冲带入湖河流调查现状

系统采用生化和生态相结合的"膜生物反应器(MBR)＋人工湿地＋稳定塘"组合工艺。设计日处理能力为60 t/d,收集范围为丁蜀镇双桥村420户居民,合计1344人。本处理工程的核心工艺 MBR 处理单元将生物反应器的生物降解和膜的高效分离技术融为一体,能有效去除各种悬浮颗粒、细菌、浊度和 COD 及有机物。污水经过 MBR 处理工艺后,进入人工湿地和稳定塘,通过生态系统的耦合作用,更加提高了出水水质。

2. 养殖塘型缓冲带入湖河流现状及采样点布设

养殖塘型缓冲带的入湖港口为林庄港,属于溪西河的分支。林庄港口建有闸口,是蓝藻打捞点,闸口处蓝藻堆积严重,并散发有恶臭。当水位上升时闸口会不定期开放,河流方向由西至东流,直接流向太湖。水流方向和水系分布见图 4-11。

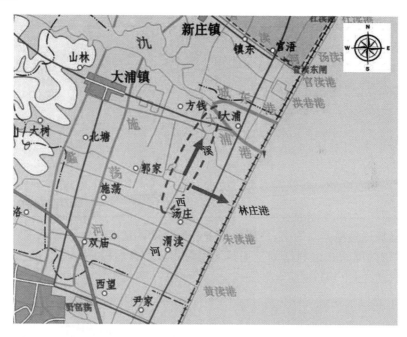

图 4-11　水系分布

该段缓冲带以省道230公路为上界,入湖河流沿程共布设10个采样点,缓冲带内入湖港口为点位 S1,鱼塘区域布设 S2、S3、S4,蔬菜地布设 S5,省道 230 公路布设 S6,缓冲带外范围 600 m 村落内布设点位 S7、S8。点位布设位置见图 4-12 和表 4-3。

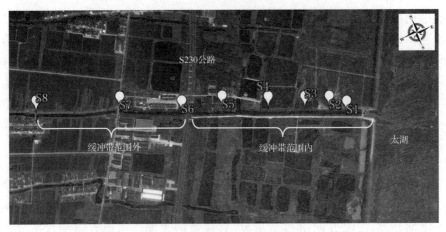

图 4-12　养殖塘型缓冲带入湖河流沿程采样点布设

表 4-3　养殖塘型缓冲带入湖河流沿程采样点经纬度

采样点	北纬	东经
S1	31°17′53.6″	119°55′24.6″
S2	31°17′55.0″	119°55′22.4″
S3	31°17′56.1″	119°55′18.9″
S4	31°17′57.8″	119°55′13.7″
S5	31°18′00″	119°55′07.2″
S6	31°18′01.3″	119°55′01.2″
S7	31°18′04.7″	119°54′52.5″
S8	31°18′08.2″	119°54′40.2″

　　该区域以鱼塘养殖为主,鱼塘间隔中有少量蔬菜地。在缓冲带范围之内无村落,缓冲带外围 600 m 村落为丁蜀镇汤庄村的水产自然村,沿岸村落生活污水直接排放入河(图 4-13)。

鱼塘　　　　　　　　　　　　　　　　　蔬菜地

沿河村落

图 4-13 养殖塘型缓冲带入湖河流调查现状

3. 村落型缓冲带入湖河流现状及采样点布设

村落型缓冲带的入湖港口为葛渎港,属于沙塘河的分支。葛渎港口没有修建任何闸口,入湖口处蓝藻堆积严重,并散发有恶臭。该港口河流方向由西至东流,直接流向太湖。水流方向和水系分布见图 4-14。

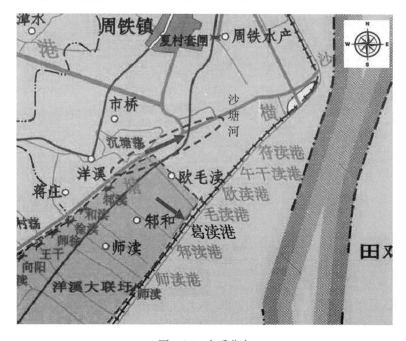

图 4-14 水系分布

该段缓冲区以省道 230 公路为上边界,在入湖河流沿程共布设 11 个采样点,缓冲带内入湖港口为点位 G1,经济林带布设 G2,蔬菜地、农田区域布设 G3、G4,村落布设 G5、G6,东南大学水生植物技术示范点布设 G7,省道 230 公路布设 G8,缓冲带外范围 300 m 处布设 G9。点位布设位置见图 4-15 和表 4-4。

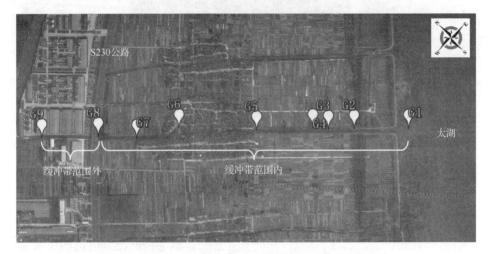

图 4-15　村落型缓冲带入湖河流沿程采样点布设

表 4-4　村落型缓冲带入湖河流沿程采样点经纬度

采样点	北纬	东经
G1	31°24′08.5″	119°59′59.9″
G2	31°24′14.0″	119°59′53.4″
G3	31°24′16.7″	119°59′50.4″
G4	31°24′18.5″	119°59′48.8″
G5	31°24′24.3″	119°59′42.4″
G6	31°24′32.8″	119°59′33.7″
G7	31°24′36.4″	119°59′27.6″
G8	31°24′40.8″	119°59′23.4″
G9	31°24′46.8″	119°59′16.8″

　　该区域既有农田,又是村落密集区域。该缓冲带入湖口处 200 m 内为经济林带,主要种植银杏、樟树,林带之间有集水沟,雨季时直接冲刷入河道。村落是周铁镇欧毛村的葛渎自然村,位于缓冲带中间,面积占 151 亩,人口总数为 906人。在村落西面建有雨污水生物生态耦合净化与利用技术示范工程,单元处理规模为10 t/d,受益范围为 30 户 120 人。其余村落生活污水直排。农田在村落前后都有,主要为蔬菜地。缓冲带外围 300 m 内有 1 家塑化公司,年产 30 万吨

聚苯乙烯树脂,厂内有污水处理厂,周边还有 2 家小规模工厂,从事冶金和机械(图 4-16)。

经济林　　　　　　　　　　　　　　　　菜地

雨污水生物生态耦合净化与利用技术示范工程

图 4-16　村落型缓冲带入湖河流现状调查

4. 生态湿地型缓冲带入湖河流现状及采样点布设

该段缓冲带的入湖港口为庙港,属于行桥河的分支。庙港口有闸口,闸口处蓝藻堆积严重,并散发有恶臭。地势北高南低,该港口河流方向由北至南流,直接流向太湖。水流方向和水系分布见图 4-17。

该段缓冲区共布设 8 个采样点,缓冲带内庙港闸前入湖口为 N1,生态湿地区域布设 N2,湿地与村落交接处布设 N3,村落中布设 N4、N5,缓冲带外范围 300 m 处布设 N6、N7。点位布设位置见图 4-18 和表 4-5。

图 4-17　水系分布

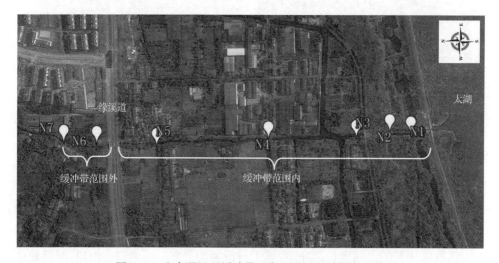

图 4-18　生态湿地型缓冲带入湖河流沿程采样点布设

表 4-5　生态湿地型缓冲带入湖河流沿程采样点经纬度

采样点	北纬	东经
N1	31°25′12.5″	120°14′57.4″
N2	31°25′14.6″	120°14′57.5″
N3	31°25′17.9″	120°14′56.6″

续表

采样点	北纬	东经
N4	31°25′26.6″	120°14′55.8″
N5	31°25′37.6″	120°14′54.2″
N6	31°25′43.6″	120°14′54″
N7	31°25′46.9″	120°14′53.9″

该区域闸口外蓝藻漂浮严重,闸口内水质相对较好。缓冲带自环湖大堤 200 m 内有人工湿地,生态环境较好。村落属于南泉镇南湖村南津下自然村,总面积约为 100 亩,总人数为 500 人,沿岸村落有部分生活污水直排现象,水质较差。该河流源头主要来自南山上的降雨及支流的补给。

4.2.2　典型缓冲带入湖河流水质沿程变化

1. 农田型缓冲带入湖河流水质沿程变化

农田型缓冲带入湖河流的水质沿程分布特征及变化趋势如图 4-19 至图 4-26 所示。

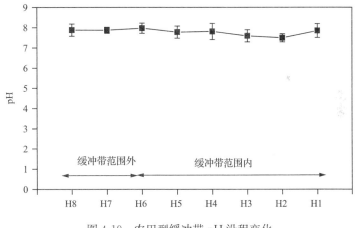

图 4-19　农田型缓冲带 pH 沿程变化

该区域的 pH 均值为 7.78,水质呈弱碱性。各个样点沿程变化幅度不大。缓冲带外围与缓冲带范围内的 pH 值相差不大,统计学检验,无显著性差异。

SS 均值为 44.19 mg/L。其中由于 H3、H4、H5 点位位于蔬菜地和农田区域,受面源污染影响含量较高,H8 点位由于受到沿河村落生活污水的直排导致该点含量也较高。总体上 SS 值含量自 H1 至 H8 呈逐渐递增趋势。缓冲带范围外 SS 值含量略高于缓冲带范围内 SS 含量。

DO 均值为 8.99 mg/L,达到了I类水质标准,水体自净能力相对较好。各个样点沿程无明显变化趋势。缓冲带外围 DO 值与缓冲带范围内的 DO 值相差不大。

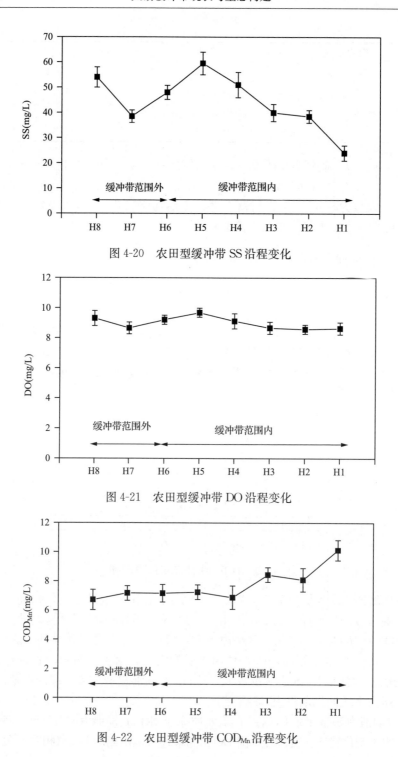

图 4-20 农田型缓冲带 SS 沿程变化

图 4-21 农田型缓冲带 DO 沿程变化

图 4-22 农田型缓冲带 COD_Mn 沿程变化

COD$_{Mn}$ 浓度均值为 7.74 mg/L,达到 Ⅳ 类水质标准。最高点 H1 点位为 14.56 mg/L,这与藻类在闸口富集有关,而经河水扩散作用流至 H8 点位的藻类,会被河水逐渐稀释。各样点的 COD$_{Mn}$ 浓度自 H1 至 H8 呈递减趋势。缓冲带外围的 COD$_{Mn}$ 浓度明显低于缓冲带范围内的 COD$_{Mn}$ 浓度。

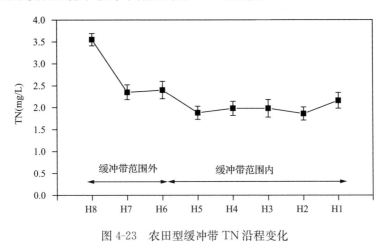

图 4-23　农田型缓冲带 TN 沿程变化

TN 浓度均值为 2.27 mg/L,达到劣 Ⅴ 类水质标准。其中 H8 点位的 TN 含量最高为 3.55 mg/L,这是由于该点沿岸有制陶村落废水排放,因此该点位水质较差。在缓冲带范围内,H1 点位的 TN 含量相对较高,这是由于该点位于入湖口,湖口闸门被封导致藻类堆积。各个样点的 TN 浓度自 H1 至 H8 呈递增趋势。缓冲带外围的 TN 浓度明显高于缓冲带范围内的 TN 浓度。

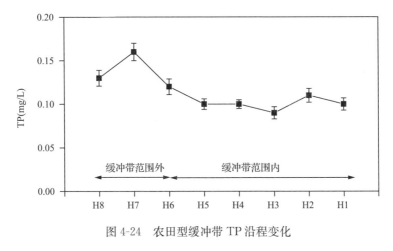

图 4-24　农田型缓冲带 TP 沿程变化

TP 浓度均值为 0.11 mg/L,达到 Ⅴ 类水质标准。其中缓冲带范围外 H7 点和 H8 点的 TP 浓度偏高,这是由于河流沿岸有制陶以及村落废水排放,因此该点位水质较差。各个样点的 TP 浓度自 H1 至 H8 呈递增趋势。缓冲带外围的 TP 浓度明显高于缓冲带范围内的 TP 浓度。

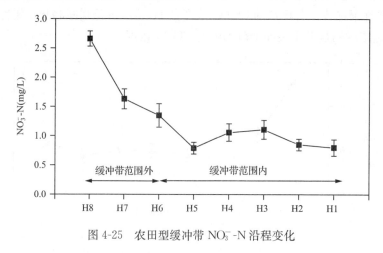

图 4-25　农田型缓冲带 NO_3^--N 沿程变化

NO_3^--N 浓度均值为 1.28 mg/L，其中在 H8 最高，达到 2.66 mg/L，考虑原因，是土壤对带负电荷的 NO_3^- 没有吸附截留能力，NO_3^- 随水运动迁移，造成水体中硝氮富集，浓度逐渐增加。各个样点的 NO_3^--N 浓度自 H1 至 H8 呈递增趋势。缓冲带外围的 NO_3^--N 浓度明显高于缓冲带范围内的 NO_3^--N 浓度。

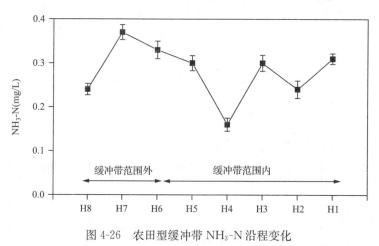

图 4-26　农田型缓冲带 NH_3-N 沿程变化

NH_3-N 浓度均值为 0.28 mg/L，达到 II 类水质标准。其中在 H7 点位浓度最高，达到 0.37 mg/L，考虑该点位由于受到沿河村落生活污水的直排导致。H4 点位浓度最低，仅为 0.16 mg/L，考虑该点位于蔬菜地，由于地表径流中水生动植物丰富，水体中的氨氮能够迅速在硝化细菌的作用下迅速转化为硝氮，因而使得该处氨氮浓度较低。各个样点沿程无明显变化趋势。缓冲带外围的 NH_3-N 浓度略高

于缓冲带范围内的 NH_3-N 浓度。

2. 养殖塘型缓冲带入湖河流水质沿程变化

养殖塘型缓冲带入湖河流的水质沿程分布特征及变化趋势如图 4-27 至图4-34 所示。

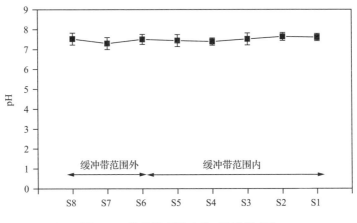

图 4-27　养殖塘型缓冲带 pH 沿程变化

该区域的 pH 均值为 7.49,水质呈弱碱性。各个样点沿程变化幅度不大。缓冲带外围与缓冲带范围内的 pH 值相差不大。统计学检验,无显著性差异。

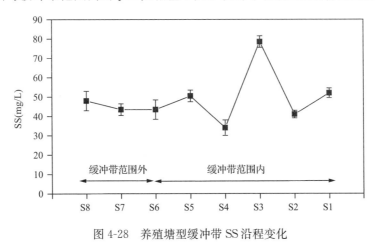

图 4-28　养殖塘型缓冲带 SS 沿程变化

SS 均值为 48.88 mg/L,其中在 S3 点位的 SS 浓度最高,考虑该点由于小范围的浮游植物的堆积造成。各个样点沿程无明显变化趋势。缓冲带外围与缓冲带范围内的 SS 值相差不大。

DO 均值为 6.79 mg/L,达到 Ⅰ 类水质标准,水体自净能力相对较好。各个样点

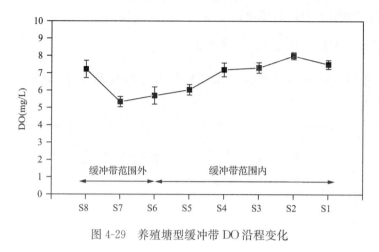

图 4-29　养殖塘型缓冲带 DO 沿程变化

的 DO 值自 S8 至 S1 呈递增趋势。缓冲带外围的 DO 值低于缓冲带范围内的 DO 值。

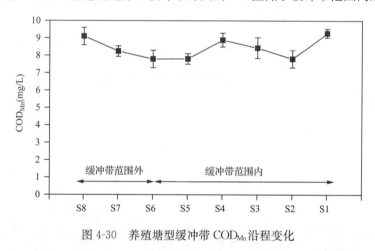

图 4-30　养殖塘型缓冲带 COD_{Mn} 沿程变化

COD_{Mn} 浓度均值为 8.42 mg/L,达到Ⅳ类水质标准,其中在 S1 点位达到最高为 9.28 mg/L,这与藻类在闸口富集有关,S4 浓度较高是由于鱼塘废水排放导致,S8 点位浓度较高考虑沿岸村落污水排放所致。各个样点的自 COD_{Mn} 浓度沿程无明显变化趋势。缓冲带外围的 COD_{Mn} 含量略低于缓冲带范围内的 COD_{Mn} 含量。

TN 浓度均值为 2.61 mg/L,达到劣Ⅴ类水质标准,其中入湖口 S1 点位的 TN 浓度最高,达到 2.95 mg/L,这与藻类在闸口富集有关。各个样点的 TN 浓度沿程除了 S1 点位,自 S8 至 S2 呈递减趋势。缓冲带外围的 TN 浓度略高于缓冲带范围内 TN 浓度。

TP 浓度均值为 0.13 mg/L,达到Ⅴ类水质标准。其中 S6 点位浓度最高,达到 0.18 mg/L,考虑原因是沿岸有村落废水排放。各个样点自 H8 至 H1 呈递减趋势。缓冲带外围的 TP 浓度略高于缓冲带范围内的 TP 浓度。

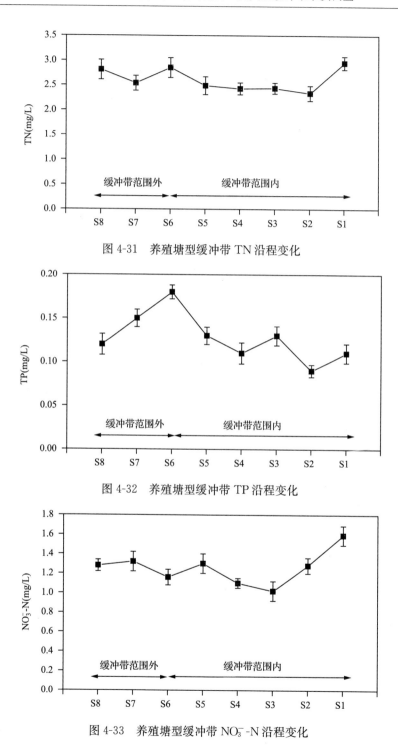

图 4-31　养殖塘型缓冲带 TN 沿程变化

图 4-32　养殖塘型缓冲带 TP 沿程变化

图 4-33　养殖塘型缓冲带 NO_3^--N 沿程变化

NO$_3^-$-N 浓度均值为 1.25 mg/L，其中 S1 点位 NO$_3^-$-N 浓度最高，这与藻类在闸口富集有关。各个样点沿程无明显变化趋势。缓冲带外围的 NO$_3^-$-N 浓度与缓冲带范围内的 NO$_3^-$-N 浓度相差不大。

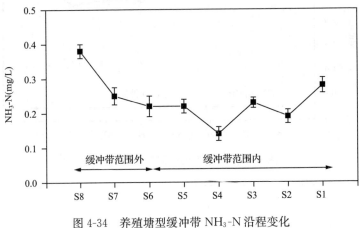

图 4-34　养殖塘型缓冲带 NH$_3$-N 沿程变化

NH$_3$-N 浓度均值为 0.24 mg/L，达到Ⅱ类水质标准。其中 S8 点位 NH$_3$-N 含量最高，达 0.32 mg/L，考虑原因此点位位于村落内，农村生活污水的直排造成此处水体氨氮浓度小范围升高。S1 点位浓度较高与藻类在闸口富集有关。各个样点沿程除了 S1 点位外，自 S8 至 S2 呈递减趋势。缓冲带外围的 NH$_3$-N 浓度高于缓冲带范围内的 NH$_3$-N 浓度。

3. 村落型缓冲带入湖河流水质沿程变化

村落型缓冲带入湖河流的水质沿程分布特征及变化趋势如图 4-35 至图 4-42 所示。

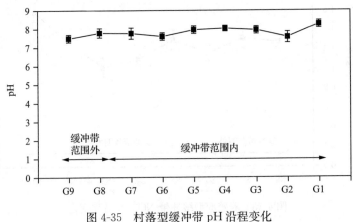

图 4-35　村落型缓冲带 pH 沿程变化

该区域的 pH 均值为 7.82,水质呈弱碱性。各个样点沿程变化幅度不大。在入湖口 G1 点位 pH 略高,缓冲带外围的 pH 略高于缓冲带范围内的 pH。

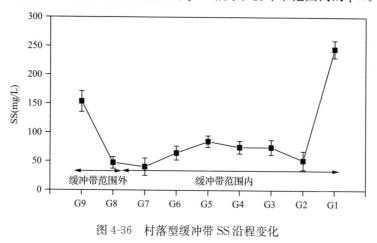

图 4-36　村落型缓冲带 SS 沿程变化

SS 均值为 92.89 mg/L,在入湖口 G1 的 SS 值达到最高,考虑原因此处由于闸口未封闭,藻类随风浪堆积在入湖口。G9 点位浓度较高考虑村落中的生活污水直排导致该处悬浮物较高。G7 点最低,由于该处建有生活污水处理系统,因此水质较好,悬浮物相对较少。各个样点沿程无明显变化趋势。缓冲带外围的 SS 值略高于缓冲带范围内的 SS 值。

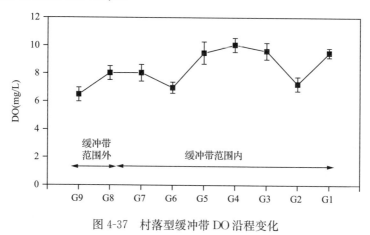

图 4-37　村落型缓冲带 DO 沿程变化

DO 均值为 8.38 mg/L,达到 I 类水质标准,水体自净能力相对较好。各个样点的 DO 值自 G9 至 G1 呈递增趋势。缓冲带外围的 DO 值低于缓冲带范围内的 DO 值。

COD$_{Mn}$ 浓度均值为 11.31 mg/L,达到 V 类水质标准。其中 G5 点位达到最高,为 14.77 mg/L,考虑该点有村落废水直排导致浓度偏高。各个样点沿程自 G9 至 G1 呈递增趋势。缓冲带外围的 COD$_{Mn}$ 含量明显低于缓冲带范围内的 COD$_{Mn}$ 含量。

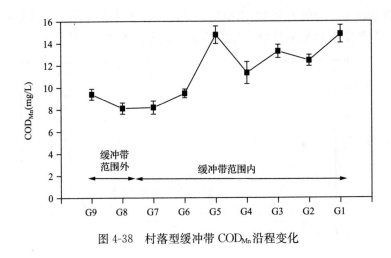

图 4-38　村落型缓冲带 COD_{Mn} 沿程变化

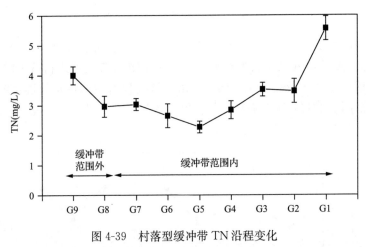

图 4-39　村落型缓冲带 TN 沿程变化

TN 浓度均值为 3.37 mg/L,达到劣 V 类水质标准。其中入湖口 G1 的 TN 浓度最高,考虑原因,此处由于闸口未封闭,藻类随风浪堆积在湖口。缓冲带外围的 G9 点位于工业基地的附近,由于工业污水的排放造成此处点位的总氮值较高。各个样点沿程自 G9 至 G1 呈递增趋势,考虑由于水流方向的原因及闸口未封闭的原因,使得下游的水体氮富集,较上游浓度较大。缓冲带外围的 TN 浓度略大于缓冲带范围内的 TN 浓度。

TP 浓度均值为 0.3 mg/L,达到劣 V 类水质标准。其中在 G2 点位 TP 浓度最高,达到 0.59 mg/L,考虑由于集水沟渠的作用使得大量的农田污水排放到水体中。不考虑 G1,各个样点沿程自 G9 至 G1 呈递增趋势,由于水流方向的原因及闸口未封闭的原因,使得下游的水体浓度富集,较上游浓度较大。缓冲带外围的 TP 浓度明显低于缓冲带范围内的 TP 浓度。

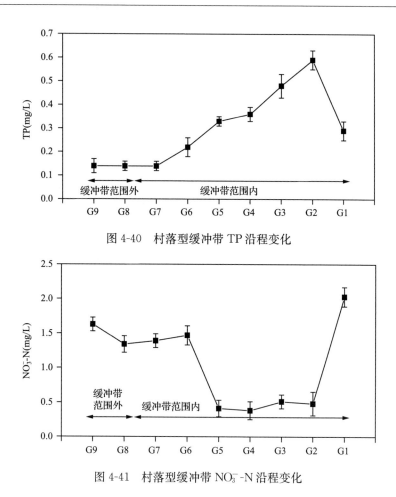

图 4-40　村落型缓冲带 TP 沿程变化

图 4-41　村落型缓冲带 NO_3^--N 沿程变化

NO_3^--N 浓度均值为 1.07 mg/L,其中 G1 点 NO_3^--N 浓度最高,这可能是由于 G1 位于入湖港口,此处藻类富集,藻类由于温度降低慢慢死亡,释放出大量的营养物质,造成水质恶化。位于村落中的 G6、G7、G8 和工业区的 G9 点位明显高于经济林 G2 点和蔬菜地的 G3、G4 点,可能村落河流中的硝氮含量与人类活动关系密切。各个样点沿程除了 G1 点自 G9 至 G2 呈递减趋势。缓冲带外围的 NO_3^--N 浓度明显大于缓冲带范围内的 NO_3^--N 浓度。

NH_3-N 浓度均值为 0.76 mg/L,达到Ⅲ类水质标准。其中缓冲带外围的 G9 点位浓度最高,达到 1.07 mg/L,水质为Ⅳ类,考虑该点位于工业基地的附近,由于工业污水的排放造成此处点位的浓度较高。下游 G3、G2、G1 点位浓度较高,考虑水流方向的原因及闸口未封闭的原因,使得下游的水体浓度富集。各个样点的浓度沿程无明显变化趋势。缓冲带外围的 NH_3-N 浓度略高于缓冲带范围内的 NH_3-N 浓度。

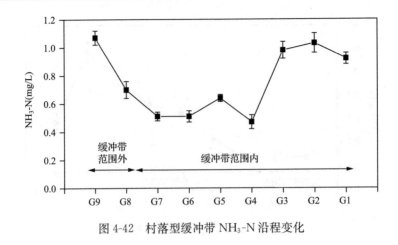

图 4-42　村落型缓冲带 NH₃-N 沿程变化

4. 生态湿地型缓冲带入湖河流水质沿程变化

生态湿地型缓冲带入湖河流的水质沿程分布特征及变化趋势如图 4-43 至图 4-50 所示。

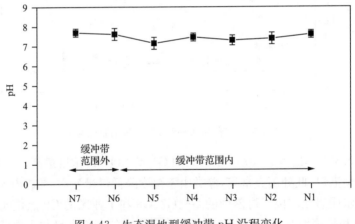

图 4-43　生态湿地型缓冲带 pH 沿程变化

该区域的 pH 均值为 7.47,水质呈弱碱性。各个样点沿程变化幅度不大。缓冲带外围与缓冲带范围内的 pH 相差不大。统计学检验,无显著性差异。

SS 均值为 52.79 mg/L,其中在 N7 点位浓度最高,达到 112.50 mg/L,考虑该点位由于修建寺庙,源头被封导致该河段水体浑浊。各个样点沿程自 N7 至 N1 呈递减趋势,缓冲带外围的 SS 值高于缓冲带范围内的 SS 值。

DO 均值为 6.2 mg/L,达到Ⅰ类水质标准,水体自净能力相对较好。各个样点的 DO 值自 N7 至 N1 呈递增趋势。缓冲带外围的 DO 值明显低于缓冲带范围内的 DO 值。

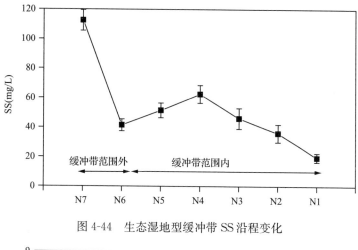

图 4-44　生态湿地型缓冲带 SS 沿程变化

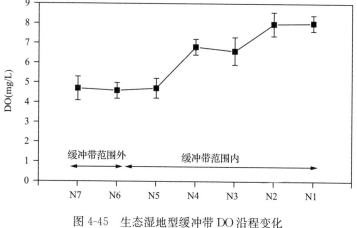

图 4-45　生态湿地型缓冲带 DO 沿程变化

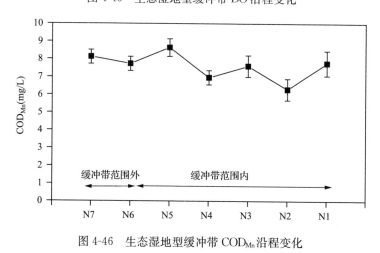

图 4-46　生态湿地型缓冲带 COD$_{Mn}$ 沿程变化

COD$_{Mn}$浓度为 7.58 mg/L,达到Ⅳ类水质标准。其中 N5 点位 COD$_{Mn}$浓度最高,考虑沿岸有村落污水直排所致。各个样点沿程自 N7 至 N1 呈递减趋势,缓冲带外围的 COD$_{Mn}$含量高于缓冲带范围内的 COD$_{Mn}$含量。

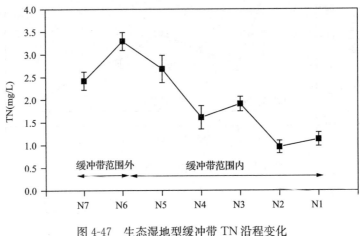

图 4-47　生态湿地型缓冲带 TN 沿程变化

TN 浓度均值为 2 mg/L,达到Ⅴ类水质标准。其中 N6 点浓度最高,达到 3.29 mg/L,由于此处紧邻菜园中间,考虑农民倾倒的农药残渣进入水中造成。缓冲带内 N1、N2 点的总氮浓度最低,达到Ⅳ类水质标准,考虑此点湿地的对径流的截留作用起到了一定效果。各个样点沿程自 N7 至 N1 呈递减趋势,缓冲带外围的 TN 浓度明显大于缓冲带范围内的 TN 浓度。

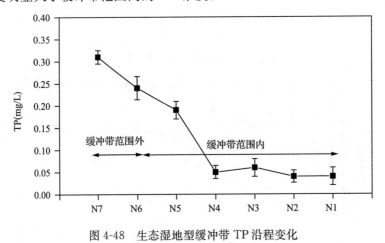

图 4-48　生态湿地型缓冲带 TP 沿程变化

TP 浓度均值为 0.13 mg/L,达到Ⅴ类水质标准。其中 N7 点位浓度最高,为 0.31 mg/L,达到劣Ⅴ类,考虑由于寺庙修建,源头被封导致该河段水体 TP 浓度较高。N6、N5 点位浓度较高考虑两点位于村落内,附近居民生活污水的排放,可能是造成水体总磷升高的主要原因。N2、N1 点位的 TP 浓度达到Ⅲ类水质标准，考虑此点湿地的对径流的截留作用起到了一定效果。各个样点沿程自 N7 至 N1 呈递减趋势。缓冲带外围的 TP 浓度明显高于缓冲带范围内的 TP 浓度。

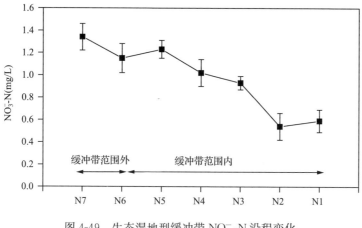

图 4-49 生态湿地型缓冲带 NO_3^--N 沿程变化

NO_3^--N 浓度均值为 0.97 mg/L，其中 N7 点位的浓度最高，达到 1.34 mg/L，考虑由于修建寺庙源头被封，导致该河段水体 NO_3^--N 浓度较高，N2、N1 点位浓度最低，仅为 0.5 mg/L，考虑此点湿地的对径流的截留作用起到了一定效果。各个样点沿程自 N7 至 N1 呈递减趋势。缓冲带外围的 NO_3^--N 浓度明显高于缓冲带范围内的 NO_3^--N 浓度。

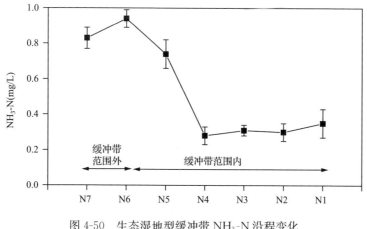

图 4-50 生态湿地型缓冲带 NH_3-N 沿程变化

NH_3-N 浓度均值为 0.53 mg/L，达到Ⅲ类水质标准。其中 N6 点位浓度最高为 0.94 mg/L，考虑与此处紧邻菜园有关。各个样点沿程自 N7 至 N1 呈递减趋势。缓冲带外围的 NH_3-N 浓度明显高于缓冲带范围内的 NH_3-N 浓度。

5. 不同类型缓冲带入湖河流水质比较

通过对 4 种类型缓冲带的河流水质类别比较(见表 4-6 至表 4-9),可见生态湿地型缓冲带河流水质在缓冲带范围内的水质明显优于缓冲带外围水质,各个样点水质沿程从缓冲带外围至缓冲带范围内有好转趋势。养殖塘型缓冲带入湖河流水质相反,缓冲带范围内的水质差于缓冲带外围水质。农田型、村落型缓冲带变化不明显。从不同类型缓冲带的去除率来看,生态湿地型缓冲带的缓冲效果最显著,SS 去除率为 83%,TN 去除率为 53%,TP 去除率为 86%,COD_{Mn} 去除率为 4%,NO_3^--N 去除率为 56%,NH_3-N 去除率为 58%。而农田型、养殖塘型和村落型缓冲带的缓冲效果不明显。

表 4-6　农田型缓冲带水质类别

采样点	水质类别			
	9 月	10 月	11 月	12 月
H8	劣 V	劣 V	劣 V	劣 V
H7	V	劣 V	劣 V	劣 V
H6	V	劣 V	劣 V	劣 V
H5	V	劣 V	V	V
H4	V	劣 V	V	V
H3	V	劣 V	V	V
H2	V	劣 V	V	V
H1	V	劣 V	V	V

表 4-7　养殖塘型缓冲带水质类别

采样点	水质类别			
	9 月	10 月	11 月	12 月
S8	V	劣 V	劣 V	劣 V
S7	V	V	V	V
S6	V	V	V	劣 V
S5	V	V	V	V
S4	V	V	V	劣 V
S3	V	V	V	V
S2	劣 V	V	V	V
S1	劣 V	V	V	劣 V

表 4-8　村落型缓冲带水质类别

采样点	水质类别			
	9 月	10 月	11 月	12 月
G9	劣 V	劣 V	劣 V	劣 V
G8	劣 V	劣 V	劣 V	劣 V
G7	劣 V	劣 V	劣 V	劣 V
G6	劣 V	劣 V	劣 V	劣 V
G5	劣 V	劣 V	劣 V	V
G4	劣 V	劣 V	V	劣 V
G3	劣 V	劣 V	V	V
G2	劣 V	劣 V	劣 V	劣 V
G1	劣 V	劣 V	劣 V	劣 V

表 4-9　生态湿地型缓冲带水质类别

采样点	水质类别			
	9 月	10 月	11 月	12 月
N7	劣 V	劣 V	V	V
N6	劣 V	劣 V	劣 V	劣 V
N5	劣 V	劣 V	劣 V	劣 V
N4	劣 V	V	V	V
N3	劣 V	V	劣 V	V
N2	V	IV	IV	III
N1	V	V	V	III

注:黑色虚线为缓冲带范围边界,采样点依次从缓冲带外围向缓冲带范围内布点

由不同类型缓冲带入湖河流不同水质指标比较得知（图 4-51），pH 大小排序为村落型＞农田型＞养殖塘型＞生态湿地型，SS 和 TP 浓度大小排序为村落型＞生态湿地型＞养殖塘型＞农田型，DO 大小排序为农田型＞村落型＞养殖塘型＞生态湿地型，COD_{Mn} 和 TN 浓度大小排序为村落型＞养殖塘型＞农田型＞生态湿地型，TP 浓度大小排序为村落型＞生态湿地型＞养殖塘型＞农田型，NO_3^--N 浓度大小排序为农田型＞养殖塘型＞村落型＞生态湿地型，NH_3-N 浓度大小排序为村落型＞生态湿地型＞农田型＞养殖塘型。可见，村落型缓冲带入湖河流水质最差，其次为农田型和养殖塘型缓冲带，生态湿地型缓冲带入湖河流水质最好。

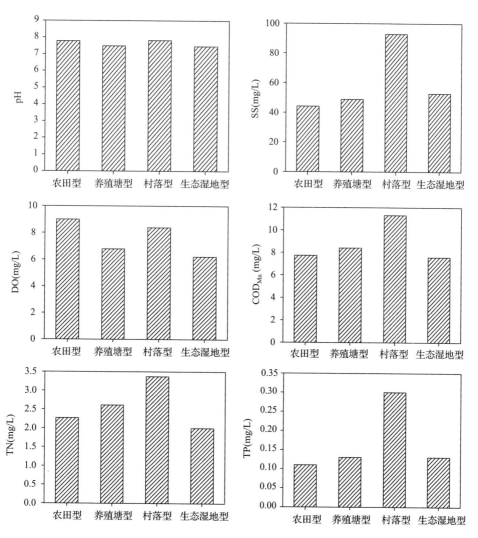

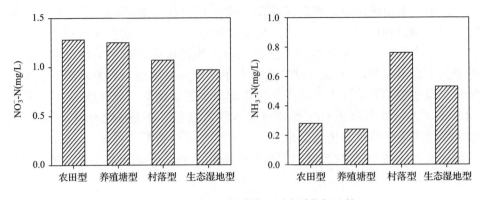

图 4-51　不同类型缓冲带不同水质指标比较

第5章　太湖缓冲带生态构建思路与总体方案

　　湖泊缓冲带生态构建是指通过生物、生态以及工程等措施手段,依据环境管理目标,控制人类活动产生的污染负荷,使生态系统的组成结构和生态功能恢复到一定的或者被干扰前的水平。湖泊缓冲带的生态构建需在深入研究其生态系统的组成结构、生态功能的基础上,识别影响湖泊缓冲带生态功能正常发挥的关键因素,制订具体的生态构建方案。本章以太湖为例,对太湖缓冲带的生态构建的原则、思路、模式、技术体系进行了示范性探索与实践。

5.1　总　体　思　路

5.1.1　湖泊缓冲带生态构建的原则

　　(1)控源与生态修复相结合。既要控制湖泊缓冲带内的污染源,做到少产污、少排污,又要在湖泊缓冲带内进行生态建设,修复缓冲体系,净化自身排放及外来汇入的污染物,从而达到改善环境、恢复生态健康的目的。

　　(2)自然恢复与人工强化相结合。对于生态状况较好的区域采取自然恢复为主的生态保育措施,对生态状况较差的区域采取人工强化措施改善生境条件,借助人工辅助引导自然恢复,开展生态修复、生态重建。

　　(3)生态建设与长效运行管理相结合。生态建设很重要,但是往往建设容易,长期的维护运行管理很难,而所有的技术措施都需要以运行管理为保证,这是一个多层次的系统工作。

5.1.2　太湖缓冲带在整个流域的目标功能定位

　　(1)太湖缓冲带是太湖重要的清洁区和湖滨带的保护圈。

　　(2)有效净化水质。利用缓冲带内修复与优化的大量植物及土壤环境对漫流入湖的污染物进行截留,削减通过缓冲带的各类污染物,如有机质、氮、磷、重金属等。

　　(3)调节平原河网地区地表径流、固岸护坡。利用缓冲带内丰富的植物降低暴雨期地表径流速度,减小暴雨期地表径流对泥土的冲刷,保持水土流失,稳定湖泊水体岸坡,减少土壤侵蚀,同时在拦水蓄水、补给地下水和维持水量平衡方面发挥重要作用。

（4）保护物种多样性。为多种鸟类、昆虫以及两栖动物提供栖息场所。有效提高区域物种多样性以及生态系统多样性。

（5）发挥对缓冲带内及外围低污染水的拦截净化功能。通过人工或半人工计划设施的设置，截蓄与净化上游河流与沟渠低污染来水以及缓冲带内农田、村落、水塘与城市面源等产生的低污染水，防止其直接入湖。

（6）展示太湖流域绿色经济发展模式。利用外圈绿色经济带建设，为太湖流域良性循环的经济发展模式的探讨提供借鉴，使缓冲带范围内目前产生的污染负荷显著降低，为其净化功能的充分发挥奠定良好基础，同时使太湖缓冲带成为促进太湖流域生态经济转型的重要区域。太湖缓冲带目标功能定位如图 5-1 所示。

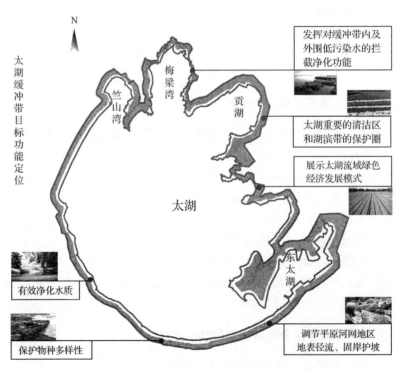

图 5-1　太湖缓冲带目标功能定位

5.1.3　总体设计思路

随着太湖沿岸城镇化的发展，缓冲带内的大量村落、农田、养殖塘以及工业企业等的污染非常严重，使缓冲带丧失原有的拦截过滤污染物的功能，而且其本身还会产生大量的污染，由于离湖近、入湖率高，对太湖的水质和水生态产生了较大的影响。

　　由于太湖属于平原湖泊,缓冲带的范围较大,涉及面较广,因此充分考虑其现状,采用分圈层、分类别的方法,采取多种工艺组合,遵循生态文明建设,采取"因地制宜,分段治理"的防治思路,对太湖缓冲带进行生态建设。

　　划定的太湖缓冲带范围,按照缓冲带离湖的远近,又可具体划分成内圈生态保护区和外圈限制开发区两大部分。确定大堤向外 50～200 m 不等的范围为内圈生态保护区的范围,此范围与国外水体缓冲带最小宽度的范围基本一致,该区域应统筹考虑太湖地区土地利用、经济发展与环境保护情况,清除人为干扰,建设环湖生态防护林带。内圈生态保护区以外的 200 m～2 km 不等的范围为外圈限制开发区,区内进行污染综合治理和绿色、循环经济的建设,构建成环湖绿色经济带。

　　如图 5-2 所示,本着先近后远、先急后缓的原则,重点解决问题最为突出的内圈,对外围污染进行拦截,清除人为干扰,净化低污染水,建设环湖生态防护林带,构建生态保护带;对范围较广的外圈进行污染综合治理和绿色、循环经济的建设,构建绿色经济带。最终形成结构完整、功能完备的太湖生态缓冲带,进一步提高太湖及其流域生态系统的健康水平,促进流域社会-经济-生态复合系统的健康可持续发展。

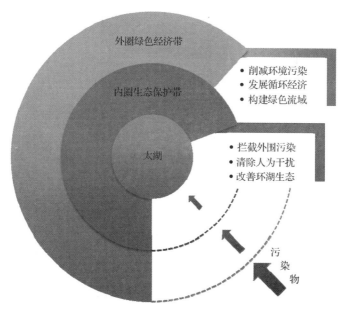

图 5-2　太湖缓冲带构建总体构思图

5.1.4　总体空间布局

　　根据太湖缓冲带生态构建总体设计思路,对太湖缓冲带进行生态构建,最终形成"两圈八段"的空间布局(图 5-3),通过"三退"工程、生态防护林带构建工程、水塘生态改造工程及绿篱隔离带构建工程构建内圈生态保护带;通过绿色村落建设工程、清洁田园建设工程、绿色养殖系统构建工程、河网水质强化净化与生态修复工程、生态旅游建设工程及工业企业污染整治工程构建外圈绿色经济带。分别在内圈生态保护带和外圈绿色经济带内实施无锡滨湖区段缓冲带构建方案、苏州高新区段缓冲带构建方案、苏州吴中区段缓冲带构建方案、苏州吴江市段缓冲带构建方案、湖州吴兴区段缓冲带构建方案、湖州长兴县段缓冲带构建方案、无锡宜兴市段缓冲带构建方案和常州武进区段缓冲带构建方案。各具体构建方案见第 6 章。

图 5-3　太湖缓冲带生态构建总体空间布局图

1. 内圈生态保护带构建

内圈生态保护带 50~200 m 不等的缓冲带范围是太湖缓冲带的核心部分,由于直接临湖,其内产生的污染物缓冲时间和空间较小,污染物入湖率较高,对湖泊水体影响十分严重。针对内圈生态保护带独特的位置、环境现状,在内圈遵循严要求、强净化的原则进行规划,实施退塘、退田、退房"三退"工程、生态防护林带构建工程、水塘生态改造工程、绿篱隔离带建设工程。内圈生态保护带构建思路见图 5-4。

2. 外圈绿色经济带构建

外圈绿色经济带是太湖缓冲带的重要组成部分,其外围是太湖沿线的主要经

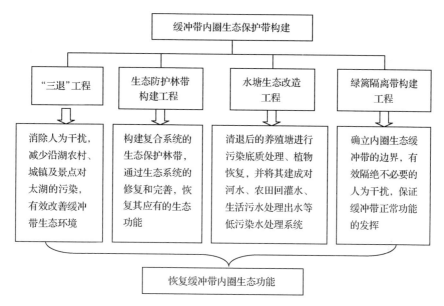

图 5-4　内圈生态保护带构建思路图

济区,其范围内分布有大量的村落、农田,连片的养殖塘,以及工业企业和旅游景点,土地利用形式多种多样。不论是内部还是外来的内污染负荷均较多,对湖泊水质产生的影响较大,因此外圈绿色经济带肩负着削减外来污染负荷的重要使命。外圈缓冲带的构建应以削减自身污染负荷为基础,建立起控制与削减外围污染负荷的系统体系。针对外圈绿色经济带的环境现状,工程根据外圈绿色经济带不同类型的特点,分别制定相应的工程措施,改善环境状况,减少污染源的产生,构建绿色、生态的经济带。对区域内的农村、农田实施绿色村落建设工程和清洁田园建设工程,并发展绿色水产养殖系统建设工程,减少农村生产生活产生的污染;同时根据本区域内现在和未来的旅游开发情况,实施生态旅游建设工程,实现旅游污染零排放;并对外圈绿色经济带内的企业实施清洁生产、布局集中和在线监测等措施;针对太湖缓冲带内的大量河网实施河网水质强化净化与生态修复工程。

　　本区域包括缓冲带内的大部分农田、村落、鱼塘、水系,还有众多的工业企业,是太湖缓冲带的主要组成部分。其构建主要内容有建设绿色村落、清洁田园、绿色养殖塘、生态旅游、工业企业污染整治、河网水质强化净化与生态修复等,促进流域清洁生产、循环经济的发展,使外圈最大限度地形成一个生态、清洁的绿色区域。外圈绿色经济带构建思路见图 5-5。

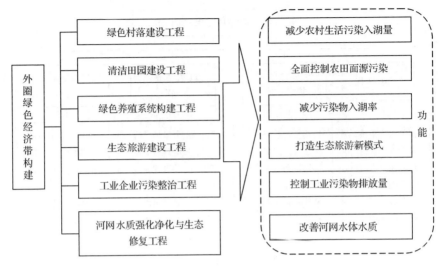

图 5-5　外圈绿色经济带构建思路

5.2　太湖缓冲带生态构建模式筛选

根据缓冲带不同类型特征,明确不同类型太湖缓冲带生态构建模式(图 5-6)。针对农田型缓冲带特征,采取"三退"工程、生态防护林带构建工程、绿篱隔离带构

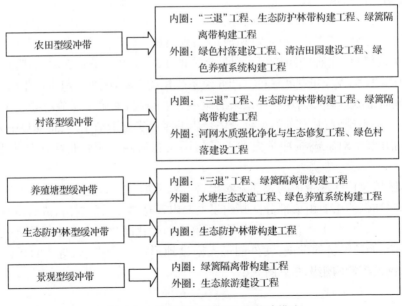

图 5-6　不同类型缓冲带生态构建模式

建工程形成内圈生态保护带,采取绿色村落建设工程、清洁田园建设工程、绿色养殖系统构建工程形成外圈绿色、生态经济带。针对村落型缓冲带特征,采取“三退”工程、生态防护林带构建工程、绿篱隔离带构建工程形成内圈生态保护带,采取河网水质强化净化与生态修复工程、绿色村落建设工程形成外圈绿色、生态经济带。针对养殖塘型缓冲带特征,采取“三退”工程、绿篱隔离带构建工程形成内圈生态保护带,采取水塘生态改造工程、绿色养殖系统构建工程形成外圈绿色、生态经济带。针对生态防护林型缓冲带特征,采取生态防护林带构建工程形成内圈保护带。针对景观型缓冲带特征,采取绿篱隔离带构建工程形成内圈生态保护带,采取生态旅游建设工程形成绿色、生态经济带。

5.3　太湖缓冲带生态构建适用技术

湖泊缓冲带生态构建技术是以生态系统或复合生态系统为研究对象,通过调控生态系统内部的结构和功能,来提高生态系统的自净能力和环境容量,同步取得生态环境、经济和社会效益。因此,所有能达到生态构建目的的工程技术都可以应用,并没有一个排他性的界定。根据太湖流域不同地段缓冲带的差异,太湖缓冲带被划分为农田型、村落型、养殖塘型、生态防护林型、景区型五种类型,针对不同类型缓冲带主要污染因子与生态修复制约因素,基于已有技术成果及“十一五”水专项太湖项目研发的技术成果,选择适宜的构建技术,构建结构完整、功能完备、管理科学的太湖生态缓冲带。

5.3.1　农田型缓冲带生态构建技术

太湖农田型缓冲带岸线长 121.75 km,占整个缓冲带长度的 31.8%。农田型缓冲带主要土地利用形式是农田、林地和水塘。林地、水塘在农田中嵌式分布,形成“田中有林,田中有塘”的土地空间布局,该类型缓冲带地势平缓,缓冲带内及外围农田分布较多,林地、水塘占据了大部分缓冲带,农田面源大部分污染物未经处理直接入湖,由于临太湖较近,鱼塘、蟹塘的污水通过下渗以及换水时直接排放,此类型缓冲带主要污染为农田面源污染和大量的分散水塘养殖污染。因此,采用农田面源污染控制技术、水产养殖污染防治与资源化技术对该类型缓冲带进行污染防治与生态功能的修复。

1. 农田面源污染控制技术

太湖缓冲带外圈绿色经济带内分布大面积农田,其大量化肥、农药流失,是太湖水体的主要污染源之一。通过农田种植结构调整、生态沟渠改造、农田低污染水净化、农田废弃物资源化、农田污染综合管理等措施全面控制农田面源污染,减少化肥农药的使用和流失,净化农田低污染水,降低农田面源污染的入湖量,达到保护太湖水体的目的。

1) 河流边坡径流拦截与初步净化技术[1]

针对入河径流污染,将河流陆域"垂直"入河的分散或集中径流污染再次集中并"平行"入河,同时在拦截过程中实现污染物的初步净化。该技术可消除近河流陆域径流污染直接迁移入河带来的影响,并能够缓解农业面源污染集中排放入河对水体局部带来的冲击。技术的应用可与河流有效融为一体,成为稳定河流护坡的组成部分,同时,通过技术的实施,在水陆交错带形成一条线形生态屏障,能够提高水体边界生物活性,有效拦截地表径流污染,改善并稳定水体水质,提高水体生物多样性。

2) 农田低污染水湿地净化技术

在农田较为集中的区域,根据地势条件和农田面积,征收适量的靠近河流的农田建设低污染水净化湿地、多塘串联湿地净化,对农田回水进行净化处理,出水进入入湖河流。

A. 人工湿地低污染水净化技术

人工湿地是在自然湿地净化功能基础上发展起来的一种水净化技术,它是利用自然生态系统中物理、化学和生物的共同作用来实现对污水的净化。将污水引入到人工建造的类似于沼泽的湿地上,污水流过人工湿地后,经沙石、土壤过滤,植物根际的多种微生物活动,通过沉淀、吸附、硝化、反硝化等作用,使水质得到净化,污染负荷降低,水质变好。并通过定期对植物的收割将营养物质从系统中移出。人工湿地工艺选择及设计时,采用调蓄池、潜流湿地、平流湿地、垂直流湿地等相互组合的处理工艺对农田低污染水进行净化。农田低污染水人工湿地处理系统工艺流程见图5-7。

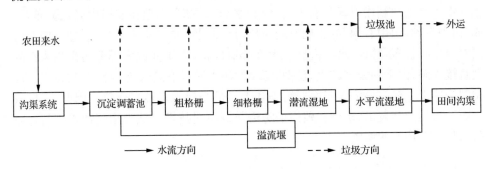

图 5-7　人工湿地处理系统工艺流程图

B. 多塘串联湿地净化技术

多塘串联湿地工艺的原理与自然水域的自净机理相似,是将重污染河流、农灌沟渠回水等低污染水体引入多个水塘形成的串联系统(经改造成为表面流湿地与潜流湿地),通过湿地内的生态系统形成的生态循环,利用物种共生、物质循环、再生原理,降解、吸收水体中的营养物质,改善其入湖水体水质。根据水深种植挺水和浮叶两种植物,挺水植物选择芦荻、香蒲、千屈菜、再力花等;浮叶植物选择睡莲、芡实等。多塘串联湿地净化技术工艺流程见图 5-8。

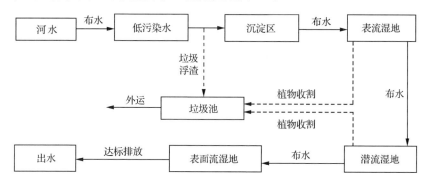

图 5-8　多塘串联湿地净化技术工艺流程图

3) 高产蔬菜地流失氮磷的梯级利用与生态拦截削减技术[2-4]

该技术由生态拦截沟技术和生态调蓄净化塘二级拦截处理技术及水生蔬菜型人工湿地技术构成。生态拦截沟技术因地制宜地改造菜地排水沟,建立能够自动收集初期地表径流的生态拦截沟,同时保障菜地的排水,生态拦截沟两边为自然缓坡,长有多种植物,护坡的同时可以拦截颗粒态污染物;生态调蓄净化塘技术利用附近的池塘进行调蓄,作为初期径流的储存池,并强化其生态净化功能,削减径流中的氮磷负荷;水生蔬菜型人工湿地技术将含大量氮磷的蔬菜地径流引入水生蔬菜湿地,为湿地中的水生蔬菜提供了肥料供其生长,与此同时径流中的氮磷含量经过水生蔬菜湿地处理后大量削减,对保护太湖水体起到非常重要的作用。

4) 稻麦轮种型农田流失氮磷梯级利用与生态拦截削减技术[1]

在稻麦轮作田边采用"人工介质—生态浮床—水生植物"的多生境生态塘技术,通过其中微生物、水生植物、水生动物的吸收转化作用,来形成针对缓冲带内稻麦轮作田氮磷径流流失的强化生态屏障。该技术采用多生境原位处理技术处理稻麦轮种初期地表径流。

5) 高效混合厌氧发酵技术

针对秸秆产沼气问题,利用粪便等易生物降解原料快速发酵产生的酸以及醇破坏秸秆的纤维结构,提高其厌氧生物转化率,采用该技术可以使秸秆的沼气产率提高 20%～30%。

6) 模块化生物接触氧化-生态滤池组合技术[1]

针对农业面源污染 N、P 负荷较高的特点,通过生物强化,提高对低碳源水体的生物除氮效果,并通过模块化方式,对不同的水质以及处理效果的要求进行工艺单元组合,增加系统的净化能力,达到对水中 BOD、氮和磷面源污染物的去除,实现水质净化的目的。本技术运行过程中基本不需要外界能源输入,为一种低碳高效的处理技术,可广泛应用于面源污染水体的治理。工艺流程见图 5-9。

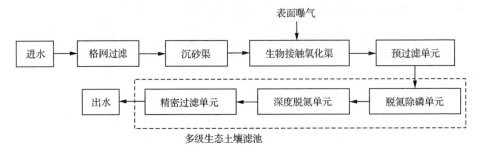

图 5-9　模块化生物接触氧化-生态滤池组合技术工艺流程图

7) 水蜜桃园专用缓控释肥减量深施施肥技术[5,6]

针对太湖流域特色的水蜜桃园土壤肥力特点及施肥量大、次数多、肥料埋深浅,造成养分损失大、面源污染严重的现状,配制施用养分较全面的水蜜桃树专用缓控释掺混肥,作为基肥一次施入,增加肥料埋深,达到肥料减量、施肥次数减少、提高肥料利用率 30% 左右、氮磷养分径流损失减少 70%～80%、氨挥发降低 90% 左右,同时可提高桃园产量,增加效益。

2. 水产养殖污染防治与资源化技术

见 5.3.3 节养殖塘型缓冲带构建技术。

5.3.2　村落型缓冲带生态构建技术

太湖村落型缓冲带长度 99.6 km,占太湖缓冲带总长度的 26.0%。村落"两污"处理处置技术与养殖污染控制与资源化技术作为污染控制措施减少污染物排放;河流水质强化净化与生态修复技术作为对上游所来污染物有一定消纳功能的措施减少上游污染物入湖。

1. 村落"两污"处理处置技术

1) 农村生活污水集中处理技术

对距离城镇较近的村落,实施村落污水的集中收集处理工程。在村落新建或扩建污水收集管网,提高生活污水的收集率,将其污水收集至邻近的城镇污水处理厂进行集中处理。

2) 土壤净化槽技术[7,8]

目前土壤净化槽技术已在国内多处有应用的实例,它是在引进日本专利技术并依据我国国情改进的新技术。污水处理工程采用土壤净化槽工艺进行设计,污水收集后先经过预处理设施,然后进入土壤净化槽厌氧好氧细菌处理,排入出水井后出水。

3) 一体化净化槽技术[9]

一体化净化槽是一种分散型生活污水净化装置,相当于小型污水处理厂,是将污水处理系统设备化、装置化。一体化净化槽占地小、可放置于任何地点,如地下全埋、地下半埋及地上放置式。其具有较好的脱氮除磷效果,出水水质可达到《城镇污水处理厂污染物排放标准》(GB 18918—2002)一级 B 标准。

4) 塔式生物滤池农村生活污水处理技术[10]

该技术由水解酸化池、塔式蚯蚓生态滤池、人工湿地三个单元组成。该技术主要针对相对集中的农村生活污水处理,集成了土地处理系统、利用蚯蚓构建生态系统以及人工湿地优点,出水效果好,水质稳定,达到《城镇污水处理厂污染物排放标准》(GB 18918-2002)的一级 B 标准。

5) 农村污水太阳能驱动一体化生物膜处理技术[11]

该技术充分利用了太阳能这种清洁能源,减少对常规电能的消耗。太阳能驱动一体化生物膜技术还可与生态、土地处理系统组合,达到除磷效果。该单项技术适合年平均光照充足、不利于常规电网架设、对出水水质要求较高的山区和旅游区等,处理规模从单户至村落均可。太阳能驱动一体化生物膜技术见图 5-10。

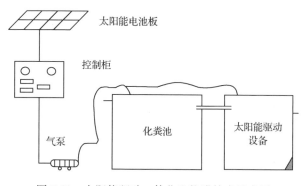

图 5-10　太阳能驱动一体化生物膜技术示意图

6) 矿化垃圾填料处理农村生活污水技术[1]

利用厌氧水解去除生活污水中高浓度的有机污染物,利用废水中残留的高浓度氨氮,驯化培养富集塔式矿化垃圾滤池填料铵氧化菌,同时实现高效率的硝化过程,硝化液通过回流和砾石床人工湿地的手段净化,而高浓度的磷主要通过矿化垃圾中富含的矿物相吸附沉淀,从而实现废水的低成本、高效率处置。工艺流程见图 5-11。

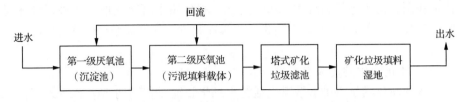

图 5-11　矿化垃圾填料处理农村生活污水技术工艺流程图

7) 立体循环一体化氧化沟＋生态滤池污水集中处理集成技术[1]

针对小康型村镇的特点,可选用适合村镇集中处理的集成技术,采用立体循环一体化氧化沟和生态滤池核心技术,利用生物单元去除有机物、氨氮等,利用生态单元去除磷并进一步优化水质。该集成技术运行稳定、占地少、运行操作简便,较适应小康型村镇的技术和经济特征。工艺流程见图 5-12。

图 5-12　立体循环一体化氧化沟＋生态滤池污水集中处理集成技术工艺流程图

8) 生活垃圾与生活污水共处置新型沼气池技术[12]

针对太湖地区地埋式沼气池产气量低、冬季效果差的基本现状,以及分散农村生活垃圾与生活污水无法经济地纳入现有的收集系统,以易腐性有机垃圾成分和辅以秸秆类废物为骨料,加以农村畜禽粪便为营养,利用农村生活污水流动分配养分的厌氧发酵技术,实现农村废物的共处置目标,达到强化产沼和加速骨料腐熟程度的最终目的,而尾水可通过矿化垃圾-植物系统处置。

2. 养殖污染控制与资源化技术

1) 畜禽养殖废弃物功能有机肥生产技术[1]

针对畜禽养殖废弃物粪便污染减排中堆肥资源化保氮除臭问题,筛选研制一系列高效纤维素、保氮除臭发酵复合功能微生物,结合生防、促生等高效功能微生物,研发耐高温快腐熟保氮除臭发酵复合菌剂与复合多功能微生物添加剂制备技术。高效纤维素降解菌剂开发能显著缩短堆肥物料腐熟过程与发酵周期。保氮除臭复合菌剂与堆肥调理剂显著减少堆肥过程中的氮素损失与恶臭。生防、促生菌剂及功能有机肥技术显著提高堆肥产品附加值。该技术适用于太湖苕溪流域及我国大部分地区规模化畜禽养殖企业的畜禽粪便高效益资源化无害化处理。工艺流程见图 5-13。

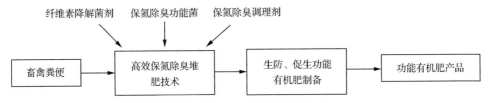

图 5-13　畜禽粪便高效堆肥保氮除臭与功能有机肥技术工艺流程图

2) 养殖废水高效低耗达标处理技术[1]

针对养殖废水,通过添加猪场废水原液改善厌氧消化液可生化性,使其 BOD_5/COD 值提高到 0.4~0.5,碳、氮、磷的比例调整到 BOD_5 ：N ：P ＝ 11 ：7 ：1。并且培养驯化高效脱氮菌种,使 SBR 对可生化性改善后的猪场废水厌氧消化液处理效率大大提高。SBR 间歇曝气协调硝化反硝化酸碱变化过程,预防系统酸化,保障工艺运行稳定,实现废水达标处理排放。工艺流程见图 5-14。

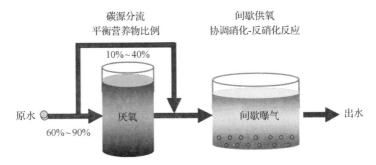

图 5-14　养殖废水高效低耗达标处理技术工艺流程图

3) "三位一体"沼气池处理技术

"三位一体"沼气池,即将畜厩、厕所、沼气池三方面进行配套建设的沼气工程,主要将人畜粪便通过厌氧发酵转化为可利用的沼气能源、沼液和沼渣资源。对于分散养殖农户建沼气池,实施改厨、改厕、改圈,其所排放的畜禽粪便,或入沼气池无害化处理与利用,或入堆沤池进行堆肥化处理与利用。

4) 堆粪发酵池处理技术

堆粪发酵的原理是利用粪便自身发酵产生的热能杀灭病原微生物及寄生虫卵等,即生物热消毒。收集的粪便堆积后,粪便中形成了缺氧环境,粪中的嗜热厌氧微生物在缺氧环境中大量生长并产生热量,使温度达 60~75 ℃,这样就可以杀死粪便中病毒、细菌(不能杀死芽孢)、寄生虫卵等病原体,且不丧失肥料的应用价值。

3. 河流水质强化净化与生态修复技术

太湖缓冲带内河网分布错综复杂,区域内断头浜数目纵多,断头浜是平原水网地区重要的水源补充、涵养区域,对补给平原地区水网水源起着重要作用,针对缓冲带河网水系分布特征及水环境现状,尊重现有的河道现状,尽量保持区域内原有的原生态水系布局,及水面率,保留现有原生态堤岸和断头浜,采取河道污染底泥环保疏浚技术、河网水质原位强化净化技术、河网水质异位强化净化技术以及河滨缓冲带生态修复技术等技术及集成,减少河道底泥污染,打通骨干河流内部以及与邻近河网的水体阻隔,增强片区水网水体间的流动性,改善缓冲带内河网水体水质,同时通过河滨缓冲带生态修复,恢复河滨缓冲带的生态功能。

1) 河道污染底泥环保疏浚与底泥资源化

太湖缓冲带内水网交错,无法采用挖掘机等陆上机械直接进行疏挖,需要采用水下疏挖设备。根据不同疏挖水域的实际情况需选用不同的底泥环保疏浚设备,疏挖底泥通过输泥管输送到处理系统中,药剂通过计量泵输送到输泥管路搅拌装置,搅拌在污染底泥中,然后将高分子凝聚剂加入另一混合搅拌装置中搅拌,快速干燥,干化底泥可结合两岸景观绿地建设,用作景观绿化用土或其他使用。

2) 河网水质原位强化净化技术

采用景观-净化型浮床,使之具有净化能力较强且具美化环境的效果;生态填料具有很高的生物附着表面积,可以为水中微生物和有益藻类等的生长、繁殖提供巨大的生物附着表面;垂向移动式生态床技术是采用垂向移动式生态床处理河湖、水库水体污染的一种技术,主要用于富营养化水体;生态浮岛技术与固定化氮循环细菌技术集成对河流水体的净化作用,研究生态浮岛植物—固定化氮循环细菌微生物之间互利共生强化去除湖泊水体氮磷的作用;漂浮型人工湿地原位强化处理技术利用陶粒、生物碳等作为浮体,同时与种植的植物进行结合,强化植物的根区净化能力以及植物本身对氮磷等营养盐的吸收等手段;生物接触氧化技术使用高性能接触过滤材料——生物绳,利用附着在生物绳上的高效食物链来还可以减少剩余污泥的发生量;曝气增氧技术利用人工曝气增氧,提高氧的传递与扩散,强化河道对有机污染物的好氧分解。

3) 河网水质异位强化净化技术

该技术通过引导目标处理水体流经填充砾石或其他人工滤材的处理槽,使污水与砾石或人工滤材表面的生物膜接触反应,达到水质净化目的。该技术的砾间孔隙小,沉降距离短,砾石间形成连续的水流通道,当污水通过时,水中的悬浮固体因沉淀、物理拦截、水动力等原因运动至砾石表面而接触沉淀。

4) 强化型河道湿地水质净化技术

该技术主要是利用示范区现有的河流、浅滩和鱼塘等低洼地,在水力调控的基础上,通过生态工程设计,构建具有多重净化能力的复合流河道型湿地系统。该技术的主要创新点包括在于水力生态耦合调控技术、变粒径湿地基质改造技术、河道湿地植物群落优化配置技术等的集成应用。

5) 河滨缓冲带生态修复技术

根据太湖缓冲带河网不同河段特点可采用硬质＋亲水护岸方案(城镇段采用)、半硬质生态护岸方案(城乡结合部采用)和自然生态护岸方案(乡村段采用)等不同类型；浅水河流岸边生态恢复的浅滩沙洲场技术是对浅滩沙洲的内部组成进行简化,主要采用当地土壤作为介质,在土壤外侧用土工织物进行防护,然后用较大块石进一步防护,对浅滩沙洲头部和底部等容易冲刷部位进行了护脚和加固处理；生态透水植被带构建技术通过下凹式绿地和生态拦截建设,对地表径流进行净化和过滤,拦截雨水携带的污染物,起到控制面源污染的作用。

5.3.3　养殖塘型缓冲带生态构建技术

太湖养殖塘型缓冲带长 67.43 km,占太湖缓冲带总长度的 17.6％,太湖缓冲带内的养殖塘用于河蟹、鱼类等水产养殖。其内圈构建可采用水塘生态改造技术、鱼塘沉水植物种植优化技术；外圈构建可采用养殖鱼塘原位、异位生态修复与养殖模式结合技术。

1. 水塘生态改造技术

对内圈生态保护带内清退的养殖塘进行污染底质处理、植物恢复,并将其建设成低污染水处理系统,并与就近河流、农灌沟、村落生活污水处理后的出水连接起来,对河水、农田回灌水、生活污水处理出水等低污染水进行处理。

1) 污染底质清除

将内圈缓冲带清退后的各类养殖塘进行疏挖,或利用沙土进行覆盖,避免污染物质释放。

养殖塘内由于残饵、鱼蟹类排放的排泄物和化学药品的使用,产生污染,积累于养殖塘底部。清退后的养殖塘首先应进行底泥疏挖工程,以清除塘底的污染底泥,或铺设沙土将底泥覆盖,避免污染物质释放污染环境。将疏挖的污染物质收集清运,并进行处理,避免底泥堆放产生污染。同时应尽量避免一切可能产生的新污染及对环境不利的影响。

2) 植物修复

在养殖塘进行污染底质清除、覆盖工程之后,为恢复水系生态系统,通过种植具有净化水质作用的沉水、挺水及浮叶等水生植物的形式,使养殖塘内形成水生植物生态系统。

A. 水生植物的净化作用

a. 物理作用

植物根系能对颗粒态氮、磷进行吸附、截留和促进沉降。漂浮植物发达的根系与水体接触面积很大,能形成一道密集的过滤层。当水流经过时,不溶性胶体会被根系吸附或截留。与此同时,黏附于根系的细菌在进入内源呼吸阶段后会发生凝聚,把悬浮性的有机物和新陈代谢产物沉降下来。

b. 微生物作用

植物发达的根系不但为微生物的附着、栖生、繁殖提供了场所,而且还能分泌一些有机物促进微生物的代谢。一方面,微生物能将污水中的有机态氮、磷和非溶解性氮、磷降解成溶解性小分子,继续被植物体吸收利用;另一方面,由于在水生高等植物根系存在富氧与缺氧区,为微生物脱氮过程提供了良好的微环境条件;一部分氨氮和硝态氮直接通过硝化-反硝化过程得以去除。因此,尽管微生物起着直接作用,但植物的生理代谢活动也是不可缺少的。

c. 吸收作用

氮、磷是藻类等浮游生物生长的最主要限制因子,水体中氮、磷的含量直接决定了藻类的繁殖速率;同样植物也可以直接吸收氮、磷,同化为自身的结构组成物质,但是与藻类相比,氮、磷在植物体内的储存更加稳定,较容易通过人工收获将其固定的氮、磷带出水体。

B. 水生植物选择

根据水深种植挺水和浮叶两种植物,挺水植物选择芦荻、香蒲、千屈菜、再力花等;浮叶植物选择睡莲、芡实等,具有良好的景观效果,是比较理想的首选植物。

3)水塘连通

在养殖塘的生态环境得到恢复,待水质逐渐好转后,进行水塘连通工程。主要是根据不同地段水塘的分布情况,利用其现有塘埂作为导流堰,合理打通和新建部分塘埂,使其互相串联,尽量增加其有效利用面积,提高其污染物净化效率,形成低污染水处理系统。

最后,就近将入湖河流、农灌沟渠回水、村落生活污水处理后出水等低污染水体引入多个塘形成的低污染水处理系统,通过其内生态系统形成的净化作用,降解、吸收水体中的营养物质,改善入湖水体的水质。

2. 鱼塘沉水植物种植优化技术[1]

该技术通过鱼塘内沉水植物种群的合理配置,构建结构完善、功能稳定、作用连续的良性循环生态系统,改良传统养殖塘沉水植物配置模式单一,以及水质调控稳定性差的缺陷。并利用沉水植物季节性生长规律,建立按时间、按密度有序轮种的方法,保障水质调控的连续性以及养殖对象摄食需要。即在冬季养殖塘整修消毒10天后,水温5℃以上时,开展伊乐藻移栽。按照2 m×3 m行间距扦插,扦插深度3~5 cm,移栽面积占池塘面积1/2~2/3。7月开始,分阶段移除养殖塘过量伊乐藻,为轮叶黑藻种植开展做好铺垫。并进行沉水植物的适时收割。

3. 养殖鱼塘原位、异位生态修复与养殖模式结合技术[1]

根据鱼塘养殖模式出水水量、水质波动、养殖对象水质要求,以及不同养殖对象的工艺特点,充分利用原位生态修复结合异位湿地生态处理技术,通过一定水力停留时间、水力负荷等参数优化设计,建立养殖模式和生态修复相结合的新模式,达到削减养殖池塘污染排放、提高水资源利用、实现水产养殖污染生态控制,并基本实现养殖水体循环利用的目的。

该技术将河蟹养殖塘设计成河蟹养殖过程中的原位生态修复塘和鱼塘等其他池塘养殖污水排放的异位湿地处理的场所,综合调控与合理利用水资源。利用原位结合异位湿地生态修复技术,通过水力停留时间 HRT 为 15~20 d,水力负荷为 0.05~0.06 m³/(m²·d)参数优化设计,削减养殖池塘污染排放,实现水产养殖污染生态控制及养殖水体循环利用。

5.3.4 生态防护林型缓冲带生态构建技术

太湖生态防护林型缓冲带长度 60.87 km,占太湖缓冲带总长度的 15.9%。其构建的适用技术包括生态防护林构建技术、绿篱隔离带构建技术、隔离林带生态草坪建设技术。

1. 生态防护林构建技术

在缓冲带内圈生态保护带实施退房、退田后,其内的人为干扰基本断绝,再通过生态系统的修复和完善,恢复其应有的生态功能。其中,根据基础条件的差异,对退田、退房后的土地着重进行生态防护林带的构建,并结合周边环境现状进行不同类型的生态防护林的建设。在基底整理之后,以乔木为主,灌木草被结合搭配的种植方式,构建复合系统的生态保护林带。

1) 构建原则

A. 生态效益优先,兼顾景观效益

工程的主要任务为改善太湖缓冲带的生态环境,恢复其应有的生态功能。因此防护林带的构建应以生态修复为主线。考虑到太湖位于长江三角洲的经济发达地区,在建设时应兼顾一定的景观效果。

B. 因地制宜,充分结合现状

太湖缓冲带涉及 2 省 4 市,情况较为复杂,在缓冲带构建时应充分考虑不同地段的实际情况,制定出相应的修复类型和修复方案。

C. 可操作性、实用性、可持续发展

充分考虑方案是否有实施的基本条件,技术是否可行,经济是否合理,是否便于管理,是否利于当地经济、环境的可持续发展。

D. 选择本土物种,并对其进行优化组合

物种的选择首先应保证全部为本土物种,在此基础上选择生长迅速,种植技术简单、易成活,根系发达,环境适应能力强,蓄水保水能力强的物种。并通过乔、灌、草各类植物的优化组合,使生态防护林带的生态、经济、景观效益最大化。

2)基底整理

A. 基底整理的目的

清退后的土地由于人为因素的影响,存在较多的拆迁建筑垃圾、人类遗留的生活垃圾、土质田埂和少量高差较大的陡坡、深坑。生态防护林带的构建需要良好的基底条件,以保证生态林的健康成长。因此,工程通过对清退后的土地进行基地整理,为生态防护林带的构建创造良好的生长条件。

B. 土地平整

田埂在原地拆除、抛填,将拆除后的泥土直接用于周边土地的平整,使拆除田埂后的基底高程与周边土地保持一致;对陡坡和深坑进行削坡和填坑,将削坡产生的土方用于填坑用土,土方做到平衡。通过田埂的拆除、削坡填坑的基底平整方式,消除不利于缓冲带构建的因素,营造适合于太湖缓冲带生态林建设的地形地貌。

C. 污染物清除与再利用

对大面积的植物秸秆,采用清除,运至缓冲带外进行堆肥等资源化利用;建筑垃圾部分作为场地平整的材料进行回收利用,营造适合生物生存的环境,对不能利用的建筑垃圾则全部清运至缓冲带以外进行处理;生活垃圾全部清除、运至缓冲带以外,采用焚烧、填埋等较安全的方法处理。

3)构建类型及工艺

太湖缓冲带总长度为 382.75 km,总面积约为 452.31 km²,涉及江苏、浙江共二省,无锡、苏州、常州、湖州四市。工程根据内圈缓冲带周边土地利用形式的不同,与其结合进行建设。如临近景区的部分将建设成景观型,临近村落的部分建设成经济型,原有的苗圃、果园建设成苗圃果园型,已有生态防护林带的,建设成自然植被型。具体生态防护林带构建方式如下:

A. 景观型

景观型生态防护林主要针对景区型以及生态防护林型缓冲带建设。太湖缓冲带内景点、公园较多,如苏州段缓冲带内的东山,无锡段缓冲带内的三国城、水浒城及鼋头渚等。为与周边景区协调一致,形成整体的景观效果,提高景区质量,将紧邻旅游景点的内圈生态保护带建设成景观型,在树种选择上注重其观赏性,减少人为景观痕迹,增加自然生态特点,在种植过程中严禁施用农药、化肥。

乔木:采用彩叶林、观赏林两种类型,见图 5-15。①彩叶林。树种配置上选用彩叶乔木树种,通过片植,形成大片彩叶景观效果。彩叶林树种选择本地树种。

②观赏林。树种配置上选用开花乔木,通过片植、点植等方式,构建鸟语花香的观赏林。观赏林的构建应充分考虑与周边环境相协调,减少人为景观痕迹,增加自然生态特点,在观赏林种植、维护过程中严禁施用化肥农药。观赏林的树种选用本地树种。

图 5-15　观赏林、彩叶林

灌木:采用观赏型。以彩叶灌木、花灌木为主,功能以观赏为主,种植方式以丛植和行列栽植为主。灌木种植设计时要注意各物种相互联系与配合,体现调和的构图,使其具有柔和、平静、舒适和愉悦的美感。观赏型灌木见图 5-16。

图 5-16　观赏型灌木示意图

草被:选择繁殖容易、易成活、生长较快的草种。

B. 经济型

经济型生态防护林主要针对农田型以及村落型缓冲带建设。太湖缓冲带内分布众多的村落,生态防护林带的构建应充分考虑其生态效益,同时,为降低农田清退对居民造成的经济损失,增加临近村落居民的经济收益,工程在紧邻村落的内圈,将生态防护林带建设成经济型。在养护和采摘过程中以不破坏缓冲带生态系统和生态功能为前提,严禁施用化肥农药,采用无害化替代措施除虫除害,进行科学管理。通过用材林和经济果木林等的建设,增加内圈生态保护带的经济效益。

乔木:采用用材林、经济果木林的形式。物种选择上选用具有一定经济价值的物种,不引用高污染、高施肥的树种。用材林分为一般用材林、纤维用材林、人造板和纸浆用材林等。采用片状布置,构建成片用材林。经济果木林选用本地树种,种植方式为草林混合,块状间种。用材林见图 5-17。

图 5-17　用材林建设示意图

灌木:主要采用具有一定经济价值的灌木物种,灌木种植方式以群植和行列栽植为主,使生态保护带在具有完善的生态功能的基础上,同时具有一定的经济收益。

C. 苗圃果园型

苗圃果园型生态防护林主要针对农田型缓冲带进行建设。缓冲带内圈部分地段种有苗圃和果园,苗圃内物种生长状态良莠不齐,部分存在树苗缺失现象。部分果园种植的果树品种,化肥、农药施用量大,化肥、农药残余随着地表径流漫流入湖,对太湖水体造成污染。

对苗圃型的内圈生态保护带,应保持其现有状态,加强养护管理,并对现有苗圃进行补植。补种缺失苗种。应注意严禁施用化肥、农药,避免对湖泊造成压力,污染湖水水质。

将果园内高污染、高施肥的树种进行清除,并结合果园所在位置周边情况,临近景区的部分建设成景区型,临近村落的部分建设成经济型生态防护林。将其建设成相应类型的生态防护林带。

D. 自然植被型

自然植被型生态防护林主要针对农田型缓冲带进行建设。太湖缓冲带内的部分地段已经建设有生态防护林带,如苏州、无锡地区。林木生长状态良好。对该类型内圈生态保护带,首先按照原有林地的种植间距对死亡树木进行补植。同时应加大管理养护力度,避免管护不善造成树木死亡。

内圈生态保护带的建设,是保护太湖的一项健康工程。当污水穿过 40 m 左右的林带,水中细菌含量大致可减少一半,随着流经林地距离的增大,污水中的细菌数量最多时可减少 90% 以上。内圈分布有村落、农田、坑塘等多种用地,结合太湖开发、产业结构调整的原则,加快推进生态防护林带工程的建设,可有效改善太湖缓冲带的生态环境,同时还具有景观效应。

在沿湖 200 m 范围内实施生态防护林建设工程,可不断优化缓冲带内的生态环境,使太湖缓冲带的污染负荷产生量及入湖量得到有效遏制,水质水环境得到明显改善。

2. 绿篱隔离带构建技术

绿篱隔离带是确定缓冲带核心地带的重要位置,其主要功能为确立内圈生态缓冲带的边界,同时增加了缓冲带内植被多样性。在太湖缓冲带的内圈生态保护带最外侧构建绿篱隔离带,将内圈与外圈绿色经济带进行分隔,以保证核心缓冲带的自然生态和谐稳定,有效隔绝不必要的人为干扰,保证缓冲带正常功能的发挥。其中,结合周边地区的实际情况,选择不同形式的绿篱带。如景区附近为配套周边景色,可选择景观效果较好的木篱,也可选择花色、植株较为鲜艳的植物篱;而村落和农田周边由于人为活动较多,则选用隔离效果较好,具有一定净化能力的植物篱;公路周边可选择较为稀疏的、植株高大的乔、灌木作为绿篱隔离带,既可起到一定的隔离效果和美化景观的效果,也可减少建设难度和成本。

1) 景观木篱

景观木篱主要针对景区型以及农田型缓冲带进行建设。外围为旅游景点的地段,可采用景观木篱的形式构建绿篱隔离带。

木篱利用木质材料构建隔离带,也可在木篱上配置藤本植物或在木篱一侧配置低矮绿篱物种。木质材料可构建成各种形式、图案的隔离带,同时与藤本植物和绿篱物种组合配置,景观效果较好。见图 5-18。

2) 植物篱

植物篱主要针对农田型、景区型、村落型以及生态防护林型缓冲带进行建设。对于外围为旅游景区或景点的地段,也可种植较鲜艳或景观效果好的植物用以构

图 5-18　木篱示意图

建绿篱隔离带,如竹篱,利用竹子构建隔离带,并在一侧配置一排低矮绿篱物种。此类植物篱具有较强的隔离效果,景观效果也较好,但需要定期人工维护。景观型植物篱见图 5-19。

图 5-19　景观型植物篱示意图

对于外围以农田、村落或城镇为主的地段,可种植较密集、隔离效果好的植物以构建绿篱隔离带。此类植物篱主要由木本植物或一些茎干坚挺、直立的草本植物组成,密集度较高,具有分散地表径流、降低流速、增加入渗和拦截泥沙等多种功能,在一些临路、视线较好的地段也可选择景观效果好的物种构建植物篱。农田型植物篱见图 5-20。

对于外围以公路为主的地段,以零散乔木和低矮灌木搭配种植的方式构建绿篱隔离带。此类植物具有除尘、固土、隔离噪声及美化环境等效果,且种植密度不需过密,从而可以降低隔离带的构建难度和成本。公路型植物篱见图 5-21。

图 5-20　农田型植物篱示意图

图 5-21　公路型植物篱示意图

3. 隔离林带生态草坪建设技术[2]

太湖岸边生态隔离林带是太湖缓冲带的主要土地利用形式之一,所占面积仅次于农田。隔离林带具有养分控制与防风固土的重要作用,可有效削减由农耕地进入湖泊 N、P 等物质的负荷。但目前多数防护林植被结构不合理,树种单一,杂草茂盛,茎藤缠绕,枯叶堆积,严重削弱了生态防护林带的主体生态功能,致使外源及系统产生的营养盐得不到有效降解而随径流进入湖泊。该技术选择生物量小、耐阴、株型低矮、固土能力强、功能与草坪类似、四季常青或三季常青、生命力旺盛、适应性强、抗逆性强、管理粗放的低碳植物类群,以替代目前生物量大、景观效果差、冬季丧失缓冲带生态保护区生态功能的林下杂草。主要通过在林下种植经预筛的红花酢浆草、白三叶、麦冬、马蹄金、狗牙根等地被植物,不同草坪草种建植模式具有不同的效果,林草复合带的建植大大降低了系统枯落物量。

5.3.5 景区型缓冲带生态构建技术

太湖景区型缓冲带长度 33.1 km,占太湖缓冲带总长度的 8.6%。适用技术包括景观水体生态净化技术和生态透水地面构建技术,其中景观水体生态净化技术作为污染控制措施减少污染物排放;生态透水地面构建技术作为对上游所来污染物有一定消纳功能的措施减少上游污染物入湖。

1. 景观水体生态净化技术

1) 水平潜流人工湿地净化技术[1]

在对绿化面积需求较大的景区区域建设水平潜流人工湿地,人工湿地按矩形规格设计,长宽比为 10:3,将其分成 10 个等分的湿地。深度为 0.5~0.7 m,依次铺设 1 mm 的防渗膜、0.5 m 的砾石填料层及表层土壤,上部种植具有良好净水功能的优良草坪植物黑麦草、蓝羊茅等。水生植物的高度不能过高,可选择性种植少量的美人蕉、菖蒲、千屈菜等,进一步加强人工湿地的可观赏性。既可以满足人工湿地的净水需要,又保证了现有的草坪景观。人工湿地需要两台流量为 10 m³/h 的进水泵,将闸口处河水提升人工湿地前端的配水装置,经配水装置调节流量后流入人工湿地,经过处理后,出水通过跌水平台最终流入景观水体内。

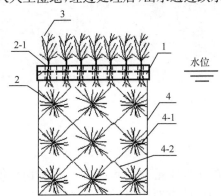

图 5-22　生态浮床结构图[13]
1. 浮床浮体框架;2. 竹炭浮床主板;
2-1. 竹炭片;3. 植物;4. 生物填料;
4-1. 植物纤维丝;4-2. 填料网绳

2) 组合生态浮床净化技术

在景区开阔水体水面设置生态浮床,浮框可用封闭的塑料管,承托网可用经过裹塑防锈处理的铁丝网,在浮框浮力作用下,承托网上部装填轻质净水填料陶粒等,下部挂设悬浮填料。铁丝网内种植水生植物,在浮床植物和两种类型填料的共同作用下,实现生态浮床的立体净水。生态浮床的具体布置形式灵活,可根据景观造景的需要来定,既可以挂于湖岸边,也可在固定装置固定下漂浮于湖中,形成人工浮岛。生态浮床结构见图 5-22。

2. 生态透水地面构建技术

景区新建、改建景观设施、园林绿地必须和缓冲带生态环境相协调,体现自然生态环境效果,并且新建绿地应采用下凹式绿地模式、道路广场采用透水地面技术,使景区具有一定的生态功能。

1) 下凹式绿地建设

下凹式绿地通过一定的结构形态配置,蓄渗部分或全部的雨水,达到暂存、缓存雨水的作用,对地表径流进行净化和过滤。同时,下凹式绿地可将大量固体悬浮物拦截在绿地内,其中部分污染物可转变成植物的营养物质。下凹式绿地下凹深度一般为 20~30 cm。下凹式绿地的形式多种多样,可建设为一条狭长的浅沟,也可建设成大面积的低洼地。浅沟可以是天然的也可由人工挖掘而成。主要是通过渠道的护肩和底部种植的茂密的植被来降低降雨径流速度,并通过截留雨水径流中的颗粒物、增强径流的下渗和降低径流的流速。下凹式绿地见图 5-23。

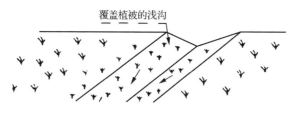

图 5-23　下凹式绿地(浅沟)示意图

2) 碎石床建设

碎石床是对低污染水进行净化处理的主要设施,可进一步削减氮磷等污染物的入湖量。在缓冲带内开挖净化用沟槽,在槽内填充碎石、生态砾石或腐殖土等填料,对地表径流污染进行深度处理。在净化过程中,水与污染物分离,水被渗滤后排入湖中,污染物通过物理化学吸附作用被截留在土壤中,由土壤中的微生物降解,一部分被分解成为无机 C、N 留在土壤中,一部分变成 N_2 和 CO_2 逸散在空气中,P 则主要被土壤物理化学吸附,截留在土壤中,为净化系统上部的植被单元的植物吸收利用。

3) 生态拦截带

生态拦截带是通过恢复灌草系统的建设,拦截雨水携带的污染物,起到控制缓冲带外面源污染的作用。生态拦截带适用于渗透性低的黏土或亚黏土,地面最佳坡度为 2%~5%。生态拦截带不仅可以减少表面径流形成后水流对地表的冲蚀,保持水土,减弱侵蚀,还可以通过拦截过滤去除雨水径流中的悬浮颗粒物,氮磷等营养元素则渗透到土壤后被植物根系吸收利用。

4) 生态塘技术

生态塘技术是利用水生植物和水生动物的净化能力,有效降解来水中的有机污染物和生物营养物质的修复技术。当低污染水在池塘内流过和停留时,通过生物的代谢活动,水中的有机污染物和生物营养物质被生物吸收,水质得到改善。可用于处理河流水、沟渠水或污水处理厂出水的净化,生态塘可以现挖,也可以利用现有的低洼地构建。生态塘主要通过稀释、沉淀和絮凝作用、微生物的代谢作用、浮游生物和水生植物的作用来达到净化水质的目的。

5）路面促渗

路面促渗主要是指各种人工铺设的透水性地面，如多孔嵌草砖、碎石地面、渗透性多孔沥青、渗透性多孔混凝土、生态混凝土路面等，利用增强地面的雨水渗透能力来减缓降雨径流的形成强度或推迟降雨径流的形成时间，同时对降雨径流起到过滤净化作用。草皮砖、多孔沥青或生态混凝土地面是目前常用的路面促渗技术。

草皮砖是带有各种形状空隙的混凝土块，开孔率可达 20％～30％，因在空隙中可种植草类而得名。至今在国内外均已被广泛使用，多用于城区各类停车场、生活小区及道路边。它除了有渗透雨水的作用，还有美化环境的效果。草皮砖地面因有草类植物生长，能更有效地净化雨水径流及调节大气温度和湿度，它对于重金属如铅、锌、铬等也有一定去除效果。

5.4　太湖缓冲带总体构建方案

5.4.1　内圈生态保护带构建

内圈生态保护带是指太湖法定最高蓄水水位线以上 50～200 m 不等的范围。内圈生态保护带作为距离太湖水域最近的区域，其生态功能的完善对太湖水体的健康与否有着十分重要的作用。内圈生态保护带是太湖缓冲带的核心部分，由于直接临湖，其内产生的污染物缓冲时间和空间较小，污染物入湖率较高，对湖泊水体影响十分严重。针对内圈生态保护带独特的位置、环境现状，在内圈遵循严要求、强净化的原则进行规划，实施退塘、退田、退房“三退”工程、生态防护林带构建工程、水塘生态改造工程、绿篱隔离带建设工程。内圈生态保护带生态构建见图 5-24。

“三退”工程的实施可有效清除人为干扰，减少沿湖农村、城镇及景点对太湖的污染，有效改善缓冲带生态环境。

生态防护林带构建工程是将退田、退房后空出的土地进行生态防护林带的建设，以保障缓冲带生态功能的充分发挥，并根据不同地段临近区域的现状，将生态防护林分别建设成景观型、经济型、苗圃果园型和自然植被型。

水塘生态改造工程是对内圈生态保护带内清退的养殖塘进行污染底质处理、植物恢复，并将其建设成低污染水处理系统，与就近河流、农灌沟、村落生活污水处理后的出水连接起来，对河水、农田回灌水、生活污水处理出水等低污染水进行处理。

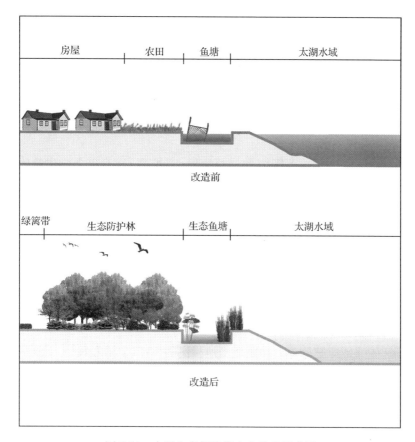

图 5-24　内圈生态保护带生态构建示意图

　　在内圈最外侧建设绿篱隔离带,将内圈与外圈绿色经济带进行分隔,保证核心缓冲带的自然生态不受影响,有效隔绝人为干扰,保证内圈生态保护带不受外圈带内的人为活动影响,确保生态系统自然演替,自然恢复,保证缓冲带正常功能的发挥。

　　通过上述四大工程的实施,使内圈生态保护带不仅成为污染得到控制的清洁带,同时对外圈绿色经济带漫流而来的低污染水进行截留净化,去除缓冲带内的人为干扰和沿湖内圈的污染源,恢复太湖缓冲带的生态系统结构和功能。

　　1."三退"工程

　　对内圈生态保护带(沿湖 200 m 不等的范围)内的农田、房屋、鱼塘等实施清退,并控制外围的村落、景区、城镇等生活污染。最终彻底清除内圈生态保护带内的人为干扰及各种不合理侵占,为缓冲带的生态修复奠定基础,减少周边污染物的入湖量。"三退"工程实施后,土地补偿办法可考虑结合国内部分地区目前实行的土地流转补偿法对缓冲带内退出的农田、房屋和养殖塘的户主进行适当的补偿。

为使太湖缓冲带"三退"工程顺利、圆满地完成,在资金方面:将争取更多的国家、省及相关部门的资金支持与地方政府多渠道自筹资金;在具体运行方面:将建立适合于太湖缓冲带的土地流转机制;在宣传方面:加大力度宣传太湖环境保护对当地人民生命财产的重要性,从而减少"三退"工程实施过程中的阻力。

1) 退房

内圈沿湖 200 m 不等范围内的村落房屋、宾馆酒店、工业企业建筑物全部拆除,仅保留道路、公园、绿地、广场等一些基础设施并对其进行生态改造。

大型景区保留,如三国城、水浒城等,须加强管理,强化污水垃圾的收集处理,做到零排放。

① 村落房屋拆迁后,需进行安置,安置时应遵循以下原则:

a. 优先考虑在原区内安置,就近选址

搬迁村民在村中多有亲属、熟人,为了生产生活的方便,应该优先考虑在原村、原区中进行安置,就近选址。

b. 有利生产、方便生活

安置区的选址应充分尊重和照顾当地村民的生产、生活和风俗习惯,同时考虑居民生活方便的因素,安置点选址尽量靠近主要道路、集市,方便出行。

c. 确保安全

对安置区选址应进行科学勘察,必须避免新址处于泥石流、水灾、火灾威胁地带,确保村落的安全。

d. 生态可行,经济可行

安置区的选址需要考虑村落与周围生态环境的和谐,同时需要认真进行安置区建设方案比选,选择低费用、高效益的方案。

e. 与流域未来发展定位相协调

安置区位于太湖流域内,需要考虑与未来流域经济发展、产业结构调整、城镇整体规划相一致。太湖缓冲带内的村庄拆迁安置应综合考虑安置区现有房屋布局、安置规模、可建设用地及周边生产生活设施状况,并结合太湖流域的城镇布局总体规划进行,要有整体的观念,既要有利于太湖的保护,又不能损害村民的利益。

② 工业企业拆除厂区建筑物,进行异地安置;将位于内圈生态保护带范围内的宾馆酒店的建筑物予以拆除,进行异地重建。

拆除过程中产生的生活、建筑垃圾应及时清运,以免其进入太湖,造成水体污染,湖水水质下降。

此外,应对房屋工厂拆迁区域内的生活、生产及建筑垃圾进行清理,实施清污工程,避免其进入太湖,造成水体污染,水质下降。遵循资源化的原则,根据退房工程区域内的情况,固体废物处理应尽可能就地利用和转化,同时结合当地生产、生活需要,就近回收利用,造福当地;只有无法利用的剩余废物,才考虑外运利用、处理或堆积填埋。

2) 退田

内圈生态保护带内有大面积的农田,不仅破坏了湖滨地带的生态系统,使缓冲带作为湖泊天然保护带的功能逐步丧失。而且,由于大量化肥农药的使用,加上当地水网纵横的地理条件,使得产生的面源污染入湖率较高,对太湖水质产生的影响较大。

因此全面构建太湖 382.75 km 的缓冲带,必须对内圈生态保护带内的农田清退,杜绝其内污染物的产生源头,并为缓冲带内圈的生态建设腾出空间,以利于太湖缓冲带生态功能的恢复。

对太湖沿岸位于内圈生态保护带(沿湖 200 m 范围)内的耕地实施清退,将清退后的农田作为生态防护林带的建设用地。同时对退田所涉及农户给予一定的补助,减少农民因失地而造成的经济损失。

3) 退塘

太湖流域盛产水产品,其周边有大量的鱼虾蟹等养殖塘,由于平原水网相互连通,养殖污染对太湖的影响也较为严重。工程将内圈生态保护带范围内的蟹塘、鱼塘等养殖塘进行全面清退,清退后进行疏挖和生态恢复。并根据国家相关规定对蟹塘、鱼塘的所有者给予一定的经济补助,减少退塘造成的经济损失。

根据太湖各个区段现状情况,对不同区域进行程度不同的退房、退田、退塘工程。具体各段"三退"工程清退面积见表 5-1。

表 5-1　"三退"工程清退面积表

序号	"三退"区段	清退类型	清退面积	备注
1	无锡滨湖区段	退房	0.72 km²	用于缓冲带生态防护林和低污染水处理系统的建设
		退田	0.25 km²	
		退塘	0.52 km²	
2	苏州吴中区段	退塘	1.2 km²	将内圈范围内的水塘清退后进行生态改造,建设低污染水处理系统
3	苏州吴江市区段	退塘	1.69 km²	水塘清退后进行生态改造,建设低污染水处理系统
4	湖州吴兴区段	退房	0.54 km²	原农田和村落的土地用于生态防护林带的建设;水塘进行生态改造,建设低污染水处理系统
		退田	1.42 km²	
		退塘	——	

续表

序号	"三退"区段	清退类型	清退面积	备注
5	湖州长兴县段	退房	0.3 km²	清除人为干扰,建设生态防护林和湿地系统
		退田	0.34 km²	
		退塘	—	
6	无锡宜兴市段	退房	0.1 km²	清退河头村、红湖村和陈墅村的部分房屋 清退后进行生态改造
		退田	0.5 km²	
		退塘	0.48 km²	
7	常州武进区段	退房	0.05 km²	对污染较大的工业企业进行搬迁,旅游度假区等进行合理监管
		退田	0.07 km²	
		退塘	0.18 km²	

2. 生态防护林带构建工程

实施"三退"工程后,其内的人为干扰基本消除,再通过生态系统的修复和完善,恢复其应有的生态功能。生态防护林带构建工程是将退田、退房后空出的土地进行生态防护林带的建设,以保障缓冲带生态功能的充分发挥,并根据不同地段临近区域的现状,将生态防护林分别建设成景观型、经济型、苗圃果园型和自然植被型。具体各段工程实施内容见表 5-2。

表 5-2　生态防护林带构建工程实施范围

序号	生态防护林带构建工程区段	生态防护林带建设或改造工程内容
1	无锡滨湖区段	生态防护林带建设工程:将退房退田的用地用以建设生态防护林,涉及建设用地 0.97 km² 生态防护林带改造工程:对 8.49 km² 的林地果园进行改造,使其形成生态防护林
2	苏州高新区段	已建设生态防护林带,只需实施生态林防护林带的改造工程,改造面积 4.5 km²,并加强管理和监督工作
3	苏州吴中区段	本段缓冲带内圈已建设生态林带,改造面积 10 km²,只需对生态林加强管理和保护
4	苏州吴江市段	生态防护林带改造工程:对原有的 1.33 km² 林地果园进行改造,减少低附加值的植物种类,改种少施肥的树种,减少污染物产生量
5	湖州吴兴区段	生态防护林带建设工程:将清退后的农田、村落的土地进行基底整理,种植当地的乔木、灌草,形成乔-灌-草复合系统。种植面积: 1.96 km² 生态防护林带改造工程:对本段内已存在的果园进行改造,清除高施肥、高污染的果树,面积 0.58 km²

续表

序号	生态防护林带构建工程区段	生态防护林带建设或改造工程内容
6	湖州长兴县段	生态防护林带建设工程:将清退后的农田、村落的土地,建设生态防护林,种植面积 0.64 km² 生态防护林带管护工程:因本段沿湖已建有生态林,方案建议对其加强管理、养护,并对疏林地进行补种;对已有的果园进行改造,清除高污染的果树,种植生态树种 1.31 km²
7	无锡宜兴市段	生态防护林带建设工程:对实施"三退"后的用地进行基底整理,并种植本部的乔木、灌木及草被,撒播草籽,形成层次分明、高低错落有致的乔-灌-草复合系统。工程面积 0.6 km² 生态防护林带改造工程:对现有的苗圃、果园的进行生态改造,补种生态树种,并扩大范围,其成林后要加强管理和维护。工程面积 4.23 km²
8	常州武进区段	生态防护林带建设工程:对 X317 沿线已经实施"三退"的用地进行基底整理,工程总面积为 0.12 km²

3. 水塘生态改造工程

水塘生态改造主要针对养殖塘型以及农田型缓冲带进行建设。对内圈生态保护带内清退的养殖塘进行污染底质处理、植物恢复,并将其建设成低污染水处理系统,并与就近河流、农灌沟渠、村落生活污水处理后的出水连接起来,对河水、农田回灌水、生活污水处理出水等低污染水进行处理。水塘生态改造工程主要针对无锡滨湖区段、苏州吴中区、苏州吴江市段、无锡宜兴市段和常州武进区段。具体各段工程实施内容见表 5-3。

表 5-3　水塘生态改造工程

序号	水塘生态改造工程区段	水塘生态改造工程内容
1	无锡滨湖区段	对退塘之后的用地,用于建设湿地,处理面源低污染水,湿地建设面积 0.52 km²
2	苏州吴中区段	水塘生态改造工程建设面积 0.9 km²
3	苏州吴江市段	水塘生态改造工程建设面积 1.69 km²
4	无锡宜兴市段	对清退的各种养殖塘进行生态改造,清除其底质污染物,或者利用沙土进行覆盖,避免污染物质释放。种植沉水、挺水及浮叶等植物,恢复其原有的生境,形成自然的生态循环系统。工程总面积为 0.18 km²
5	常州武进区段	对清退的各种养殖塘进行生态改造,清除其底质污染物,或者利用沙土进行覆盖,避免污染物质释放。种植沉水、挺水及浮叶等植物,恢复其原有的生态环境,形成自然的生态循环系统。工程面积为 0.18 km²

4. 绿篱隔离带构建工程

在内圈最外侧建设绿篱隔离带,将内圈与外圈绿色经济带进行分隔,保证核心缓冲带的自然生态不受影响,有效隔绝人为干扰,保证内圈生态保护带不受外圈绿色经济带内的人为活动影响,确保生态系统自然演替,自然恢复,保证缓冲带正常功能的发挥。其中,结合周边地区的实际情况,选择不同形式的绿篱带。如景区附近为配套周边景色,可选择景观效果较好的木篱,也可选择花色、植株较为鲜艳的植物篱;而村落和农田周边由于人为活动较多,则选用隔离效果较好,具有一定净化能力的植物篱;公路周边可选择较为稀疏的、植株高大的乔、灌木作为绿篱隔离带,既可起到一定的隔离效果和美化景观的效果,也可减少建设难度和成本。

绿篱隔离带在无锡滨湖区段、苏州吴江市段、湖州吴兴区段、湖州长兴县段和无锡宜兴市段建设。具体各段工程实施内容见表5-4。

表 5-4　各区段绿篱隔离带构建工程

序号	绿篱隔离带构建工程区段	绿篱隔离带构建工程内容
1	无锡滨湖区段	为隔绝人为干扰,本段设置植物篱总长 48.6 km
2	苏州吴江市段	本段缓冲带城镇化程度较高,人为干扰对太湖生态影响严重,建设植物篱长度为 8.1 km
3	湖州吴兴区段	本段缓冲带内无山体,旅游景区较少,因此隔离带均设农田、公路型植物篱,总长度为 23.85 km
4	湖州长兴县段	建设植物篱 28.9 km
5	无锡宜兴市段	此段建设植物篱 18 km。隔离林带生态草坪 0.3 km^2

5.4.2　外圈绿色经济带构建

外圈绿色经济带范围较广,是太湖缓冲带的重要组成部分,担负着削减外围污染的重要使命。外圈绿色经济带范围内分布有大量的村落、农田,连片的养殖塘,以及为数众多的工业企业和旅游景点,土地利用形式多种多样,情况较为复杂。其内污染源较多,对湖泊水体水质产生的影响较大,因此外圈缓冲带的构建应在削减自身污染的基础上,建立起控制外围污染的系统体系。针对外圈绿色经济带的环境现状,工程根据外圈绿色经济带不同类型的特点,分别制定相应的工程措施,改善环境状况,减少污染源的产生,构建绿色、生态的经济带。通过外圈绿色经济带的构建,全面发展清洁生产、循环经济,实施生态修复,减少污染物排放量。

本区域包括缓冲带内的大部分农田、村落、鱼塘、水系,还有众多的工业企业,是太湖缓冲带的主要组成部分。其构建主要内容有建设绿色村落、清洁田园、绿色养殖塘、生态旅游、工业企业污染整治、河网水质强化净化与生态修复等,促进流域清洁生产、循环经济的发展,使外圈最大限度地形成一个生态、清洁的绿色区域。外圈绿色经济带构建方案见图5-25。

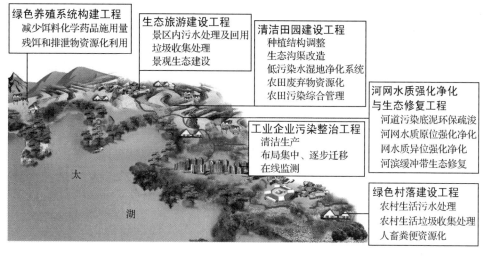

绿色养殖系统构建工程
减少饵料化学药品施用量
残饵和排泄物资源化利用

生态旅游建设工程
景区内污水处理及回用
垃圾收集处理
景观生态建设

清洁田园建设工程
种植结构调整
生态沟渠改造
低污染水湿地净化系统
农田废弃物资源化
农田污染综合管理

河网水质强化净化与生态修复工程
河道污染底泥环保疏浚
河网水质原位强化净化
网水质异位强化净化
河滨缓冲带生态修复

工业企业污染整治工程
清洁生产
布局集中、逐步迁移
在线监测

绿色村落建设工程
农村生活污水处理
农村生活垃圾收集处理
人畜粪便资源化

太湖

图5-25　外圈绿色经济带构建方案示意图

绿色村落建设工程主要针对农田型以及村落型缓冲带进行建设。绿色村落建设是通过对村落生活污水、生活垃圾、人畜粪便等污染进行全面控制和治理,实施村容村貌整治与生态文明建设,全面建设清洁家园,减少农村生活污染物入湖量。太湖缓冲带外圈绿色村落建设主要包括农村生活污水处理、农村生活垃圾收集处理、人畜粪便资源化等工程。

清洁田园建设工程主要针对农田型缓冲带进行建设。太湖缓冲带外圈绿色经济带内分布着大面积农田,不合理的种植方法导致大量化肥、农药流失,是太湖水体的主要污染源。太湖缓冲带清洁田园及低污染水处理系统建设包括种植结构调整、生态沟渠改造、低污染水湿地净化系统、农田废弃物资源化、农田污染综合管理等5项工程措施。通过上述工程实施,全面控制农田面源污染,减少化肥农药的使用和流失,净化农田低污染水,降低农田面源污染的入湖量,达到保护太湖水体的目的。

绿色养殖系统构建工程主要针对太湖外圈范围内众多养殖塘进行建设,由于饵料、化学药品的投放使用,使塘内的污染物含量较高,换水过程中通过水网进入太湖,污染物入湖率高。工程通过发展绿色水产养殖,减少饵料化学药品施用量,将残饵和排泄物进行资源化利用,形成绿色养殖系统。

河网水质强化净化与生态修复工程是针对太湖缓冲带河网水系分布特征及水环境现状,遵循现有的河道现状,尽量保持区域内原有的生态水系布局及水面率,保留现有原生态堤岸和断头浜,采取河道污染底泥环保疏浚技术、河网水质原位强化净化技术、河网水质异位强化净化技术以及河滨缓冲带生态修复技术等技术及技术集成,减少河道底泥污染,打通骨干河流内部以及与邻近河网的水体阻隔,增强片区水网水体间的流动性,改善缓冲带内河网水体水质,同时通过河滨缓冲带生态修复,恢复河滨缓冲带的生态功能。

生态旅游建设主要针对景区型缓冲带进行建设。太湖缓冲带外圈分布较多的景区,景区内产生的污水、垃圾产生量大,收集处理系统不够完善。太湖缓冲带外圈生态旅游建设包括景区内污水处理及回用、垃圾收集处理、景观生态建设 3 项工程。使旅游污染零排放,并对原景区进行生态改造,打造生态旅游新模式。

工业企业污染整治工程是对工业企业生产产生的废水、废气、固体废弃物必须进行净化处理,按照国家产业结构调整政策,倡导企业由高能耗高污染的生产模式转向清洁生产模式,在缓冲带外建设集中式工业园区,对缓冲带内的企业逐步搬迁至缓冲带外工业园区,并对大型排污企业安装在线监控系统确保污水达标排放,对小型污染企业严查与限期整改关闭。

1. 绿色村落建设工程

绿色村落建设工程主要针对农田型以及村落型缓冲带进行建设。绿色村落建设是通过对村落生活污水、生活垃圾、人畜粪便等污染进行全面控制和治理,实施村容村貌整治与生态文明建设,全面建设清洁家园,减少农村生活污染入湖量。太湖缓冲带外圈绿色村落建设主要包括农村生活污水处理、农村生活垃圾收集处理、人畜粪便资源化等工程。在七段工程区中都不同程度地实施绿色村落建设工程。具体各段工程实施内容见表 5-5。

表 5-5　绿色村落建设工程

序号	绿色村落建设工程区段	绿色村落建设工程内容
1	无锡滨湖区段	马山镇 7 个村落建设土壤净化槽 7 座,增设垃圾池 23 座,垃圾车 2 辆
2	苏州高新区段	①完善 14 个村落污水收集管网及配套设施,收集村落污水进附近的污水处理厂进行集中处理 ②增建 43 个垃圾池,并增设 6 辆垃圾车
3	苏州吴中区段	①完善 17 个村落污水收集管网配套设施,收集村落污水进附近的污水处理厂进行集中处理 ②在 17 个村落增建 50 个垃圾池,并增设 6 辆垃圾车
4	苏州吴江市段	①完善七都镇 8 个村落污水收集管网配套设施,收集村落污水进附近的污水处理厂进行集中处理;在七都镇沈家湾村进行生活垃圾与生活污水共处置新型沼气池示范工程建设,建设新型沼气池 2 座 ②在 15 个村落增建 40 个垃圾池,并增设 3 辆垃圾车

序号	绿色村落建设工程区段	绿色村落建设工程内容
5	湖州吴兴区段	①在织里镇、环渚乡两个乡镇 8 个村落分别建设塔式蚯蚓生物滤池 3 座,土壤净化槽 5 座 ②在 17 个村落增建 45 个垃圾池,并增设 4 辆垃圾车
6	湖州长兴县段	在洪桥镇太湖村、潼桥村 2 个村落进行生活垃圾与生活污水共处置新型沼气池示范工程建设,建设新型沼气池 4 座
7	无锡宜兴市段	①完善周铁镇、新庄镇、丁蜀镇 3 镇,周铁村、下邾村、洪巷村、双桥村等 10 个村落污水收集管网配套设施,收集村落污水进附近的污水处理厂进行集中处理;在周铁镇、丁蜀镇 2 镇,徐溇村、中新村、洑东村、大港村等 11 个村落建设土壤净化槽 7 座,建设立体循环—一体化氧化沟＋生态滤池污水集中处理设施 4 座 ②在 23 个村落增建 69 个垃圾池,并增设 6 辆垃圾车

2. 清洁田园建设工程

清洁田园建设工程主要针对农田型缓冲带进行建设。太湖缓冲带外圈绿色经济带内分布大面积农田,其大量化肥、农药流失,是太湖水体的主要污染源。太湖缓冲带清洁田园及低污染水处理系统建设包括种植结构调整、生态沟渠改造、低污染水湿地净化系统、农田废弃物资源化、农田污染综合管理等 5 项工程措施。通过上述工程实施,全面控制农田面源污染,减少化肥农药的使用和流失,净化农田低污染水,降低农田面源污染的入湖量,达到保护太湖水体的目的。

清洁田园建设工程在无锡滨湖区段、苏州高新区段、苏州吴中区段、湖州长兴县段实施。具体各段工程实施内容见表 5-6。

表 5-6　清洁田园建设工程

序号	清洁田园建设工程区段	清洁田园建设工程内容
1	无锡滨湖区段	对马山镇 3000 亩农田进行种植结构调整,农田废弃物资源化,农灌渠改造;农田低污染水湿地净化系统建设,其中湿地建设面积共 1.5 km²
2	苏州高新区段	对东渚镇农田进行种植结构调整面积 5000 亩,农灌渠改造面积 2000 亩
3	苏州吴中区段	开展稻麦轮种型农田流失氮磷梯级利用与生态拦截削减技术研究与示范,建设多生境原位处理设施处理稻麦轮种初期地表径流,示范区面积 1000 亩
4	湖州长兴县段	对夹浦镇、雉城镇 7000 亩农田进行种植结构调整;建设模块化生物接触氧化-生态滤池 2 处;进行农灌渠改造;实施农田废弃物资源化

3. 绿色养殖系统构建工程

主要针对养殖塘型缓冲带和农田型缓冲带进行建设。太湖外圈绿色经济带内有较多养殖塘,由于饵料、化学药品的投放使用,塘内的污染物含量较高,换水过程中通过水网进入太湖,污染物入湖率高。工程通过发展绿色水产养殖,减少饵料化学药品施用量,将残饵和排泄物进行资源化利用,形成绿色养殖系统。

绿色养殖系统构建工程在无锡滨湖区段、苏州高新区段、苏州吴中区段、苏州吴江市段、湖州长兴县段和常州武进区段实施。具体各段工程实施内容见表5-7。

表 5-7 绿色养殖系统构建工程

序号	绿色养殖系统构建工程区段	绿色养殖系统构建工程内容
1	无锡滨湖区段	建设原位生态修复塘 2 处,建设面积共 800 亩
2	苏州高新区段	建设原位生态修复塘 3 处,面积 7000 亩;减少饵料投放,提高饵料使用率,倡导施用新型饵料
3	苏州吴中区段	建设原位生态修复塘,面积为 50 000 亩;建设养殖污水异位净化湿地 50 处,面积共 1500 亩;冬歇期对塘进行干池清整,清除过多淤泥;同时减少饵料投放,提高饵料使用率,倡导施用新型饵料
4	苏州吴江市段	建设原位生态修复塘,面积为 10 000 亩;建设养殖污水异位净化湿地 25 处,面积共 500 亩;冬歇期对塘进行干池清整,清除过多淤泥;同时减少饵料投放,提高饵料使用率,倡导施用新型饵料
5	湖州长兴县段	减少饵料投放,提高饵料使用率,倡导施用新型饵料
6	常州武进区段	对饵料进行科学配比,从而减少饵料投放

4. 河网水质强化净化与生态修复工程

河网水质强化净化与生态修复工程主要针对村落型缓冲带进行。太湖缓冲带范围内河网密集,与大堤平行河流和入湖河流交叉分布,区域内断头浜数目纵多,断头浜是平原水网地区重要的水源补充、涵养区域,对补给平原地区水网水源起着重要作用,针对缓冲带河网水系分布特征及水环境现状,采用河流水质强化净化技术对现有河流进行生态修复,尽量保持区域内原有的原生态水系布局,及水面率,保留现有原生态堤岸和断头浜,同时加强监督管理,防止人为破坏。

河网水质强化净化与生态修复工程主要在湖州吴兴区段、湖州长兴县段和无锡宜兴市段实施。具体各段工程实施内容见表5-8。

表 5-8　河网水质强化净化与生态修复工程

序号	河网水质强化净化与 生态修复工程区段	绿色养殖系统构建工程内容
1	湖州吴兴区段	①对该段沿太湖大堤的人工河进行底泥环保疏浚共 5000 延米，并铺设生态浮床 5000 m²，生态填料 4000 m²，增设曝气增氧设施 9 个，建设生态砾石床 2 座，占地面积 2000 m²，处理水量 8000 m³。并对河岸进行河滨缓冲带生态建设，构建长度 9 km ②对大钱港、幻楼港 2 条入湖河流河岸进行浆砌块石驳岸建设，大钱港建设长度 300 m，幻楼港建设长度 270 m，修复河岸生态系统
2	湖州长兴县段	对河滨缓冲带进行生态透水植被带构建，建设下凹式绿地，构建多自然乔灌草带，建设面积 3000 m²
3	无锡宜兴市段	①在漕桥河沿河长度 500 m 以内植被覆盖率低、生态功能较差的河岸以自然生态驳岸、浆砌块石驳岸相结合的方式进行建设，建设长度 1 km ②该类型缓冲带内沟渠和断头浜数目众多，保留现有原生态堤岸和断头浜，对沟渠和断头浜进行管理与保护

5. 生态旅游建设工程

生态旅游建设主要针对景区型缓冲带进行建设。太湖缓冲带外圈分布较多的景区，景区内产生的污水、垃圾产生量大，收集处理系统不够完善。太湖缓冲带外圈生态旅游建设包括景区内污水处理及回用、垃圾收集处理、景观生态建设 3 项工程。使旅游污染零排放，并对原景区进行生态改造，打造生态旅游新模式。

生态旅游建设工程主要在无锡滨湖区段和苏州吴中区段实施。具体各段工程实施内容见表 5-9。

表 5-9　生态旅游建设工程

序号	生态旅游建设工程区段	生态旅游建设工程内容
1	无锡滨湖区段	建设生态透水地面 1.5 km²，同时加强环保管理
2	苏州吴中区段	建设生态透水地面 1.0 km²，同时加强环保管理

1）无锡滨湖区段

无锡滨湖区段缓冲带内有大量酒店、高尔夫球场、疗养院等休闲娱乐场所，加强其环保管理，使其污水做到循环利用，达到零排放。

2）苏州吴中区段

苏州吴中区段缓冲带内以经营餐馆、酒店、娱乐设施等为目的从事旅游活动的缓冲带区域，人类活动密集、频繁，产生的污染量大，对此区域加强其环保管理，使其污水做到循环利用,达到零排放。

6. 工业企业污染整治工程

太湖周边工业发达,缓冲带内工业企业众多,根据污染源普查结果显示,缓冲带内大型企业达2000余家,污染物排放量巨大,致使污染物入湖量增大,加重太湖污染,破坏生态环境。因此需要对缓冲带内的工业企业进行综合整治并加强管理,严格控制其排污量。

按照国家产业结构调整政策,倡导企业由高能耗高污染的生产模式转向清洁生产模式,在缓冲带外建设工业园区,将缓冲带内的企业逐步搬迁至缓冲带外的工业园区,并对大型排污企业安装在线监控系统确保污水达标排放,对小型污染企业严查与限期整改关闭。

(1) 流域内工业企业废水控制方案具体如下:

① 对没有水处理设施的企业限期投资建设,水处理设施老化的企业应对其进行改造。针对各工业企业的污染物特点,设计合理的废水处理工艺,使其废水经处理达到国家允许排放标准,且能够循环使用。对不达标排放又长期得不到解决的企业,实行挂牌督办。

② 对于已建设污水处理设施的企业,安装污水在线监测系统,实时检测污水出水水质,确保污水达标排放。

③ 小型污染企业要限期整改,不能达到整改要求的予以关闭。

④ 严格考核检查,加大责任追究力度。对重点工业加大行政执法力度,严查各种环境违法行为,避免废水偷排、漏排现象。对流域内主要工业企业的废水排放进行严格管理,通过严格执法,迫使企业加大环保投入。

(2) 保障措施:

① 产业政策措施。加快环保型工业组团建设。基于生态保护和可持续发展的要求,实施工业产业空间布局优化调整。通过工业组团的建设与扩建,以"政府主导、市场化运行、公司化运作、专业化管理"的方式,建立统一的投融资平台,借助政策扶持,鼓励社会各类资金参与组团的基础设施投资,不断完善组团的道路、管网工程、污水处理及配套设施。制定实施强有力的产业调整和产业引导政策,加大产业整合和企业重组力度。抓实项目开发,迅速扩大产业规模。形成"以大项目带动大企业、以大企业带动大产业、以大产业带动大就业"的滚动发展格局。

② 技术保障措施。推进企业创新。有选择地推进原始创新,突破产业和产品的关键与核心技术,获取一批自主知识产权,提升和优化产品结构,实现经济增长方式的根本性转变。发展节能环保和循环经济模式。提高资源的综合利用率。

③ 资源引进措施。应积极而有选择地引进人才、资金、技术等产业发展资源,培育形成更多的高科技企业和节能环保产业。可以充分发挥产业发展的后发优

势,依托太湖流域国内国际影响效应和得天独厚的自然环境、气候条件,积极开展对外经济交流和要素流动,大规模吸引社会投资和外来投资,引进发达国家和先进地区的资金、技术、管理、人才等生产要素,推动"外源型"工业发展。

(3) 工业企业污染整治工程在无锡滨湖区段、苏州高新区段、苏州吴中区段、苏州吴江市段和无锡宜兴市段实施。

① 无锡滨湖区段。对于在工业园区内的企业,严格执行环境标准,对不达标的企业予以警告和处分,屡次不履行环保标准的一律要求其搬出缓冲带。对于不在工业园区的企业,应加强监督,如不履行环保标准要求其搬离缓冲带。

② 苏州高新区段。该区段内工业企业多集中于望亭镇的宅基村、迎湖村的工业区,对其进行统一管理,对污染严重的企业进行定期抽查,出水水质长期不达标的企业,责令其撤出缓冲带。

③ 苏州吴中区段。该区段内工业企业多分布在工业园区内,对其进行统一管理,对污染严重的企业进行定期抽查,出水水质长期不达标的企业,要求其搬离缓冲带。

④ 苏州吴江市段。由于企业距离太湖较近,产生的污染得不到充分的处理就随河流进入太湖,对太湖的水质造成极大的危害,因此对工业企业加大环保监督,对排污不达标企业严格要求,要求其搬离缓冲带。

⑤ 无锡宜兴市段。对 4 家工业企业实施污染整治工程,改善其生产环境,从源头减少其排污量的同时,加强其管理和污染治理力度,总体减少其污染物排放量。

参 考 文 献

[1] "十一五"水专项太湖富营养化控制与治理技术及示范工程项目技术汇编,2014

[2] "十一五"水专项太湖富营养化控制与治理技术及示范工程项目"湖滨带生态修复与缓冲带建设技术及示范工程"课题(2009ZX07101-009)技术研究报告,2013

[3] 叶皖红,吴磊,吕锡武,等.湖滨缓冲带高产蔬菜地初雨径流的净化工艺研究.中国环境科学学会学术年会论文集(第二卷),2012:1537-1542

[4] 杨伟球,吴钰明.太湖流域典型蔬菜地氮磷流失生态拦截工程的实施与成效.安徽农业科学,2011,39(31):19402-19404

[5] "十一五"水专项太湖富营养化控制与治理技术及示范工程项目"闸控入湖河流直湖港及小流域污染控制技术及工程示范"课题(2009ZX07101-005)技术研究报告,2013

[6] 薛利红,杨林章,施卫明,等.农村面源污染治理的"4R"理论与工程实践——源头减量技术.农业环境科学学报,2013,32(5):881-888

[7] 邹乔敏.一种适于农村推广的污水处理技术——土壤净化法.农业环境科学学报,1984,(6):25-26

[8] 冯欣,赵军,郎咸明,等.净化槽技术在我国农村污水处理中的应用前景.安徽农业科学,2011,39(7):4165-4166

[9] 白晓龙,顾卫兵,金胜哲,等.一体化农村生活污水处理工艺的设计与应用.中国给水排水,2011,

　　 27(4)：58-60

[10] 李军状，罗兴章，郑正，等. 塔式蚯蚓生态滤池处理集中型农村生活污水工程设计. 中国给水排水，
　　 2009，25(4)：35-38

[11] 蔡铭杰，马宏瑞，刘俊新. 太阳能驱动分散型污水处理系统及其自动化控制研究. 山西大学学报（自然
　　 科学版），2013，36(1)：118-123

[12] 张后虎，胡源，张毅敏，等. 太湖流域农村分散居民生活垃圾与生活污水共处置强化产沼技术. 生态与
　　 农村环境学报，2010，26（增刊1）：19 -23

[13] 王学江，尹大强，夏四清，等. 一种组合型生态浮床净水装置. 发明专利申请号：CN201010202258.
　　 2010-10-06

第6章 太湖缓冲带分区生态构建方案

考虑到"工程易于实施,便于管理,可操作性强"的原则,按照太湖缓冲带的八个区段分别制定了相应的生态构建方案。

6.1 无锡滨湖区段缓冲带构建方案

6.1.1 主要特征与问题

本段缓冲带位于太湖梅梁湾和贡湖北侧,周围山体较多(五指平顶山-鸡笼山-龙王山),属三面环山地势,缓冲带范围多不足 200 m,区域内旅游景点较多。本段缓冲带内的主要环境问题为:

(1)从 TN、TP 的贡献率看,村落生活污染为无锡滨湖区段缓冲带内的主要污染源。目前虽然建设了一批村落生活污水处理系统及设施,但是其管网收集系统不完善,生活污水及生活垃圾收集率有待提高。

(2)农田面源污染严重。缓冲带内分布有大量的农田,总面积为 47 550 亩,在日常生产中施用的化肥和农药流失量多,造成了严重的污染。

(3)本段缓冲带内有大量的水库、坑塘,其总面积为 8670 亩,主要用于淡水鱼类、河蟹等水产养殖,水产养殖污染也是本段缓冲带内较大的污染源之一。

(4)本段缓冲带内旅游景区景点较多,且集中分布在太湖沿岸,发达的旅游业,大量的游客带来了更多的旅游污染。

6.1.2 生态构建方案

针对缓冲带类型的划分,该区段内主要分为生态防护林型、农田型、景观型、村落型缓冲带。生态防护林型缓冲带内圈主要采用生态防护林构建技术实施生态防护林带改造工程。农田型缓冲带外圈主要采用养殖鱼塘原/异位生态修复与养殖模式结合技术、农田低污染水湿地净化技术、土壤净化槽技术分别实施绿色养殖系统构建工程、清洁田园建设工程和绿色村落建设工程;内圈主要采用水塘生态改造技术、生态防护林构建技术、绿篱隔离带构建技术分别实施水塘生态改造工程、生态防护林带构建工程和绿篱隔离带构建工程,同时实施"三退"工程。景观型缓冲带内圈主要采用绿篱隔离带构建技术实施绿篱隔离带构建工程,外圈采用生态透水地面构建技术实施生态旅游建设工程。村落型缓冲带内圈主要采用绿篱隔离带构建技术、生态防护林带构建技术分别实施绿篱隔离带构建工程和生态防护林带构建工程,同时实施"三退"工程。具体建设工程方案内容见表 6-1 和图 6-1。

表 6-1　无锡滨湖段缓冲带建设工程方案内容表

缓冲带类型	采用的技术	所处区域	工程名称	工程内容
生态防护林型	生态防护林带构建技术	内圈	生态防护林带改造工程	对已建成的 8.49 km² 生态防护林进行生态改造
农田型	1. 生态防护林构建技术 2. 水塘生态改造技术 3. 绿篱隔离带构建技术 4. 土壤净化槽技术 5. 农田低污染水湿地净化技术 6. 养殖鱼塘原/异位生态修复与养殖模式结合技术	内圈	1. "三退"工程	退房 0.32 km²,退田 0.25 km²,退塘 0.52 km²
			2. 生态防护林带构建工程	构建面积 0.69 km²
			3. 水塘生态改造工程	改造面积 0.52 km²
			4. 绿篱隔离带构建工程	植物篱 21.2 km
		外圈	5. 绿色村落建设工程	马山镇 7 个村落建设土壤净化槽 7 座,增设垃圾池 23 座,垃圾车 2 辆
			6. 清洁田园建设工程	对马山镇 3000 亩农田进行种植结构调整,农田废弃物资源化,农灌渠改造,农田低污染水湿地净化系统建设,其中湿地建设面积 共 1.5 km²
			7. 绿色养殖系统构建工程	建设原位生态修复塘 2 处,建设面积共 800 亩
景区型	1. 绿篱隔离带构建技术 2. 生态透水地面构建技术	内圈	1. 绿篱隔离带构建工程	建设植物篱 16.0 km
		外圈	2. 生态旅游建设工程	建设生态透水地面 1.5 km²,同时加强环保管理
村落型	1. 生态防护林带构建技术 2. 绿篱隔离带构建技术	内圈	1. "三退"工程	退房 0.4 km²
			2. 生态防护林带构建工程	构建面积 0.28 km²
			3. 绿篱隔离带构建工程	建设植物篱 11.4 km

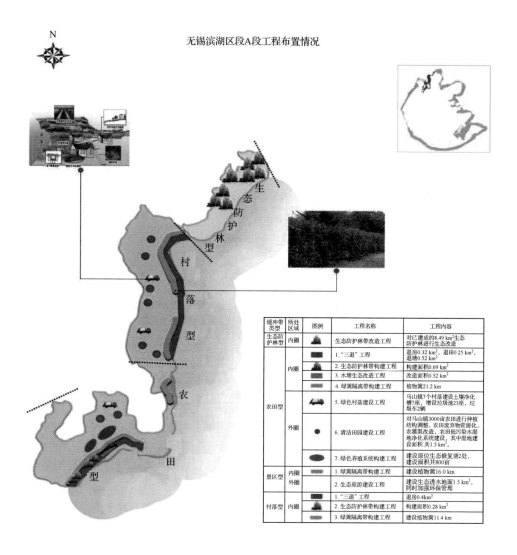

无锡滨湖区段A段工程布置情况

缓冲带类型	所处区域	图例	工程名称	工程内容
生态防护林型	内圈		生态防护林带改造工程	对已建成的8.49 km²生态防护林进行生态改造
农田型	内圈		1. "三退" 工程	退房0.32 km²，退田0.25 km²，退塘0.52 km²
			2. 生态防护林带构建工程	构建面积0.69 km²
			3. 水塘生态改造工程	改造面积0.52 km²
			4. 绿篱隔离带构建工程	植物篱21.2 km
	外圈		5. 绿色村落建设工程	马山镇7个村落建设土壤净化槽7座，增设垃圾池23座，垃圾车2辆
			6. 清洁田园建设工程	对马山镇3000亩农田进行种植结构调整，农田废弃物资源化，农灌渠改造，农田低污染水湿地净化系统建设，其中湿地建设面积共1.5 km²
			7.绿色养殖系统构建工程	建设原位生态修复塘2处，建设面积共800亩
景区型	内圈		1. 绿篱隔离带构建工程	建设植物篱16.0 km
	外圈		2. 生态旅游建设工程	建设生态透水地面1.5 km²，同时加强环保管理
村落型	内圈		1. "三退" 工程	退田0.4km²
			2. 生态防护林带构建工程	构建面积0.28 km²
			3. 绿篱隔离带构建工程	建设植物篱11.4 km

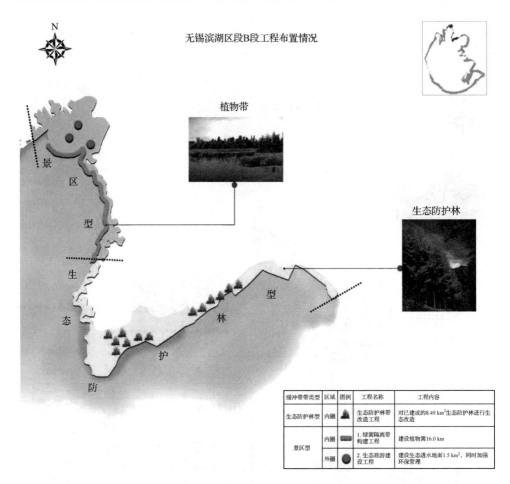

图 6-1　无锡滨湖区段缓冲带生态建设工程布置图

6.2　苏州高新区段缓冲带构建工程

6.2.1　主要特征与问题

该段缓冲带地势比较平坦,苏州高新区段缓冲带沿太湖大堤 200 m 建有生态防护林带,内圈生态保护措施比较到位,外圈主要为农田面源和养殖塘污染。本段缓冲带内的主要环境问题为:

(1) 随着经济的发展,本段缓冲带内的工业企业数量不断增多,且规模不断扩大,工业企业的污染逐渐加剧。据调查统计,本段缓冲带内共计有工业企业 300 多家,且主要集中在望亭镇的工业区内。目前,工业区内已有污水收集管网,工业废水输送至望亭镇污水处理厂进行集中处理。但是,今后还是应该引起充分重视,污染治理任务长期而艰巨。

(2) 随着城乡布局的调整,缓冲带内的土地利用类型发生了巨大的变化。城镇、农村与工交建设用地翻倍增加,城镇农村的生活污染不断加剧,产生了大量的生活污水和生活垃圾。村落生活污染是本段缓冲带的主要污染源之一。

(3) 本段缓冲带内有大量的水库、坑塘,其总面积为 7530 亩,且用途主要为进行淡水鱼类、河蟹等水产养殖。在水产养殖中产生的污染物也是本段缓冲带的主要污染源之一。

(4) 随着单位面积农田化肥施用量和农药使用量的增加,农田面源污染严重。化肥及农药的流失,产生了大量的氮、磷污染,对太湖水体水质造成了破坏,农田面源污染也是本段缓冲带的主要污染源之一。

6.2.2　生态构建方案

针对此现状,根据缓冲带建设思路,把外圈作为重点,着重发展绿色经济,解决经济发展造成的环境污染等问题。本段按缓冲带类型划分主要为农田型和村落型缓冲带。农田型缓冲带外圈主要采用养殖鱼塘原/异位生态修复与养殖模式结合技术、鱼塘沉水植物种植优化技术实施绿色养殖系统构建工程,采用农村生活污水集中处理技术实施绿色村落建设工程,通过种植结构调整、农灌渠改造等措施实施清洁田园建设工程;内圈采用生态防护林构建技术实施生态防护林改造工程。村落型缓冲带外圈主要采用农村生活污水集中处理技术实施绿色村落建设工程,内圈采用生态防护林构建技术实施生态防护林带改造工程。具体建设工程方案内容见表 6-2 和图 6-2。

表 6-2　苏州高新区段缓冲带建设工程方案内容表

缓冲带类型	采用的技术	所处区域	工程名称	工程内容
农田型	1. 生态防护林构建技术 2. 农村生活污水集中处理技术 3. 养殖鱼塘原/异位生态修复与养殖模式结合技术 4. 鱼塘沉水植物种植优化技术	内圈	1. 生态防护林改造工程	生态防护林改造面积 3.8 km²
		外圈	2. 绿色村落建设工程	①完善 11 个村落污水收集管网配套设施,收集村落污水到附近的污水处理厂进行集中处理; ②在 11 个村落增建 30 个垃圾池,并增设 4 辆垃圾车

续表

缓冲带类型	采用的技术	所处区域	工程名称	工程内容
农田型	1. 生态防护林构建技术 2. 农村生活污水集中处理技术 3. 养殖鱼塘原/异位生态修复与养殖模式结合技术 4. 鱼塘沉水植物种植优化技术	外圈	3. 清洁田园建设工程	对东渚镇农田进行种植结构调整面积 5000 亩,农灌渠改造面积 2000 亩。农田废弃物资源化
			4. 绿色养殖系统构建工程	建设原位生态修复塘 3 处,面积 7000 亩;减少饵料投放,提高饵料使用率,倡导施用新型饵料
村落型	1. 生态防护林构建技术 2. 农村生活污水集中处理技术	内圈	1. 生态防护林带改造工程	对已建成的 0.7 km² 生态防护林进行生态改造
		外圈	2. 绿色村落建设工程	①完善 3 个村落农村生活污水收集管网; ②在 3 个村落增建 13 个垃圾池,增设 2 辆垃圾车

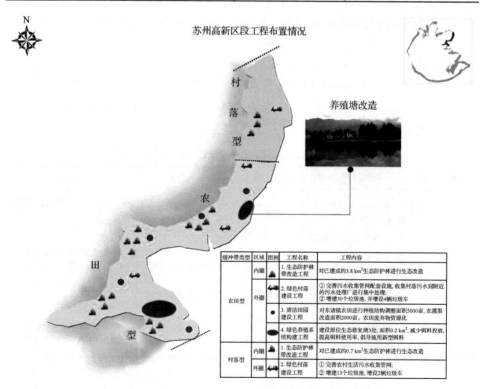

图 6-2　苏州高新区段缓冲带生态建设工程布置图

6.3　苏州吴中区段缓冲带构建工程

6.3.1　主要特征与问题

本段缓冲带属半岛型,深入太湖,本段缓冲带内的主要环境问题为:

（1）随着经济的发展,本段缓冲带内的工业企业数量不断增多,且规模不断扩大,工业企业的污染逐渐加剧。据调查统计,本段缓冲带内共计有工业企业 188家,且主要集中在光福镇的工业区内。目前,工业区内的污染物产生量不大。但是,今后还是应该引起充分重视,污染治理任务长期而艰巨。

（2）本段缓冲带内有大量的水库、坑塘,其总面积为 98 835 亩,养殖塘多且成片集中在缓冲带南侧,养殖规模巨大,养殖污染严重。

（3）本段村落污水收集管网建设滞后,村落污染不容忽视。沿湖村落的生活污染也是本段缓冲带的主要污染源之一。

6.3.2　生态构建方案

针对缓冲带类型的划分,该区段内主要分为养殖塘型、村落型、农田型、景区型缓冲带。养殖塘型缓冲带外圈主要采用养殖鱼塘原/异位生态修复与养殖模式结合技术、鱼塘沉水植物种植优化技术实施绿色养殖系统构建工程,内圈主要采用水塘改造技术实施水塘生态改造工程,同时开展"三退"工程清除人为干扰。村落型缓冲带外圈主要采用农村生活污水集中处理技术实施绿色村落建设工程,内圈采用生态防护林带构建技术实施生态防护林带改造工程。农田型缓冲带外圈采用稻麦轮种型农田流失氮磷梯级利用与生态拦截削减技术实施清洁田园建设工程,内圈采用生态防护林带构建技术实施生态防护林带改造工程。景区型缓冲带采用生态透水地面构建技术对景区低污染水进行处理和绿化建设。具体建设工程方案内容见表 6-3 和图 6-3。

表 6-3　苏州吴中区段缓冲带建设工程方案内容表

缓冲带类型	采用的技术	所处区域	工程名称	工程内容
养殖塘型	1. 水塘生态改造技术 2. 养殖鱼塘原/异位生态修复与养殖模式结合技术 3. 鱼塘沉水植物种植优化技术	内圈	1. "三退"工程	退塘 1.2 km²
			2. 水塘生态改造工程	改造面积 1.2 km²
		外圈	3. 绿色养殖系统构建工程	建设原位生态修复塘,面积为 50 000 亩;建设养殖污水异位净化湿地 50 处,面积共 1500 亩;冬歇期对塘进行干池清整,清除过多淤泥;同时减少饵料投放,提高饵料使用率,倡导施用新型饵料

续表

缓冲带类型	采用的技术	所处区域	工程名称	工程内容
村落型	1. 生态防护林带构建技术 2. 农村生活污水集中处理技术	内圈	1. 生态防护林带改造工程	对已建成的 5.9 km² 生态防护林进行生态改造
		外圈	2. 绿色村落建设工程	①完善 17 个村落污水收集管网配套设施,收集村落污水到附近的污水处理厂进行集中处理; ②在 17 个村落增建 50 个垃圾池,并增设 6 辆垃圾车
农田型	1. 生态防护林带构建技术 2. 稻麦轮种型农田流失氮磷梯级利用与生态拦截削减技术	内圈	1. 生态防护林带改造工程	生态防护林改造面积 4.1 km²
		外圈	2. 清洁田园建设工程	建设多生境原位处理设施处理稻麦轮种初期地表径流,示范区面积 1000 亩
景区型	生态透水地面构建技术	外圈	生态旅游建设工程	建设生态透水地面,面积为 1.0 km²,并加强环保管理

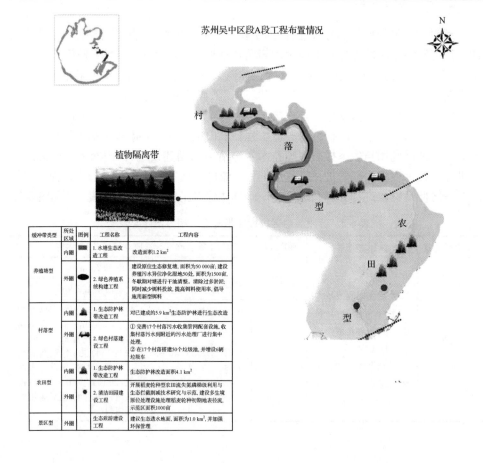

苏州吴中区段A段工程布置情况

N

植物隔离带

缓冲带类型	所处区域	图例	工程名称	工程内容
养殖塘型	内圈		1. 水塘生态改造工程	改造面积1.2 km²
	外圈		2. 绿色养殖系统构建工程	建设原位生态修复塘,面积为50 000亩;建设养殖污水异位净化湿地50处,面积为1500亩,冬歇期对塘进行干池清整,清除过多淤泥;同时减少饲料用量,提高饲料使用率,倡导施用新型饲料
村落型	内圈		1. 生态防护林带改造工程	对已建成的5.9 km²生态防护林进行生态改造
	外圈		2. 绿色村落建设工程	①完善17个村落污水收集管网配套设施,收集村落污水到附近的污水处理厂进行集中处理;②在17个村落搭建50个垃圾池,并增设6辆垃圾车
农田型	内圈		1. 生态防护林带改造工程	生态防护林带改造面积4.1 km²
	外圈		2. 清洁田园建设工程	开展稻麦轮种型农田流失氮磷梯级利用与生态拦截削减技术研究与示范,建设多生境原位处理设施处理稻麦轮种初期地表径流,示范区面积1000亩
景区型	外圈		生态旅游建设工程	建议生态透水地面,面积为1.0 km²,并加强环保管理

缓冲带类型	所处区域	图例	工程名称	工程内容
养殖塘型	内圈		1. 水塘生态改造工程	改造面积1.2 km²
	外圈		2. 绿色养殖系统构建工程	建设原位生态修复塘,面积为50 000亩,建设养殖污水异位净化湿地50处,面积共1500亩,冬联同对塘进行干池清整,清除过多淤泥;同时减少饲料投放,提高饲料使用率,倡导施用新型饲料
村落型	内圈		1. 生态防护林带改造工程	对已建成的5.9 km²生态防护林进行生态改造
	外圈		2. 绿色村落建设工程	①完善17个村落污水收集管网配套设施,收集村落污水到附近的污水处理厂进行集中处理; ②在17个村落搭建50处垃圾池,并增设6辆垃圾车
农田型	内圈		1. 生态防护林带改造工程	生态防护林改造面积4.1km²
	外圈		2. 清洁田园建设工程	开展稻麦轮种型农田流失氮磷梯级利用与生态拦截减排技术研究与示范,建设多生境原位处理设施处理稻麦轮种初期地表径流,示范区面积1000亩
景区型	外圈		生态旅游建设工程	建议生态透水地面,面积为1.0 km²,并加强环境管理

图 6-3　苏州吴中区段缓冲带生态建设工程布置图

6.4　苏州吴江市段缓冲带构建工程

6.4.1　主要特征与问题

本段缓冲带内的主要环境问题为:地形平缓,土地利用形式主要为鱼塘,其次为村庄。

(1) 本段缓冲带内共计有工业企业 763 家,且主要集中在横扇镇工业区和七都镇工业区内。工业废水年排放量为 719 871 t,其所含污染物 COD 年排放量为 226.87 t。工业污染今后应引起充分的重视,且污染治理的任务长期而艰巨。

(2) 本段缓冲带内有大量的水库、坑塘,其总面积为 27 180 亩,且用途主要为进行淡水鱼类、河蟹等水产养殖。鱼塘主要集中在诚心村、戗港村、叶家港村等沿湖地段,鱼塘养殖污染是主要的污染源。

（3）该段居民区较密集，村落生活污染较重。沿湖村落的生活污染也是本段缓冲带的主要污染源之一。

6.4.2　生态构建方案

针对缓冲带类型的划分，该区段内主要分为养殖塘型和农田型缓冲带。养殖塘型缓冲带外圈采用养殖塘原/异位生态修复与养殖模式结合技术、鱼塘沉水植物种植优化技术实施绿色养殖系统构建工程，内圈采用水塘生态改造技术实施水塘生态改造工程，同时实施"三退"工程。农田型缓冲带外圈主要采用农村生活污水集中处理技术、生活垃圾与生活污水共处置新型沼气池技术实施绿色村落建设工程，通过减少饵料投放等措施实施绿色养殖系统构建工程，内圈主要采用生态防护林带构建技术、绿篱隔离带构建技术分别实施生态防护林带构建工程和绿篱隔离带构建工程，同时实施"三退"工程。具体建设工程方案内容见表 6-4 和图 6-4。

表 6-4　苏州吴江市段缓冲带建设工程方案内容表

缓冲带类型	采用的技术	所处区域	工程名称	工程内容
养殖塘型	1. 水塘生态改造技术 2. 养殖鱼塘原/异位生态修复与养殖模式结合技术 3. 鱼塘沉水植物种植优化技术	内圈	1. "三退"工程	退塘 1.69 km²
			2. 水塘生态改造工程	改造面积 1.69 km²
		外圈	3. 绿色养殖系统构建工程	建设原位生态修复塘，面积为 10 000 亩；建设养殖污水异位净化湿地 25 处，面积共 500 亩；冬歇期对塘进行干池清整，清除过多淤泥；同时减少饵料投放，提高饵料使用率，倡导施用新型饵料
农田型	1. 生态防护林带构建技术 2. 绿篱隔离带构建技术 3. 农村生活污水集中处理技术 4. 生活垃圾与生活污水共处置新型沼气池技术	内圈	1. "三退"工程	退房 0.77 km²
			2. 生态防护林带构建工程	建设面积 0.77 km²；改造面积 1.33 km²
			3. 绿篱隔离带构建工程	建设植物篱 8.1km
		外圈	4. 绿色村落建设工程	①完善七都镇 8 个村落污水收集管网配套设施，收集村落污水到附近的污水处理厂进行集中处理；在七都镇沈家湾村进行生活垃圾与生活污水共处置新型沼气池示范工程建设，建设新型沼气池 2 座； ②在 15 个村落增建 40 个垃圾池，并增设 3 辆垃圾车
			5. 绿色养殖系统构建工程	减少饵料投放，提高饵料使用率，倡导施用新型饵料

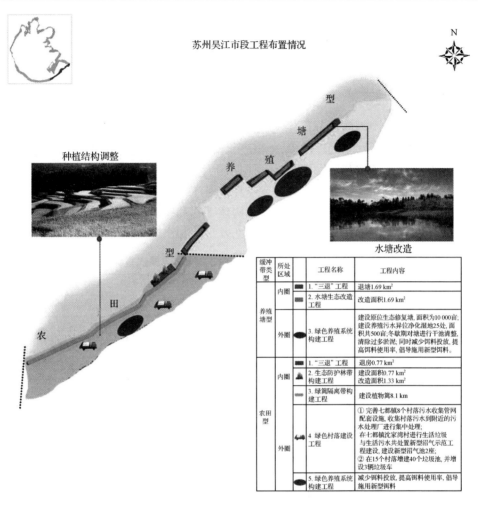

苏州吴江市段工程布置情况

种植结构调整

水塘改造

缓冲带类型	所处区域	工程名称	工程内容
养殖塘型	内圈	1. "三退"工程	退塘1.69 km²
		2. 水塘生态改造工程	改造面积1.69 km²
	外圈	3. 绿色养殖系统构建工程	建设原位生态修复塘,面积为10 000亩;建设养殖污水异位净化湿地25处,面积共500亩,冬歇期对塘进行干池清整,清除过多淤泥,同时减少饵料投放,提高饵料使用率,倡导施用新型饵料。
农田型	内圈	1. "三退"工程	退房0.77 km²
		2. 生态防护林带构建工程	建设面积0.77 km²改造面积1.33 km²
		3. 绿篱隔离带构建工程	建设植物篱8.1 km
	外圈	4. 绿色村落建设工程	① 完善七都镇8个村落污水收集管网配套设施,收集村落污水到附近的污水处理厂进行集中处理;在七都镇沈家湾村进行生活垃圾与生活污水共处置新型沼气示范工程建设,建设新型沼气池2座;② 在15个村落增建40个垃圾池,并增设3辆垃圾车
		5. 绿色养殖系统构建工程	减少饵料投放,提高饵料使用率,倡导施用新型饵料

图 6-4　苏州吴江市段缓冲带生态建设工程布置图

6.5　湖州吴兴区段缓冲带构建工程

6.5.1　主要特征与问题

本段缓冲带入湖河流较多、河港纵横。周边地形为平原,村落分布较为集中,分布在沿湖 200 m 范围。沿湖绿化隔离措施较少。本段缓冲带内的主要环境问题为:

(1) 此段村庄自来水覆盖率接近 100%,家庭生活用弃水,主要就地泼洒或排入河道,只有少部分有生活污水处理池。村落生活污染是本段缓冲带的主要污染源之一。

（2）随着单位面积农田化肥施用量和农药使用量的增加，农田面源污染严重。化肥及农药的流失，产生了大量的氮、磷污染，对太湖水体水质造成了破坏，农田面源污染也是本段缓冲带的主要污染源之一。

6.5.2　生态构建方案

针对缓冲带类型的划分，该区段主要为村落型缓冲带，外圈主要采用塔式蚯蚓生物滤池农村生活污水处理技术、土壤净化槽技术实施绿色村落建设工程，采用河道污染底泥环保疏浚与底泥资源化、河网水质原位强化净化技术、河网生态河岸构建技术实施河网水质强化净化与生态修复工程；内圈采用生态防护林带构建技术、绿篱隔离带构建技术实施生态防护林带构建工程和绿篱隔离带构建工程，同时实施"三退"工程。具体建设工程方案内容见表6-5和图6-5。

表 6-5　湖州吴兴区段缓冲带建设工程方案内容表

缓冲带类型	采用的技术	所处区域	工程名称	工程内容
村落型	1. 生态防护林带构建技术 2. 绿篱隔离带构建技术 3. 塔式蚯蚓生物滤池农村生活污水处理技术 4. 土壤净化槽技术 5. 河道污染底泥环保疏浚与底泥资源化 6. 河网水质原位强化净化技术 7. 河网生态河岸构建技术	内圈	1. "三退"工程	退田 1.42 km²，退房 0.54 km²
			2. 生态防护林带构建工程	生态防护林带建设，面积为 1.96 km²；生态防护林带改造，面积为 0.58 km²
			3. 绿篱隔离带构建工程	建设植物篱 23.85 km
		外圈	4. 绿色村落建设工程	①在织里镇、环渚乡两个乡镇 8 个村落分别建设塔式蚯蚓生物滤池 3 座，土壤净化槽 5 座； ②在 17 个村落增建 45 个垃圾池，并增设 4 辆垃圾车
			5. 河网水质强化净化与生态修复工程	①对该段沿太湖大堤的人工河进行底泥环保疏浚，并铺设生态浮床 5000 m²、生态填料 4000 m²，增设曝气增氧设施 9 个，建设生态砾石床 2 座，占地面积 2000 m²，处理水量 8000 m³，并对河岸进行河滨缓冲带生态建设，构建长度 9 km； ②对大钱港、幻楼港 2 条入湖河流河岸进行浆砌块石驳岸建设，大钱港建设长度 300 m，幻楼港建设长度 270 m，修复河岸生态系统

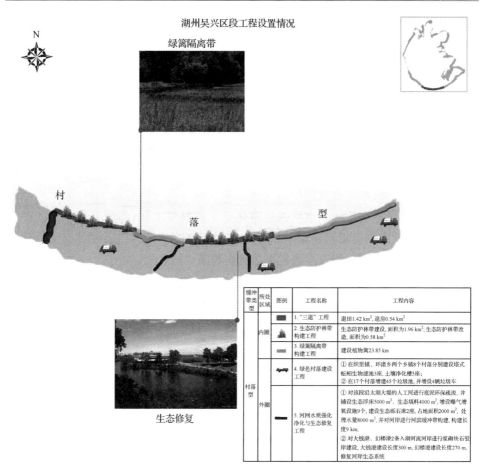

图 6-5　湖州吴兴区段段缓冲带生态建设工程布置图

6.6　湖州长兴县段缓冲带构建工程

6.6.1　主要特征与问题

本段缓冲带比较平缓,土地利用形式主要是农田、林地和水塘,水塘、林地与农田交错分布。本段缓冲带内的主要环境问题为:

(1)本段农田面积大,农田面源污染是主要的污染源,因此农田面源是重点治理对象。

(2)水塘养殖污染也较重,养殖污染不容忽视。

(3)随着城乡布局的调整,缓冲带内的土地利用类型发生了巨大的变化。城镇农村的生活污染不断加剧,产生了大量的生活污水和生活垃圾。村落生活污染是本段缓冲带的主要污染源之一。

6.6.2　生态构建方案

　　针对缓冲带类型的划分,该区段主要为农田型和村落型缓冲带。农田型缓冲带外圈主要采用模块化生物接触氧化-生态滤池组合技术、高效混合厌氧发酵技术实施清洁田园建设工程,通过减少饵料投放等措施实施绿色养殖系统构建工程;内圈采用生态防护林带构建技术、绿篱隔离带构建技术分别实施生态防护林带构建工程和绿篱隔离带构建工程,同时实施"三退"工程。村落型缓冲带外圈主要采用生活垃圾与生活污水共处置新型沼气池技术实施绿色村落建设工程,采用河滨缓冲带生态修复技术实施河网水质强化净化与生态修复工程;内圈采用生态防护林带构建技术、绿篱隔离带构建技术分别实施生态防护林带构建工程和绿篱隔离带构建工程。具体建设工程方案内容见表 6-6 和图 6-6。

表 6-6　湖州长兴县段缓冲带建设工程方案内容表

缓冲带类型	采用的技术	所处区域	工程名称	工程内容
农田型	1. 生态防护林带构建技术 2. 绿篱隔离带构建技术 3. 模块化生物接触氧化-生态滤池组合技术 4. 高效混合厌氧发酵技术	内圈	1. "三退"工程	退房 0.3 km²,退田 0.34 km²
			2. 生态防护林带构建工程	建设面积 0.64 km²
			3. 绿篱隔离带构建工程	植物篱 18.8 km
		外圈	4. 清洁田园建设工程	对夹浦镇、雉城镇 7000 亩农田进行种植结构调整;建设模块化生物接触氧化-生态滤池 2 处;进行农灌渠改造;实施农田废弃物资源化
			5. 绿色养殖系统构建工程	减少饵料投放,提高饵料使用率,倡导施用新型饵料
村落型	1. 生态防护林带构建技术 2. 绿篱隔离带构建技术 3. 生活垃圾与生活污水共处置新型沼气池技术 4. 河滨缓冲带生态修复技术	内圈	1. 生态防护林带改造工程	改造面积 1.31 km²
			2. 绿篱隔离带构建工程	建设植物篱 10.1 km
		外圈	3. 绿色村落建设工程	在洪桥镇太湖村、潼桥村 2 个村落进行生活垃圾与生活污水共处置新型沼气池示范工程建设,建设新型沼气池 4 座
			4. 河网水质强化净化与生态修复工程	对河滨缓冲带进行生态透水植被构建,建设下凹式绿地,构建多自然乔灌草带,建设面积 3000 m²

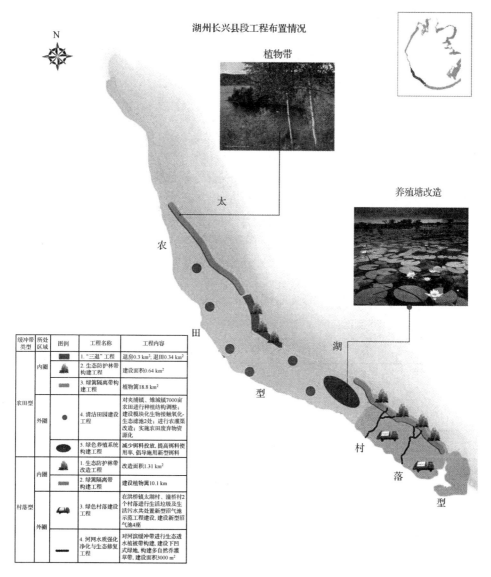

图 6-6　湖州长兴县段缓冲带生态建设工程布置图

6.7　无锡宜兴市段缓冲带构建工程

6.7.1　主要特征与问题

本段缓冲带地势平坦,河网密布,纵横交错,流向不定,相互贯通,人工调控程度较高。本段缓冲带内的主要环境问题为:

（1）河网处于平原地区，流速小，水流缓慢，河网河滨缓冲带生态植被覆盖率低。本段沟渠和断头浜数目众多。

（2）村落数目较多，人口密度大，工业企业集中。本段缓冲带污染主要存在面源负荷量大、分布广、分散等特点。

6.7.2 生态构建方案

针对缓冲带类型的划分，该区段主要为村落型、生态防护林型和农田型缓冲带。村落型缓冲带外圈主要采用土壤净化槽技术、立体循环一体化氧化沟＋生态滤池污水集中处理集成技术实施绿色村落建设工程，采用河滨缓冲带生态修复技术实施河网水质强化净化与生态修复工程；内圈主要采用生态防护林带构建技术、绿篱隔离带构建技术分别实施生态防护林带构建工程和绿篱隔离带构建工程，同时实施"三退"工程。生态防护林型缓冲带主要采用生态防护林构建技术在内圈实施生态防护林带改造工程。农田型缓冲带主要采用生态防护林带构建技术、水塘生态改造技术、隔离林带生态草坪建设技术分别在内圈实施生态防护林带构建工程、水塘生态改造工程和绿篱隔离带构建工程，同时实施"三退"工程。具体建设工程方案内容见表 6-7 和图 6-7。

表 6-7　无锡宜兴市段缓冲带建设工程方案内容表

缓冲带类型	采用的技术	所处区域	工程名称	工程内容
村落型	1. 生态防护林带构建技术 2. 绿篱隔离带构建技术 3. 土壤净化槽污水处理技术 4. 立体循环一体化氧化沟＋生态滤池污水集中处理集成技术 5. 河滨缓冲带生态修复技术	内圈	1."三退"工程	退田 0.43 km²，退塘 0.3 km²
			2. 生态防护林带构建工程	建设生态防护林带，面积为 0.43 m²；生态防护林带改造，面积为 2.56 km²
			3. 绿篱隔离带构建工程	建设植物篱 18.0 km
		外圈	4. 绿色村落建设工程	①完善周铁镇、新庄镇、丁蜀镇 3 镇周铁村、下邾村、洪巷村、双桥村等 10 个村落污水收集管网配套设施，收集村落污水到附近的污水处理厂进行集中处理；在周铁镇、丁蜀镇 2 镇徐渎村、中新村、洑东村、大港村等 11 个村落建设土壤净化槽 7 座，建设立体循环一体化氧化沟＋生态滤池污水集中处理设施 4 座；②在 23 个村落增建 69 个垃圾池，并增设 6 辆垃圾车

缓冲带类型	采用的技术	所处区域	工程名称	工程内容
村落型	1. 生态防护林带构建技术 2. 绿篱隔离带构建技术 3. 土壤净化槽污水处理技术 4. 立体循环一体化氧化沟＋生态滤池污水集中处理集成技术 5. 河滨缓冲带生态修复技术	外圈	5. 河网水质强化净化与生态修复工程	①在漕桥河沿河长度500 m以内植被覆盖率低、生态功能较差的河岸以自然生态驳岸、浆砌块石驳岸相结合的方式进行建设,建设长度1 km; ②该类型缓冲带内沟渠和断头浜数目众多,保留现有原生态堤岸和断头浜,对沟渠和断头浜进行管理与保护
生态防护林型	生态防护林构建技术	内圈	生态防护林带改造工程	改造面积 1.67 km²
农田型	1. 生态防护林带构建技术 2. 水塘生态改造技术 3. 隔离林带生态草坪建设技术	内圈	1. "三退"工程	退房 0.1 km²,退田0.07 km²,退塘 0.18 km²
			2. 生态防护林带构建工程	建设面积 0.17 km²
			3. 水塘生态改造工程	生态改造 0.18 km²
			4. 绿篱隔离带构建工程	隔离林带生态草坪0.3 km²

6.8 常州武进区段缓冲带构建工程

6.8.1 主要特征与问题

按缓冲带划分其类型主要为农田型。本段缓冲带内的主要环境问题为:

(1)本段缓冲带面积较小,但是,整个雪雁镇的工业企业多达588家,污染物排放量逐年增加,应引起重视。今后应严禁新的工业企业进入缓冲带内,并控制原有企业的规模不再扩大。

(2)本段缓冲带内有3个行政村,其中龚巷村、雅浦村已经实施了村落生活污水治理工程,今后应尽快实施太滆村的村落生活污水治理工程。

(3)本段缓冲带内有鱼塘等水域面积3870亩,且用途主要为进行淡水鱼类、河蟹等水产养殖。在水产养殖中产生的污染物是本段缓冲带的主要污染源之一。

(4)随着单位面积农田化肥施用量和农药使用量的增加,农田面源污染严重。化肥及农药的流失,产生了大量的氮、磷污染,对太湖水体水质造成了破坏,农田面源污染也是本段缓冲带的主要污染源之一。

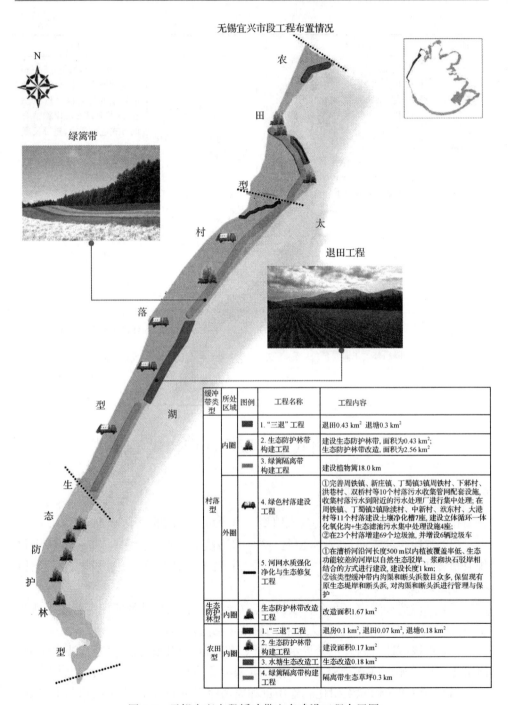

缓冲带类型	所处区域	图例	工程名称	工程内容
村落型	内圈		1. "三退"工程	退田0.43 km² 退塘0.3 km²
			2. 生态防护林带构建工程	建设生态防护林带, 面积为0.43 km²; 生态防护林带改造, 面积为2.56 km²
			3. 绿篱隔离带构建工程	建设植物篱18.0 km
	外圈		4. 绿色村落建设工程	①完善周铁镇、新庄镇、丁蜀镇3镇周铁村、下邾村、洪巷村、双桥村等10个村落污水收集管网配套设施, 收集村落污水到附近的污水处理厂进行集中处理; 在周铁镇、丁蜀镇2镇除渎村、中新村、沭东村、大港村等11个村落建设土壤净化槽7座, 建设立体循环一体化氧化沟+生态滤池污水集中处理设施4座; ②在23个村落增建69个垃圾池, 并增设6辆垃圾车
			5. 河网水质强化净化与生态修复工程	①在漕桥河沿河长度500 m以内植被覆盖率低、生态功能较差的河岸以自然生态驳岸、浆砌块石驳岸相结合的方式进行建设, 建设长度1 km; ②该类型缓冲带内沟渠和断头浜数目众多, 保留现有原生态堤岸和断头浜, 对沟渠和断头浜进行管理与保护
生态防护林型	内圈		生态防护林带改造工程	改造面积1.67 km²
农田型	内圈		1. "三退"工程	退房0.1 km², 退田0.07 km², 退塘0.18 km²
			2. 生态防护林带构建工程	建设面积0.17 km²
			3. 水塘生态改造工程	生态改造0.18 km²
			4. 绿篱隔离带构建工程	隔离带生态草坪0.3 km

图 6-7 无锡宜兴市段缓冲带生态建设工程布置图

6.8.2　生态构建方案

　　针对缓冲带类型的划分,该区段主要为农田型和养殖塘型缓冲带。农田型缓冲带主要采用生态防护林带构建技术、水塘生态改造技术、隔离林带生态草坪建设技术在内圈分别实施生态防护林带构建工程、水塘生态改造工程和绿篱隔离带构建工程,同时实施"三退"工程。养殖塘型缓冲带外圈通过对鱼、蟹等养殖饵料进行科学配比,减少饵料投放等综合管理措施实施绿色养殖系统构建工程,内圈采用水塘生态改造技术实施水塘生态改造工程,同时实施"三退"工程。具体建设工程方案内容见表 6-8 和图 6-8。

表 6-8　常州武进区段缓冲带建设工程方案内容表

缓冲带类型	采用的技术	所处区域	工程名称	工程内容
农田型	1. 生态防护林带构建技术 2. 水塘生态改造技术 3. 隔离林带生态草坪建设技术	内圈	1. "三退"工程	退房 0.05 km², 退田 0.07 km², 退塘 0.06 km²
			2. 生态防护林带构建工程	建设面积 0.12 km²
			3. 水塘生态改造工程	改造面积 0.06 km²
			4. 绿篱隔离带构建工程	植物篱 2.6 km
养殖塘型	水塘生态改造技术	内圈	1. "三退"工程	退塘 0.12 km²
			2. 水塘生态改造工程	改造面积 0.12 km²
		外圈	3. 绿色养殖系统构建工程	对饵料进行科学配比,从而减少饵料投放

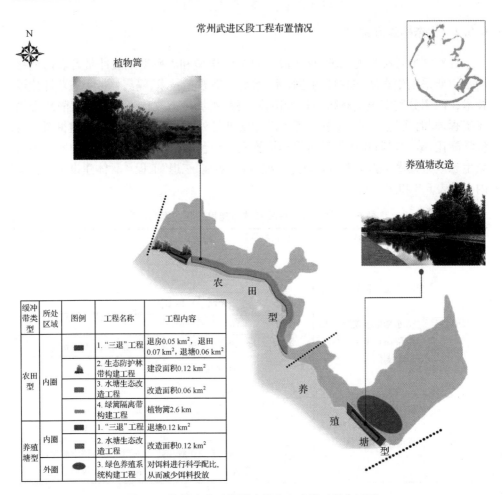

图 6-8　常州武进区段缓冲带生态建设工程布置图

第7章　太湖缓冲带生态构建综合效益评价

湖泊缓冲带是人类经济社会活动最为密集的地区,也是湖泊流域重点污染控制区。它不仅具有重要的生态、经济和社会价值,而且还在湖泊水环境治理中发挥着极其重要的作用。湖泊缓冲带生态构建综合效益评价是缓冲带生态功能发挥程度的重要监视器,可以随时评测缓冲带内生态构建工程实施的效果。本章对太湖缓冲带内生态工程建设所产生的综合效益进行评价研究,以全面反映其产生的综合效益,进而为生态建设工程的有效实施提供参考。

7.1　生态构建综合效益评价的研究

国外学者为评价生态工程建设所产生的综合效益进行了大量的研究。早在20世纪初,美国学者就开始对建立的野生动物保护区所产生的综合效益展开了大量的研究。20世纪70年代,美国马萨诸塞大学的学者 Larson 和 Mazzarse 提出了第一个帮助政府颁发湿地开发补偿许可证的湿地快速评价模型[1-4]。1991年,Bond 等提出了评价湿地生态建设综合效益的指南,将整个评价过程划分为基本分析、详细分析和专门分析三个阶段,对湿地的价值和拟议的项目价值进行了对比分析。欧洲学者在学习和借鉴其他地区评价方法的基础上,又开创了自己独到的评价方法,比如用有机物作为指示物进行评价等。英国学者 Maltby 和 Hogan 等研究了湿地生态系统的功能与评价方法,认为应该制定一个泛欧洲湿地政策[4],因为湿地中的种群、环境效益是受国界限制的。他们还在法国、爱尔兰、西班牙以及英国进行了多国间河岸湿地的对比研究,包括建立所有河岸湿地系统共有的关键过程以及功能间的联系,测定湿地系统对外界干扰的恢复能力以及对这些干扰的反应等[5]。

国内学者为评价生态工程建设所产生的综合效益进行了大量的研究,研究的角度一般包括生态效益、经济效益和社会效益等,所运用的研究方法大多是指数评价法、层次分析法、主成分分析法和模糊聚类评价法等。例如吴转颖针对退耕还林工程,提出了与之关系密切的社会、经济、生态效益的评价指标,并对退耕还林试点工程所产生的综合效益进行了评价[6]。根据这些评价指标,以大样本随机抽样的调查、统计数据为基础,分别对退耕还林工程区人口、土地资源分配状况、农作物产量和国民产值变化情况、水文变化、土壤变化、沙尘暴气候变化、灾害性气候变化和野生动物种群变化等指标进行了系统研究,在此基础上对退耕还林工程的社会、经济、生态效益进行了客观评价。李晅煜为了全面地反映水利工程建设的综合效益，从经济发展、社会进步和环境协调三个方面出发，建立了一套基于可持续发展理论的综合效益评价指标体系，并给出了一套综合效益评价值的计算方法，通过该方法可以定量化地表达和评价水利建设项目的相对优劣，为政府提供决策依据，并以衡水市衡水湖水库建设为例进行了实证研究[7]。全海通过分析水土保持生态建设对社会生态系统的具体功能，分别针对农业措施、林草措施和工程措施的特点，选定了减少土壤侵蚀、涵养水源、保育土壤、拦蓄泥沙、净化环境、改善气候、提高土地产出、增加生物多样性、固碳制氧、促进农业生产等18项具体效益指标，构建了水土保持生态建设综合效益评价指标体系，并分别确定了效益核算方法[8]。范继东对陇东黄土高原沟壑区东龙头沟小流域的水土保持综合治理所产生的经济效益、社会效益和生态效益进行了计算分析，得出该流域经过5年的综合治理，各项效益显著，尤其是在经济计算期内经济效益突出，群众生产、生活条件和环境质量得到了很大提高和改善[9]。冯冠宇以渤公岛湖湾湖滨带生态恢复示范工程为依托，通过对有关指标的分析、归纳并结合湖滨带实际情况，构建了包含4个层次、26个具体指标的湖滨带生态恢复综合效益评价指标体系，并运用层次分析法和模糊评价法对生态恢复示范工程所产生的综合效益进行了评价，较全面地反映了生态恢复的实施对当地生态、经济和社会产生的影响[10]。王建以阴山北麓中部地区的固阳县大六分子村为例，研究了生态农业建设综合效益，分析其经济-环境系统协调发展状况，采用柯布-道格拉斯生产函数模型对生态农业建设的经济效益进行了评价，并通过定位观测对比研究了不同使用类型的土地所产生的综合生态效益，并在此基础上探讨了在5年的生态农业建设过程中经济-环境系统的协调发展状况[11]。孙广义等分析了库布齐沙漠生态建设区的综合效益，主要从三个方面进行阐述和改进：一是生态效益方面，不仅应注意到微气象环境的改善，而且更应该注意到改土效益；二是经济效益，不仅应注意到直接经济效益，也应该注意考察其间接经济效益；三是社会效益，生态建设不仅改善了当地群众的生活环境，也促进了区域经济发展[12]。郭鹏等在分析棕地再开发项目复杂性、生态属性和广泛的利益相关性的基础上，从环境与健康效益指标、财务指标、棕地特征指标、社会稳定性指标、政策与技术指标、实施效果指标六个方面构建了棕地再开发项目评价指标体系，并采用主成分分析法对备选方案进行了评价，为棕地再开发问题的科学决策提供了一个可借鉴的思路[13]。高彦华等对生态恢复评价进行了比较系统的归纳和总结，认为生态恢复评价应该结合其他学科的研究方法，以期多角度、多途径地判断和分析生态系统的恢复状况[14]。这在理论和思路上给予了生态恢复系统评价很大的启发，但缺乏具体实例研究。华国春等结合拉鲁湿地的退化现状和环境特征，构造了包含湿地非生物环境特征、湿地生物特征以及湿地系统特征3个综合指标和16个评价因子在内的一整套较为系统、完整且操作性强的湿地评价指标体系，并采用层次分析法对拉鲁湿地生态恢复进行了初步评价[15]。杨子峰等对水土保持生态恢复综合效益评价指标进行了归类和分析,并对主要的评价方法进行了评述,建立了涵盖生态效益、经济效益和社会效益的综合评价指标体系[16]。陈英智等采用综合效益和综合功能系数法,对水土流失综合治理前后的小流域生态系统进行了综合效益评价[17]。刘霞等采用宏观遥感与微观实测耦合技术,对生态恢复工程的生态效益、经济效益和社会效益进行了分类监测及系统评价[18]。

综上所述,虽然我国在生态工程建设综合效益评价方面已取得了很大进展,但仍存在以下问题:第一,现有研究大多是对水土保持、退耕还林等生态工程建设综合效益进行评价,缺乏专门的对缓冲带生态工程建设综合效益评价的系统研究。第二,评价指标不全面,缺乏统一、合理的评价标准,且着重对生态恢复的生态效益进行评价,轻视了社会效益和经济效益的分析,对社会和经济效益指标体系的建立和数据的获取、量化没有一致的认识,难以客观描述被评价生态系统的真实情况。第三,生态恢复的综合效益一般主要指环境效益、生态效益、经济效益和社会效益的综合水平,其评价指标与方法仍带有强烈的单项评价的色彩,主要集中在水质、土壤、生物等单指标或多指标方面的比较研究,使生态恢复效果评价结果缺乏客观性和真实性。第四,评价方法简单、缺乏创新,主要是指数评价法、层次分析法、模糊聚类评价法等,这类方法受主观影响因素大,注重单一评价方法的纵向对比分析,不能体现整体生态修复效果。第五,在进行对比分析时,一方面有些研究只进行示范区内外的横向对比分析,没有进行示范区内的纵向对比分析。另一方面,即使进行示范区内的纵向对比分析,也只对恢复工程实施前后相关指标的数值进行了对比分析,并没有选定合理的参照系统或确定合适的评价标准进行比较评价,因此,导致生态工程建设综合效益评价结果缺乏客观性和可信度。

因此,本研究选取太湖缓冲带生态构建中六个实际的示范工程,从环境效益、生态效益、经济效益和社会效益出发,建立评价其综合效益的指标体系,进而利用BP 人工神经网络模型对缓冲带生态构建工程所取得的综合效益进行评估,为全面客观地认识缓冲带生态构建工程所产生的综合效益提供方法和指导。

7.2　缓冲带生态构建各项工程概况

"十一五"期间根据水专项总体设计,完成了 6 个缓冲带方面的示范工程建设:①缓冲带防护隔离区生态建设成套技术示范工程;②缓冲带农业生产区生态优化成套技术示范工程;③陈藻农田灌溉技术示范工程;④村落雨污水生物生态耦合净化与利用技术示范工程;⑤稻麦轮种型农田流失氮磷的梯级利用与生态拦截削减技术示范工程;⑥高产蔬菜地流失氮磷的梯级利用与生态拦截削减技术示范工程。

工程示范一:缓冲带防护隔离区生态建设成套技术示范工程

本示范工程位于宜兴市周铁镇欧毛渎村,从太湖大堤至林带外道路,与大堤垂直距离约为 210 m,南至午干渎港,北至欧毛渎村主排水渠外侧,总面积约为 31 000 m²。其主要包括低碳型草坪系统的构建、林下地表径流系统优化与重建以及外湖滨带生态湿地建设等内容(图 7-1)。其中低碳型草坪系统的构建主要进行现场研究,内容包括低碳型草坪植物种类的筛选研究和构建技术及生态评估的研究。林下地表径流系统优化与重建主要是在缓冲带的防护林地内,将原来人为整齐划一的地表径流沟改为大致呈"X"形交叉的自然流态的径流沟,以加大径流沟汇流面积以及增加径流流程,并在主干径流沟的交汇点处开挖蓄滞池。在径流沟的下游建设具有氮磷拦截功能的汇集池,将整个林地内的径流收集后集中净化处理。径流水经林下径流经汇集池的初步净化后进入生态湿地系统进行强化处理。经生态湿地系统强化处理后的净化水进入生态蓄水塘中贮存,作为净水回用的调节水塘。

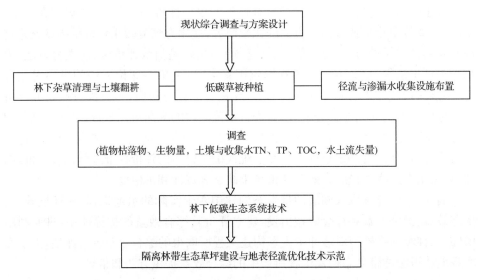

图 7-1　缓冲带防护隔离区生态建设成套技术示范工程技术路径

工程示范二:缓冲带农业生产区生态优化成套技术示范工程

本技术示范区从缓冲带隔离保护带外侧至欧毛渎村,南至午干渎港,北至欧毛渎村主排水渠外侧,总面积约为 90 000 m²。本示范工程针对农田内由于化肥农药的大量施用造成的氮磷流失问题对种植的作物种类、种植模式等进行优化组合,同时,对农田径流进行合理的导流、收集与净化,构建一个地下水安全、食用安全、养分流失少、污染负荷低的生态良好的缓冲带(图 7-2),为同种缓冲带生态优化与建设提供理论依据和技术支撑。本示范工程在详细调查区域地貌特征、水体环境现状、植被分布与生长现状、自然水系分布格局,特别是农田利用方式、施肥水平、农药施用量、农田渗漏水和径流对地下水和河流污染负荷的基础上,提出合理的生产模式,并开展一定规模的技术示范。同时,根据水系分布特征,收集农田径流,开展农田低污染水的生态拦截和净化技术研究与示范,实现区域内生态与生产兼顾型产业技术体系。

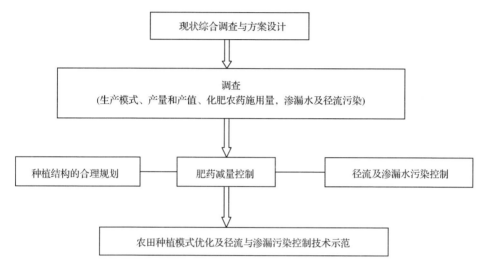

图 7-2　缓冲带农业生产区生态优化成套技术示范工程技术路径

工程示范三:陈藻农田灌溉技术示范工程

本示范工程实施地点位于太湖边的宜兴市符渎港捞藻站。符渎港捞藻站周围是有机环保型蔬菜生产示范基地,农田与蔬菜地的存在为陈藻灌溉技术提供了直接条件。5~10 月期间正是灌溉用水高峰期,此时正是蓝藻暴发期,此段时间利用陈藻灌溉技术不仅能够直接对陈藻进行处理处置,而且能够有效减缓农田水补充问题。符渎港现有 3 个陈藻池,由于灌溉用水必须为陈藻,刚打捞的新鲜蓝藻由于含有藻毒素以及难分解等问题,不宜直接灌溉。因此现已对 3 个藻池进行了改造,对三个藻池轮流进行蓝藻腐化与抽水灌溉运作,从而取得灌溉的必要条件,也能够对藻池进行充分利用。在冬春季节时,陈藻量较少,而农田需水也较少,此时陈藻池可作为农田补充用水。

该示范工程技术系统适用于各类蓝藻暴发区域,尤其适用于易于暴发大规模蓝藻且拥有大量农田的河湾、湖口地区。该项目在充分考虑蓝藻暴发地区特点、农村特色的前提下,从无害化、资源化方面考虑,想农民之所想,并根据腐熟蓝藻特点,选择一条最简单,同时最有利于蓝藻及陈藻处理,有利于环境改善、农民收入提高的工艺,达到彻底处理陈藻的目的,同时为太湖蓝藻的处理提供新方向(图 7-3)。

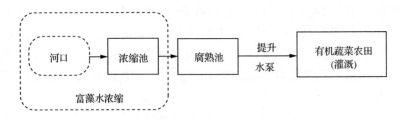

图 7-3　陈藻农田灌溉技术示范工程技术路径

工程示范四：村落雨污水生物生态耦合净化与利用技术示范工程

该示范工程位于周铁镇欧毛渎村葛渎自然村村落西面，紧邻村后小河浜。该工程运用现有农灌渠收集村落初期雨水径流并利用牧草型边坡漫流型人工湿地技术削减氮、磷，同时与村落污水低耗氮磷无机化技术及水生蔬菜型人工湿地技术耦合形成生物生态处理系统，在改善农村生活环境的同时取得可观的经济效益。村落生活污水处理单元处理规模为 10 t/d，收益范围为 30 户、120 人，村落初期雨水径流的收集净化单元汇水区面积为 1800 m²。其工艺流程如图 7-4 所示。

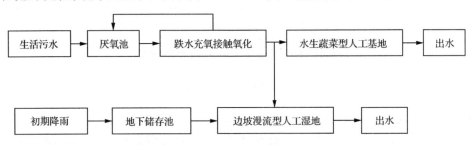

图 7-4　村落雨污水生物生态耦合净化与利用技术示范工程技术路径

工程示范五：稻麦轮种型农田流失氮磷的梯级利用与生态拦截削减技术示范工程

该示范工程位于宜兴市周铁镇湖滨公路西侧，中准路与百合路之间，紧邻水稻田或小麦田。以中北路为界分为两个水塘，南塘为 123 m×11.5 m，北塘为 118 m×14 m，总面积约为 3000 m²，包括生态拦截沟、导流渠、生态护坡、多生境生态塘、出水闸，处理对象为缓冲带内约 40 亩的稻麦轮种型农田初雨径流，最大日处理能力约 450 t。该工程利用稻麦轮作田旁现成的水塘以及当地常见水生动植物，采用多生境生态塘技术，分别将南北塘划分为三个生境区域：第一区为环绕四周种植芦苇、睡莲等水生植物的净化单元；第二区为悬挂人工介质毛毡的净化单元；第三区为生态浮床净化单元，该单元上层夏季种植空心菜，冬季种植水芹菜、下层放养螺蛳、贝类等水生动物。该工程的工艺流程如图 7-5 所示。

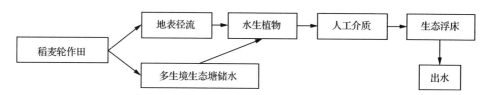

图 7-5　稻麦轮种型农田流失氮磷的梯级利用与生态拦截削减技术示范工程技术路径

工程示范六:高产蔬菜地流失氮磷的梯级利用与生态拦截削减技术示范工程

该示范工程位于宜兴市周铁镇欧毛村,总面积约 1500 m²,包括生态拦截沟、生态净化塘、水生蔬菜型人工湿地、泵房、计量槽,处理对象为缓冲带内约 30 000 m² 的高产蔬菜地初期雨水径流流失的氮磷,最大处理能力 12 t。生态拦截沟技术因地制宜改造菜地的排水沟,使其中的植物初步拦截高产蔬菜地初期雨水径流中颗粒态污染物;生态净化塘技术利用附近的池塘进行调蓄,并强化其生态净化功能,进一步拦截、削减径流中的氮磷负荷;水生蔬菜型人工湿地技术运用具有经济效益的水生蔬菜作为湿地植物,构建了可持续的多级拦截系统。其工艺流程如图 7-6 所示。

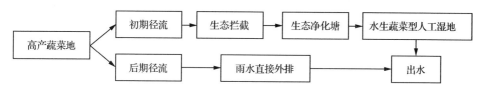

图 7-6　高产蔬菜地流失氮磷的梯级利用与生态拦截削减技术示范工程技术路径

7.3　缓冲带生态构建综合效益评价指标体系构建

7.3.1　指标选取的原则

在生态工程建设综合效益评价中,指标体系起着举足轻重的作用,它的类别、数量和精确度直接影响评价结果的客观性。在指标的选取上,它既要全面客观反映研究对象的属性又要有利于研究的进行,具体选取原则如下:

第一,科学性原则。

生态工程建设综合效益评价指标体系必须能够全面地反映综合效益的各个方面,符合生态工程建设目标内涵,具体指标的选取要有科学依据,指标应目的明确、定义准确,而不能模棱两可,含糊不清。因为许多指标体系中的高层次指标值都是通过对大量基层指标值进行加工、运算得来的,如果选取的那些基层指标的含义模糊不清,那么计算公式或运算方法就很难得到统一。同时所运用的计算方法和模型也必须科学规范,这样才能保证评价结果的真实和客观。

第二,简明性原则。

现存的许多生态工程建设综合效益评价指标体系,为了追求对现实状态的完整描述,设置指标动辄成百上千个。从理论上讲,设置的指标越多越细,越全面,反映客观现实也越准确。但是,随着指标量的增加,带来的数据收集和加工处理的工作量却成倍增长,而且,指标分得过细,难免发生指标与指标的重叠,相关性严重,甚至相互对立的现象,这反而给综合评价带来不便,应该尽可能简单明了。此外,为了便于数据的收集和处理,也应对评价指标进行筛选,选择能反映其特征的主要指标,摒弃一些与主要指标关系不甚密切的从属指标,使指标体系较为简洁明晰,便于应用。

第三,系统性原则。

在生态工程建设综合效益评价中,生态、环境、经济、社会四方面指标应根据各指标功能划分层次和级别,并最终形成一个有机整体。

第四,可操作性原则。

由系统本身所固有的复杂性,许多指标体系在描述系统状态时往往较难操作的定性指标较多,而可操作的定量指标则较少,或者即使有一些定量指标,其精确计算或数据的取得也极为困难。这样就使得指标体系的可操作性不强甚至不具备可操作性。因此,在构建评价指标体系时,应在尽可能简明的前提下,挑选一些易于计算、容易取得并且能够很好地反映实际情况的指标,使得所构建的指标体系具有较强的可操作性,从而有可能在信息不完全的情况下做出最真实客观的衡量和评价。

第五,独立性原则。

生态工程建设综合效益评价指标体系中的每个指标,概念要明确,含义要不重复,彼此独立,不存在交叉关系,能够保持每个指标的独特功能与作用。

7.3.2　指标体系的构建

缓冲带生态恢复综合效益评价指标体系的构建,首先应结合指标选取原则和相关研究文献,初步预选多个指标作为预选指标集;然后再根据缓冲带具体特征、功能和生态恢复工程实施所获效益的本质特征,考虑指标体系内部各子系统之间的相互关系与数据资料的获取情况,最终筛选确定整个评价指标体系。

1. 评价指标体系及数据来源

所构建的指标体系如表 7-1 所示。

表 7-1　缓冲带生态建设综合效益评价指标体系

总目标层	目标层	次级目标层	指标层
缓冲带生态建设综合效益评价指标体系 A1	B1 环境效益	C11 各示范工程状况	D112 示范工程年均所削减的 TN 量
			D113 示范工程年均所削减的 TP 量
			D114 示范工程年均所削减的 COD 量
	B2 生态效益	C21 生物多样性	D211 示范区植物种类数
		C22 空气状况	D221 示范区二氧化氮含量
			D222 示范区二氧化硫含量
			D223 示范区可吸入颗粒物含量
		C23 植被覆盖度状况	D231 示范区植被覆盖度
		C24 土壤状况	D241 示范区土壤污染程度
	B3 经济效益	C31 农业收入状况	D311 农民农业收入状况
		C32 房地产价格	D321 示范区周边房地产均价
		C33 设施的投资和运营成本	D331 污水处理设施的运营收益
		C34 非农业收入状况	D341 农民非农业收入
	B4 社会效益	C41 生活状况	D411 居民对生活环境的满意度
			D412 地方病发病率
		C42 文化状况	D421 环保意识
			D422 科研教育基地
			D423 休闲旅游
		C43 管理状况	D431 政策法规贯彻程度
			D432 政府管理水平

2. 评价指标的内涵

（1）各示范工程状况：包括各示范工程的面积或是其作用范围的面积、示范工程年均所削减的 TN 量、TP 量、COD 量及示范工程未建成前此处土地的利用类型及面积。通过这些定量指标来考察示范工程所产生的环境效益。

（2）生物多样性：客观描述某一地区的生物资源丰富程度。主要指示范区植物种数。

（3）空气状况：通过对示范区空气中二氧化氮、二氧化硫和可吸入颗粒物含量的测度，来评价示范工程建成后对示范区空气质量的影响。

（4）植被覆盖度状况：指示范区的植被覆盖度。

（5）土壤状况：根据土壤使用类型和保护目标及对土壤指标的实地监测进行定性描述，以反映土壤的质量。

（6）农业收入状况：主要包括示范区单位面积林地、草地、水田、旱地、鱼塘和菜地的纯收入，用以考察示范工程的建设所产生的对农民农业收入的影响。

（7）污水处理设施状况：主要包括污水处理设施的投资和运营成本、污水处理设施的运营收益等,用以考察污水处理设施的运营状况。

(8) 非农业收入状况:主要是农民非农业收入的多少。

(9) 生活状况:包括居民对生活环境的满意度与地方病发病率,前者为定性指标,要对示范区居民进行调查问卷以获取相关数据,后者为定量指标,需要查阅相关统计数据。

(10) 文化状况:主要包括环保意识、休闲旅游和科研教育基地数量。前两者为定性指标,要对示范区居民进行问卷调查来搜集数据,后者为定量指标。

(11) 管理状况:包括政策法规贯彻程度与政府管理水平。采用定性方法,要对示范区居民进行调查问卷以获取相关数据,用以反映相关政策法规的贯彻程度和湖滨带管理队伍的整体水平。

3. 示范区调研及数据收集

于 2011 年 4 月份和 5 月份对太湖缓冲带生态构建工程示范区进行了调研,获取根据指标体系所需要的数据,特别对于指标体系中所需要的部分社会效益、经济效益方面的数据,与周铁镇统计部门负责人进行了接洽,收集到了所需的数据,主要包括《2007—2010 年周铁镇统计年鉴》、《2010 年 12 月宜兴统计月报》等统计资料。

根据所收集到的数据,对周铁镇的社会经济进行了初步分析,可知:周铁镇位于太湖西岸、宜兴市东北部,紧临苏、锡、常,西靠锡宜高速公路,交通便利,直达沪、宁、杭只需一个半小时车程。截至 2009 年年底,全镇总面积 73.2 km²,总人口 5.71 万人,其中,农业人口 50 954 人,占总人口的 89%,非农业人口 6145 人,仅占 11%。周铁镇下辖 14 个行政村和 3 个居委会,拥有约 400 多家工业企业,耕地面积共有 58 906 亩,其中,水田 44 048 亩,旱地 14 858 亩。2009 年,周铁镇实现地区生产总值 326 174 万元,比上年增长 13.22%,其中,第一产业实现 17 977 万元,第二产业实现 248 762 万元,第三产业实现 59 435 万元,分别占地区生产总值的 5.51%、76.27%、18.22%,可以看出,其第二产业占主导地位,是一个典型的工业化城镇。2009 年,全镇农村总收入达到 936 508 万元,农民平均纯收入达到 12 685 元,较上年增长 19.98%,远远高于同年全国平均水平。

对于指标体系中所需要的社会效益方面的数据,通过调查问卷的形式,进行了数据收集。本次调查共发放问卷 100 张,收回问卷 95 张,有效问卷 92 张,问卷调查的主要对象为工程示范区所在地的常驻居民,主要地点选在生态工程建设的示范区,包括周铁镇葛渎村、沙塘港村、洋渭河村等。

7.4　缓冲带生态构建综合效益评价指标体系分析

通过对六个示范工程的实地调研,得到第一手数据资料,然后进行分析与处理,从生态效益、环境效益、经济效益和社会效益四个方面出发,对示范工程建设前后的综合效益变化进行了对比分析。

7.4.1　环境效益评价指标

缓冲带的生态建设工程的生态效益评价指标由 D111~D115 构成(见表 7-1)。

根据示范工程一、二、三、四、五、六的评价指标,首先分析各个工程的年均削减 TN、TP 和 COD 量,如图 7-7 所示。

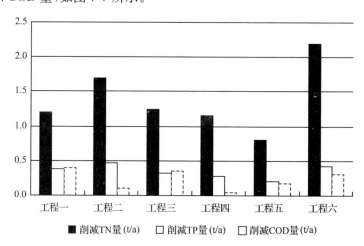

图 7-7　各个工程的年均削减 TN、TP 和 COD 量

从图 7-7 可以看出,六个示范工程年均削减 TN、TP 和 COD 的量分别为:8.2 t、2 t 和 1.29 t,环境效益明显。

7.4.2　生态效益评价指标

缓冲带的生态建设工程的生态效益评价指标由 D211~D241 构成(见表 7-1),包括对空气、土壤、植被等的影响。缓冲带的空气质量特征值见表 7-2。

表 7-2　缓冲带的空气质量特征值

| 示范工程指标 | 示范工程一 | | 示范工程二 | | 示范工程三 | | 示范工程四 | | 示范工程五 | | 示范工程六 | |
(mg/m³)	建前	建后	建前	建后	建前	建后	建前	建后	建前	建后	建前	建后
二氧化氮含量	0.100	0.080	0.120	0.100	0.130	0.110	0.115	0.112	0.113	0.113	0.108	0.108
二氧化硫含量	0.026	0.023	0.025	0.021	0.027	0.025	0.024	0.024	0.027	0.026	0.026	0.026
可吸入颗粒物含量	0.130	0.110	0.150	0.140	0.150	0.150	0.145	0.140	0.136	0.135	0.146	0.139

由表 7-2 可见,缓冲带地方的空气质量得到了提高,其中 NO_2、SO_2 和可吸入颗粒物含量都有一定程度的下降,可见缓冲带生态建设有利于当地居民生活环境

的改善。

缓冲带的植物种类与覆盖度对比图如图 7-8 所示。

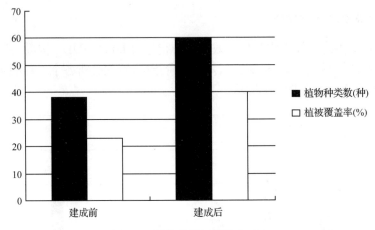

图 7-8　植物种类与覆盖度对比

生态恢复工程实施后,示范区植物种类日渐完善,由建设前的 38 种上升至目前的 60 种。经过群落演替,现在的缓冲带已拥有了较为完善和丰富的植被系统,整个植被覆盖度达到 35% 左右。

7.4.3　经济效益评价指标

缓冲带示范工程的实施,在大幅度改善农村生态、环境状况的同时也一定程度上对当地居民的经济状况产生了影响。一方面,工程的实施改变了当地传统的种植模式和种植技术,对农民的农业收入产生一定的影响;另一方面,由于工程实施所带来的生态环境的改善,也对当地的房地产业、旅游业等产生了间接地提高,总体上收入是增加的。

根据《周铁镇统计年鉴 2010》,工程示范地区农民的人均农业收入从 2009 年的 26 203 元增加到 2010 年的 30 574 元,增长了 16.68%。农民的人均纯收入也随之增加 1382 元,具体如图 7-9 所示。

同时,生态工程的建设使当地的土地利用方式也发生了一些变化,影响了当地居民的非农业收入,例如退耕还林的实施使一部分劳动力解放出来,通过进厂务工等增加了农民的非农业收入。据统计,工程所在地居民人均非农业收入由 2009 年的 1.89 万元上升至 2010 年的 2.14 万元,增长了 13.2%。不仅如此,缓冲带恢复工程的顺利实施,不但产生了直接的经济效益,而且带动了周边房地产价格的大幅度攀升。据统计,缓冲带周边房地产均价由 3000 元左右上升至 3500 元左右,涨幅达到 16.67%,如图 7-10 所示。

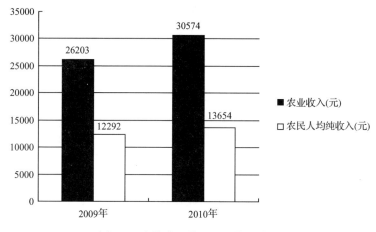

图 7-9　人均农业收入及人均纯收入

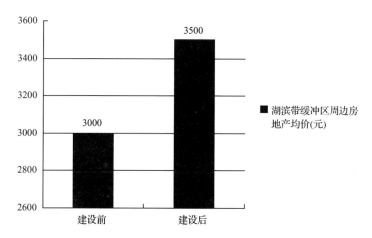

图 7-10　缓冲带周边房地产均价

针对缓冲带示范项目对当地带来的经济效益,通过打分来评价各项指标的变化,具体赋分等级如表 7-3 所示。

表 7-3　缓冲带经济效益赋分等级

分值	说明
5	缓冲带该项经济指标有了较大幅度的提升
3	缓冲带该项经济指标的变化不明显
1	缓冲带该项经济指标发生恶化

经过统计分析,得到了各项指标的最终得分,具体结果如表 7-4 所示。

表 7-4　缓冲带的生态建设工程的经济效益指标得分

示范工程指标	示范工程一		示范工程二		示范工程三		示范工程四		示范工程五		示范工程六	
	建设前	建设后	建设前	建设后	建设前	建设后	修复前	修复后	建设前	建设后	建设前	建设后
农业收入状况	3.0	1.0	3.0	5.0	3.0	3.0	3.0	3.0	3.0	5.0	3.0	5.0
房地产价格	3.0	3.0	3.0	3.0	3.0	5.0	3.0	3.0	3.0	3.0	3.0	3.0
设施的投资和运营成本	3.0	1.0	3.0	1.0	3.0	1.0	3.0	1.0	3.0	1.0	3.0	1.0
非农业收入状况	3.0	3.0	3.0	5.0	3.0	5.0	3.0	3.0	3.0	3.0	3.0	3.0

由表 7-4 可以看出,除了设施的投资和运营成本指标外,其余各项工程的大部分经济指标在工程建设后都有了一定的提升或是基本保持不变。

7.4.4　社会效益评价指标

缓冲带的生态建设工程的社会效益评价指标由 D411～D432 构成(见表 7-1),主要包括生活状况、文化状况和管理状况,其中只有科研教育基地是用实际个数,其他的指标都经过赋分折合成分值等级进行评价。各指标的赋分标准见表 7-5 至表 7-10。

1) 居民对生活环境的满意度

表 7-5　湖滨带居民对生活环境的满意度赋分等级

分值	说明
5	非常满意
3	满意
1	一般

2) 地方病发病率

表 7-6　地方病发病率赋分等级

分值	说明
5	无地方病发病率
3	地方病发病率小于 1%
1	地方病发病率在 1%～10%

3) 环保意识

表 7-7　湖滨带环保意识赋分等级

分值	说明
5	愿意加入湖滨带保护行列,有较高的环境保护意识
3	对湖滨带的保护与管理不关心
1	不愿意加入湖滨带保护、管理的行列

4）休闲旅游

表 7-8　休闲旅游适宜性赋分等级

分值	说明
5	景色优美、基础设施齐全，有利于身心健康
3	环境一般，是普通的消遣场所
1	环境还有待改善

5）政策法规贯彻程度

表 7-9　政策法规贯彻程度赋分等级

分值	说明
5	对湖滨带保护、管理相关政策法规十分了解
3	对湖滨带保护、管理相关政策法规有一定的了解
1	对湖滨带保护、管理相关政策法规不了解

6）政府管理水平

表 7-10　政府管理水平赋分等级

分值	说明
5	政府高度重视，参与管理程度高
3	政府比较重视，有一定的参与
1	政府不参与管理

通过调查问卷的方法对工程示范区居民进行了抽样调查，经过统计分析，得到了各项指标的最终得分，具体结果如表 7-11 所示。

表 7-11　缓冲带的生态建设工程的社会效益指标得分

示范工程指标	示范工程一		示范工程二		示范工程三		示范工程四		示范工程五		示范工程六	
	建设前	建设后	建设前	建设后	建设前	建设后	修复前	修复后	建设前	建设后	建设前	建设后
居民对生活环境的满意度	3.0	4.6	3.0	4.6	3.0	4.6	3.0	4.6	3.0	4.6	3.0	4.6
地方病发病率	3.0	3.0	3.0	3.0	3.0	3.0	3.0	3.0	3.0	3.0	3.0	3.0
环保意识	3.0	4.5	3.0	4.5	3.0	4.5	3.0	4.5	3.0	3.5	3.0	4.0
科研教育基地	0.0	1.0	0.0	1.0	0.0	1.0	0.0	1.0	0.0	1.0	0.0	1.0
休闲旅游	3.0	3.8	3.0	3.8	3.0	3.8	3.0	3.8	3.0	3.8	3.0	3.5
政策法规贯彻程度	3.0	3.6	3.0	3.6	3.0	3.6	3.0	4.0	3.0	3.8	3.0	3.9
政府管理水平	3.0	3.8	3.0	3.8	3.0	3.8	3.0	3.5	3.0	3.5	3.0	3.5

由表 7-11 可见,缓冲带的生态建设工程的社会效益得到了大幅提高,综合打分的结果显示平均分值涨幅达到 29.44%,尤其是居民对生活环境的满意度分值达到 4.6,充分体现了缓冲带的生态建设工程的效果得到居民的认可。科研教育基地也从无到有,为示范区生态建设的深入开展提供了扎实的基础。

7.5　基于人工神经网络技术的缓冲带生态建设综合效益评价

7.5.1　人工神经网络模型的构建

1. BP 人工神经网络模型

人工神经网络(artificial neural networks,ANN)是 20 世纪 40 年代产生、80 年代发展起来的模拟人脑生物过程的人工智能技术,是由大量简单的神经元广泛互连形成的复杂非线性系统。它不需要任何先验公式,就能从已有数据中自动地归纳规则,获得这些数据的内在规律,具有自学习性、自组织性、自适应性和很强的非线性映射能力,特别适于对因果关系复杂的非确定性推理、判断、识别和分类等问题的处理。

BP 人工神经网络是 ANN 技术中应用最广泛的一种网络类型,是一种多层前向型神经网络,其权值的调整采用反向传播(back propagation)学习算法,体现了神经网络理论中最为精华的部分。它是一种包含输入层、隐含层和输出层的中向传播的多层前向网络(图 7-11),可解决多层网络中隐含单元连接权的学习问题。其输入信号从输入节点依次传过各隐含层,然后传到输出节点,每一层节点的输出只影响下一层节点的输出。

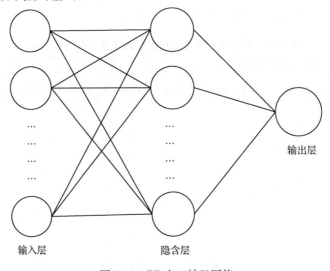

图 7-11　BP 人工神经网络

BP 人工神经网络的学习过程包括正向传播和反向传播。当正向传播时,输入信息从输入层经隐含层单元处理后传向输出层,每一层神经元的状态只影响下一层神经元的状态。如果在输出层得不到希望的输出,则转入反向传播,将误差信号沿原来的神经元连接通路返回,返回过程中,逐一修改各层神经元连接的权值。这种过程不断迭代,最后使信号误差达到允许的误差范围内。

2. 数据来源与处理

采用 BP 神经网络方法建模的首要和前提条件是有足够的典型性好、精度高的样本,而且为监控训练(学习)过程使之不发生“过拟合”,以提高网络模型的性能和泛化能力,必须将收集到的数据随机分成训练样本、检验样本(10%以上)和测试样本 3 部分。此外,数据分组时还应尽可能考虑样本模式间的平衡。

3. 训练样本

相关研究表明,训练样本过少会造成网络模型的鲁棒性、适用性较差,因此不能对实测数据作出准确的识别。针对模型存在的这一问题,尝试在上述等级划分的基础上,用 MATLAB 软件 normrnd 函数在每级标准对应数组之间,根据数据呈正态分布的原则生成部分训练样本,对训练样本集进行扩充,从而提高 BP 人工神经网络模型的鲁棒性和适用性。

7.5.2　缓冲带生态建设工程综合效益评价

缓冲带生态建设工程综合效益评价是一项复杂的多层次多目标评价活动,传统的综合评价方法存在诸多困难。人工神经网络具有模拟任意非线性连续函数的能力,具有自学习、自识别、自适应的特性,非常适合模拟多指标的复杂系统。因此本章节采用的基于人工神经网络(ANN)的综合评价模型是满足上述要求的一类新型的综合评价方法。

1. 评价指标的选取及分级标准

参照《生态环境质量评价技术规定》和《地表水环境质量标准》,并结合生态环境质量评价的相关文献资料,采用频率统计法、理论与实际分析法、特尔菲专家咨询法和相关性分析法对预选指标进行筛选,以缓冲带生态环境系统 19 个指标的极大值和极小值为边界,制定了缓冲带生态建设示范工程一、二、三、四、五、六的综合评价指标。根据工程综合效益,将评价等级分为 I(优),Ⅱ(良好),Ⅲ(一般),Ⅳ(差),如表 7-12 所示。

表 7-12 示范工程综合效益评价指标分级

指标 \ 等级	Ⅰ（优）	Ⅱ（良好）	Ⅲ（一般）	Ⅳ（差）
年均所削减的 TN 量(t/a)	≥1.5	1.0～1.5	0.5～1.0	≤0.5
年均所削减的 TP 量(t/a)	≥0.5	0.3～0.5	0.1～0.3	≤0.1
均所削减的 COD 量(t/a)	≥0.5	0.3～0.5	0.1～0.3	≤0.1
植物种类数(种)	≥15	10～15	5～10	≤5
二氧化氮含量*(mg/L)	≤0.1	0.1～0.15	0.15～0.2	≥0.2
二氧化硫含量*(mg/L)	≤0.02	0.02～0.03	0.03～0.04	≥0.04
可吸入颗粒物含量*(mg/L)	≤0.1	0.1～0.15	0.15～0.2	≥0.2
植被覆盖度(%)	≥90	80～90	60～80	≤60
土壤污染改善状况(打分)	≥4.5	3～4.5	1～3	≤1
农民农业收入(打分)	≥4.5	3～4.5	1～3	≤1
房地产价格(元)	≥3500	3000～3500	2500～3000	≤2500
投资和运营成本*(万)	≤30	30～60	60～90	≥90
农民非农业收入(打分)	≤4.5	3～4.5	1～3	≤1
居民对生活环境的满意度(打分)	≤4.5	3～4.5	3～4.5	≤1
地方病发病率*(打分)	≤4.5	3～4.5	1～3	≤1
环保意识(打分)	≤4.5	3～4.5	1～3	≤1
科研教育基地(个)	≤3	2	1	0
休闲旅游(打分)	≤4.5	3～4.5	1～3	≤1
政策法规贯彻程度(打分)	≤4.5	3～4.5	1～3	≤1
政府管理水平(打分)	≤4.5	3～4.5	1～3	≤1

注：*为负向指标

2. 训练样本的选取及网络结构参数确定

在上述等级划分的基础上，用 MATLAB 软件 normrnd 函数在每级标准对应数组之间对训练样本集进行了扩充，研究采用适应性强的三层 BP 网络。由于评价指标为 19 个，评价结果分为 4 级，因此，建立 19 个输入节点及 4 个输出节点的 BP 网络模型。对于网络隐层节点数的选取，则通过构造不同的隐节点数的网络进行训练，并根据各个网络的误差收敛速度及表征拟合程度的均方误差大小的比较，以 39 个隐节点的网络结构为最佳。在样本训练过程中需要作如下处理：

（1）指标无量纲化处理：为消除由于指标单位的不同而带来的一些不利影响，这时需要将指标进行无量纲化处理，这里采用如下的"标准化"处理：

$$X_{ij}^{*} = \frac{X_{ij} - \overline{X}_j}{S_j}$$

式中，$\overline{X}_j$ 和 S_j（$j = 1, 2, \cdots, 20$）为第 j 项指标观测值的（样本）均值和（样本）标准差。

（2）规定各等级的期望输出值如下：Ⅰ（优）$= [1, 0, 0, 0]^T$；Ⅱ（良好）$= [0, 1, 0, 0]^T$；Ⅲ（一般）$= [0, 0, 1, 0]^T$；Ⅳ（差）$= [0, 0, 0, 1]^T$。用期望输出值作为训练网络的目标输出值。

（3）网络的神经元传递函数采用 S 型正切函数 tansig，输出层的神经元传递函数采用 S 型对数函数 logsig，网络的训练函数为 trainlm，训练步数为 1×10^3 次，训练目标误差为 0.001，并对权值进行初始化（init）。

在对样本进行了 9 次训练后，网络收敛，精度为 9.61337×10^{-4}，满足预设精度 0.001。网络训练的动态逼近如图 7-12 所示。

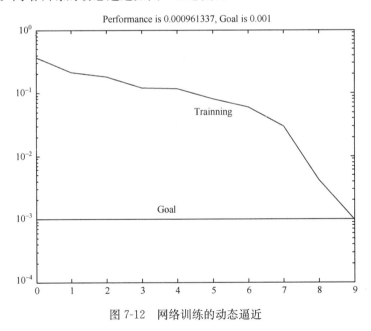

图 7-12　网络训练的动态逼近

3. 网络测试

在网络训练完成后，给训练好的 BP 网络分别输入检验数据，得到检验结果如表 7-13 所示。

表 7-13　检验结果

期望输出				标准类别	检验结果				相对误差(%)
1	0	0	0	Ⅰ(优)	0.9123	0.0530	0.0179	0.0000	8.77
0	1	0	0	Ⅱ(良好)	0.0394	0.9839	0.0516	0.0000	1.61
0	0	1	0	Ⅲ(一般)	0.0010	0.0136	0.9771	0.0566	2.29
0	0	0	1	Ⅳ(差)	0.0574	0.0051	0.0504	0.9827	1.73

从表 7-13 中可以看出,利用神经网络得到的输出值与期望值之间的最大误差为 8.77%,综合效益排序与真实值一致。由此可见,用学习后的网络对缓冲带生态建设工程综合效益进行评价是完全可行的。

4. 评价结果分析

将示范工程一、二、三、四、五、六建设前后的缓冲带生态建设工程指标值无量纲化,输入训练好的 BP 人工神经网络,可以得到输出的评价值,如表 7-14 所示。

表 7-14　示范工程综合效益评价值

	示范工程	输出结果				标准类别	相对误差(%)
建设后	示范工程一	0.0558	0.7798	0.0584	0.0000	Ⅱ(良好)	22.02
	示范工程二	0.0033	0.9956	0.1048	0.0000	Ⅱ(良好)	0.44
	示范工程三	0.0008	0.9908	0.0042	0.0000	Ⅱ(良好)	0.92
	示范工程四	0.0063	0.9864	0.0782	0.0000	Ⅱ(良好)	0.12
	示范工程五	0.0103	0.8823	0.0921	0.0000	Ⅱ(良好)	5.58
	示范工程六	0.0265	0.9237	0.0392	0.0000	Ⅱ(良好)	3.72
建设前	示范工程一	0.0036	0.2224	0.9863	0.0000	Ⅲ(一般)	1.37
	示范工程二	0.0005	0.4689	0.9912	0.0004	Ⅲ(一般)	0.88
	示范工程三	0.0005	0.5205	0.9917	0.0010	Ⅲ(一般)	0.83
	示范工程四	0.0007	0.4293	0.9834	0.0001	Ⅲ(一般)	0.78
	示范工程五	0.0012	0.4563	0.9921	0.0000	Ⅲ(一般)	0.92
	示范工程六	0.0009	0.4678	0.9887	0.0009	Ⅲ(一般)	0.88

在表 7-14 中,除了建设后的示范工程一相对误差较大为 22.02%(标准类别正确),其他的综合效益评价值都达到了要求。缓冲带生态示范工程一、二、三、四、五、六在建设前,综合效益评价值是Ⅲ类,即一般。建设后均上升一个级别,为Ⅱ类,综合效益为良好。评价结果说明这六项示范工程改善了示范区生态环境状况,在一定程度上增加了农民的收入,改善了当地居民的生活环境,基本达到了工程所预期的效果。

通过对示范工程建设前后的数据进行综合评价可知,其综合效益评价等级由一般变为良好,取得了明显的效果。具体而言:①环境效益。年均削减 TN、TP 和 COD 的量分别为:8.2 t、2 t 和 1.29 t,水体中 COD、TN、TP 和叶绿素含量分别低于修复前 6.94%、12.07%、20.00% 和 19.05%。②生态效益。NO_2、SO_2 和可吸入颗粒物含量都有一定程度的下降,示范区植物种类由建设前的 38 种上升至目前的 60 种。③经济效益。农民的人均农业收入和非农业收入分别增长 16.68%、13.2%,周边房地产均价涨幅达到 16.67%,各项经济指标都有了一定的提升。④社会效益。社会效益综合打分的结果显示平均分值涨幅达到 29.44%,尤其是居民对生活环境的满意度分值达到 4.6。总之,生态修复工程建成后,缓冲带的生态得到了极大改善,环境质量得到了显著的提高,同时,在一定程度上增加了当地居民的经济收入,产生了一定的文化效益,因此可以得出结论:生态建设工程的实施实现了环境、生态、经济和社会效益的协调发展。

参 考 文 献

[1] 吕宪国. 湿地科学研究进展及研究方向. 中国科学院院刊, 2002, 3: 170-172

[2] Boyle T P, Caziani S M, Waltermire R G. Landsat TM inventory and assessment of waterbird habitat in the southern altiplano of South America. Wetlands Ecology and Management, 2005, 12(6): 563-573

[3] 杨永兴. 国际湿地科学研究的主要特点、进展与展望. 地理科学进展, 2002, 21(2): 111-120

[4] Larson J S. Rapid assessment of wetlands: History and application to management. In: Match, Global Wetlands: Old World and New Elsevier, 1994:623-636

[5] 杨祎. 洞庭湖湿地生态恢复模式与综合效益评价研究. 西南大学, 2008

[6] 吴转颖. 退耕还林试点阶段社会、经济、生态效益评价研究. 北京林业大学, 2004

[7] 李晅煜. 水利建设项目综合效益评价指标体系构建与应用方法研究. 天津大学, 2006

[8] 全海. 水土保持生态建设综合效益评价指标体系及核算方法初探. 北京林业大学学报, 2009, 31(3): 64-70

[9] 范继东. 陇东黄土高原沟壑区小流域生态建设综合效益分析. 现代农业科技, 2010(1): 299-302

[10] 冯冠宇. 湖滨带生态恢复综合效益评价研究——以渤公岛湖湾生态恢复示范工程为例. 内蒙古示范大学, 2010

[11] 王建. 阴山北麓中部地区生态农业建设综合效益评价——以大六分子村为例. 内蒙古农业大学, 2007

[12] 孙广义, 胡德瑞, 杨待音, 等. 库布齐沙漠生态建设区综合效益分析. 内蒙古林业, 2008(12): 32-33

[13] 郭鹏, 于明洁, 朱煜明. 棕地再开发项目综合评价研究. 中国软科学, 2009(S1): 164-169

[14] 高彦华, 汪宏清, 刘琪璟. 生态恢复评价研究进展. 江西科学, 2003, 21(3): 168-174

[15] 华国春, 李艳玲, 黄川友, 等. 拉萨拉鲁湿地生态恢复评价指标体系研究. 四川大学学报: 工程科学版, 2005, 37(6): 20-25

[16] 杨子峰, 于兴修, 马骞. 水土保持生态修复效益评价探讨. 水土保持研究, 2006, 13(6): 175-177

[17] 陈英智, 周江红. 铁岭东沟小流域水土流失综合治理前后生态经济系统评价. 水土保持通报, 2007, 27(1): 132-134

[18] 刘霞, 张光灿, 黄勤瑞. 水土保持生态修复工程效益监测与评价. 中国水利, 2006, (16): 49-51

第8章 太湖缓冲带环境管理与监测

太湖缓冲带一旦设立,将在削减外源污染、保护太湖水质与控制富营养化方面发挥较大的作用,也是太湖在经历前一段时间的点源污染治理之后,进一步降低入湖污染负荷的重要举措。太湖缓冲带建设后,相应后续的管理与运行也需要跟上。本章阐述太湖缓冲带环境管理措施与监测方案,为国内同类湖泊缓冲带建设的管理提供参考。

8.1 太湖缓冲带环境管理原则

1. 系统性原则

鉴于太湖环湖地区湖滨带基本位于环湖大堤内侧,与缓冲带基本处于人为分隔的状态,因此,太湖缓冲带对于整个流域来说,承担了湖滨带与缓冲带的双重功能。对其进行环境管理,要充分考虑到滨水水陆生态交错带内生物或非生物因素的系统性作用,对交错带内能量流动和物质循环的调节、保持生物多样、提供鱼类繁殖和鸟类栖息的场所、调蓄洪水、截污和过滤、改善水质、控制沉积和侵蚀、有效削减进入湖污染物、具备景观与经济植物生长等多重功能的系统性维护。

2. 预防保护为主的原则

太湖缓冲带的构建,就是在环太湖湖滨区建立起了一道生态防线,将外界对湖的直接影响加以隔离与缓冲,整个空间的布局已经起到一个预防、预警的作用,环境管理制度的设置是保障缓冲带各项功能有效发挥的重要措施,同样体现了一种预防、维稳的原则,保障资金、保障人员、保障管理操作。

3. 生态补偿原则

相关的资金筹措应积极体现生态补偿原则。环太湖经济较为发达,为有效平衡各方利益,加大环太湖环境管理保护力度,应采取多种形式、多种渠道,坚持投融资体制的创新,实现政府主导,社会参与,部门负责,市场推进的生态建设和生态补偿投融资体制,充分利用市场机制,多渠道筹集资金,力争突破太湖缓冲带环境管理日常开销与投资的制约瓶颈,为管理运行的顺利实施提供支撑和保障。

4. 公平合理原则

"谁污染、谁治理、谁负责"。严格考核检查,加大责任追究力度。对重点工业加大行政执法力度,严查各种环境违法行为,避免废水偷排、漏排现象。对环太湖主要工业企业的废水排放进行严格管理,通过严格执法,迫使企业加大环保投入。按照国家产业结构调整政策,倡导企业由高能耗高污染的生产模式转向清洁生产模式。

8.2　太湖缓冲带环境管理内容

太湖缓冲带环境管理主要内容包括实施严格的湖泊缓冲带环境准入标准,优化产业结构和产业布局;开展生态环境建设工程长效运行管理;实施特殊的湖泊缓冲带环境经济政策和生态补偿措施;加强宣传教育,提高周围居民的环保意识。对该区域的管理可以借鉴生态功能区、水生态功能区的管理体制[1,2]。

8.2.1　加强缓冲带环境准入标准,优化产业结构和产业布局

作为限制开发的太湖缓冲带,在生态环境功能区规划和主体功能区划中明确缓冲带的生态功能与保护目标,严格保护区域内的山体、水体及已有的林地和湿地资源、具有防护隔离功能的生产防护用地,以及具有生态涵养和景观塑造等功能的生态用地;实施差别化的环境管理政策,制订项目准入标准、控制污染排放总量,明确建设开发活动的环境保护要求,并落实到规划环评和项目环评的审批中。

严格界定区域空间,优化产业结构和产业布局。从原来以养殖业、种植业、工业为主的经济结构逐步转变为以环境友好的服务业为主。在调整经济结构时,优先发展清洁产业。全面推行清洁生产,对超标排污、超过总量控制指标和排污总量较高的企业采取强制性清洁生产审核。在缓冲带范围内全面关停淘汰小电镀、小印染企业;着力调整工业产业布局,将产品市场前景看好但布局分散的小企业,尽可能地引导进入经济开发区、工业园区内,延长产业链,发挥工业集群优势,提高资源利用效率,发展循环经济,减少污染物的排放;鼓励发展生态农业、生态旅游和生态健康产业,提高区域建设开发活动环境决策科学性,促进区域生产力布局与生态环境承载力相协调。

营造太湖缓冲带生态景观,实施景观生态战略。景观生态战略是指在生态建设过程中,既要充分考虑生态过程(如物种迁徙、养分运输、污染物流动),又要考虑关键战略点位的景观效果,通过对景观战略点位的管理来维护和控制正常的生态过程[3,4]。在太湖缓冲带的景观生态战略中,需要着重考虑珍稀物种及生物栖息地的保护,在进行生态功能修复及建设的同时,需要考虑湖泊缓冲带独特的休闲旅游价值,尽量营造和谐的生态景观,更好地发挥其社会经济功能。如在修复或改善湖泊缓

冲带内的草林复合系统的时候,可以考虑植物的空间、时间配置,营造出春夏秋冬四季景象各异的美景。在湿地、支洪缓冲体系中除考虑其本身对污染物的去除效果,还应有意识地构建有特色的水景,提高其审美观赏价值,获得更多的生态收益。

8.2.2　开展缓冲带生态构建工程长效运行管理

结合缓冲带生态建设工程的综合效益评价,为了实现太湖缓冲带生态构建工程长效运行,需要从管理平台、硬件支撑、监测体系、制度保障、人员管理等方面出发,构建湖泊缓冲带生态建设工程综合管理信息系统平台,提升信息化管理水平;按标准配套管理设备,提供功能完善、经济实用的硬件支撑与技术规范;建立湖泊缓冲带生态建设工程运行监测、绩效评估和诊断预警体系;设计和创新工程管理模式与激励机制,制订湖泊缓冲带生态建设工程运行维护管理考核办法,为建立"有力、可控、长效"的工程运行机制、充分发挥生态建设工程的长期环境效益,切实改善缓冲带入湖水质,促进区域经济社会生态可持续发展。

对于缓冲带内各项建设设施,需要进行定期巡查与维护。由于环太湖缓冲带内水系广,河流多,水生植物繁茂。需要配备专门的管理人员进行定期管理。经生态修复后,大部分河道及其河口与湖滨的水生植物生长都很旺盛,因此对河流湖滨重建与修复的堤岸及缓冲带需进行定期的管理与维护,防止人为干扰与破坏。对规划区内水生植物日常管理以维持水生植物生物量,尽可能保证物种多样性,降低人为干扰,采取适当的收割补种措施保证水生植物群落结构的稳定和协调。同时冬季需对区内的水生植物实施冬季收割。冬季收割在 11 月份进行,原则上对河道水生植物应该完全收割,收割方法:挺水植物以人工收割为主;浮叶/沉水植物以机械收割为主,机械收割困难的区域辅助人工收割。冬季收割原则上是将水生植物完全收割、捞出河道,但是考虑到水生植物生物量大,工作强度高,因此对挺水植物尽量保证完全收割,浮叶/沉水植物收割量应保证在 50% 以上。

同时还要加强河道沿岸管理,对占用河道、河道堤岸进行耕种、养鱼等侵占河道的行为应该坚决制止。对于村民向河道及河道沿岸倾倒垃圾、破坏堤岸植被的行为应加以劝阻,并及时恢复河岸带原貌。

对缓冲带内居民点集中的污水处理设施及分散的就地处置的污水处理设施都需配置专门的管理人员。安排专门的人员,对缓冲带内的固体垃圾进行收集与集中处置。人员上岗需要进行专门的培训。像湿地系统的管理、河道闸门的操作、水质净化的各种实施的都需要进行岗前培训。

增加兼职管理人员,其主要职责如下:

(1) 负责缓冲带内植物补植、养护、管理工作;

(2) 负责沿岸村落污水生态处理系统维护,保证正常运行;

(3) 负责沿岸村落垃圾收集、监督及处理情况汇报工作;

　　（4）监督和禁止人为活动的干扰。

　　同时负责太湖管理政府部门机构应不定期对缓冲带进行巡查,强化监督和管理,形成政府和居民共同维护和管理缓冲带的良好局面。

8.2.3　实施特殊的湖泊缓冲带环境经济政策和生态补偿措施

　　在湖泊流域生态环境保护中,设立湖泊缓冲带,制订特殊的环境经济政策、实施生态补偿措施是实现流域健康的重要基础。由于缓冲带的设立,使得原来生活在缓冲带内的人们的社会经济发展受影响。工矿企业的设立等受到影响,农业生产与养殖业由于化肥使用受限制和生态养殖的需要受影响,居民的生活污水需要集中和处理等使得生活成本上升等,都需要从上一级财政中予以补偿。另外,上游地区排放的污染物在缓冲带内得到拦截和净化,增加了缓冲带内居民的工作和生活的负担,这需要上游污染源排放地区给下游受污染的缓冲带居民给予适当的补偿。为了能够使得生态补偿得到公平、合理的执行,还需要对上游输入的污染物进行评估,也需要对缓冲带内受影响的程度进行评估,确定补偿的数额。

　　生态补偿是在西方国家广为应用的一项政策措施。我国生态补偿处于探索起步阶段,存在补偿机制层级分明但衔接不足、目标明确但实施方案模糊、政策支持突出但资金来源单一、补偿方式多样但侧重事后治理等问题[5-7]。因此对于太湖缓冲带内的环境经济政策和生态补偿的管理需要进行认真的前期调查,提出切实可行的生态补偿方案,不能使政策变成一纸空文。具体实施过程需要注意以下几点:

　　（1）明确补偿主体,维持补偿的长期性。一般以政府与企业相结合的方式作为补偿主体,提供长期稳定的补偿资金。

　　（2）明确补偿对象,分类别设置补偿标准。需要认真调查,明确因缓冲带设置而使其生产、生活受到损失的主体、个人,按照受影响及损失的程度进行分类,以便实施不同的补偿标准。

　　（3）合理设置环境经济政策。倡导绿色经济的发展,通过环境税费调节或补偿缓冲带内的生产经营活动,建立完善的湖泊缓冲带的环境经济政策。

　　（4）完善管理体制。出台详细的生态补偿制度,明确管理体制,明确各级政府的负责人,形成流域与地方相结合的管理体系。

8.2.4　加强宣传教育,提高周围居民的环保意识

　　环太湖缓冲带的建设与运行是一个长期、专业、影响面广的过程,需要各个政府部门、行业以及社会各个层面的积极参与。认真实施有关环保政策法规、建设项目审批、环保案件处理等政务公告制度,建立信息发布制度,定期以社区或村为单位以黑板报或张贴布告等形式进行环境信息公布,对涉及公众用水和环境权益的重大问题,要履行听证会、论证会程序。推进企业环境信息披露,公布流域内重点

污染企业污染排放情况。维护广大公众环境知情权、参与权和监督权,调动广大群众参与治污的积极性。充分利用电视、广播、报纸和网络等新闻媒体,发挥其舆论监督和导向作用,增强企业社会责任,形成全社会共同推动武进港流域水环境综合治理工作的良好社会氛围。加强宣传教育力度,在环太湖缓冲带内,对广大的农村居民进行生态农业优越性的宣传,出台并鼓励优先使用农家肥和有机肥,减少化肥施用量的政策法规。宣传保护太湖的重要性,设立缓冲带的必要性,增强公众环境忧患意识,倡导节约资源、保护环境和绿色消费的生活方式,在全社会形成保护水环境的良好风尚。

8.3　不同土地类型的缓冲带管理方案

针对太湖缓冲带涉及的区域范围广,区域间的社会经济发展不尽相同等特点,应用行政、市场、规划、法律等综合措施,提出因类型和区域而异的太湖缓冲带生态调控与运行管理方案,实现充分发挥缓冲带应有的功能特别是维系湖泊可持续发展的功能。

1. 城镇及分散居民点

在整个环太湖缓冲带内,有许多一定规模的小城镇,譬如无锡和常州沿岸的马山镇、雪堰镇等,苏州沿岸的望亭镇、镇湖镇、东渚镇、光福镇、胥口镇、东山镇、横扇镇、七都镇等,浙江湖州的塘甸镇、洪桥镇、夹浦镇等,宜兴的丁蜀镇、新庄镇、周铁镇等。

该类型缓冲带属于村落型缓冲带。以密集的河网以及村落等为主要土地利用形式的一种类型。地势平坦,河道纵横交错,网状分布,河道多为天然自成,河道比降小,水体流动性较差,且多与湖水形成往复流。村落沿河分布,人口密集,该类型缓冲带人类生产生活强度较大,污染物产生量相对较多。由于各个河流之间关系密切,单个河流受到污染就可能污染其他水体,甚至太湖,如不对河网进行及时治理将严重破坏太湖的水环境与生态环境。

对其主要实施村落"两污"处理处置、工业园区污水处理处置、畜禽养殖废弃物污染控制与资源化等工程。

其管理措施的关键:具有规模的城镇,需保障建设污水管网和污水处理厂建设规模,达到目标制定的污水收集与处理率。对分散的村庄和居民点,需要结合各地新农村建设规划,把居民点适度集中,便于土地的集约化经营,也便于生活污水的集中收集和处理。对分散在农村的乡镇工业也需要适度集中,便于各种污水的集中收集和处理。对于不能充分集中和收集的分散污染源,无论是生活污水,还是工业污水,都要规划建设就地处置的设施,同样要在整体上达到目标制定的污水收集与处理率。污水收集管网建立完善以后,为防止少量漏排或偷排的现象发生,需要进行定期检查监督;同时污水收集系统如泵站、管线、污水处理厂等需要专业人员进行定期的维修与检查。

2. 入湖河流河口与河道

河流是泄洪、航运的通道,也是污染物输送和入湖的主要通道。对于太湖缓冲带来说,其典型的平原河网区污染河道的主要特征是污染来源复杂,面源负荷量大、水环境质量差。水自净能力弱,河道淤积严重,河床底部抬高,生态系统失衡,群落物种单一等。

针对太湖缓冲带河网河道的主要问题和特征,对其主要实施:河流水质强化净化与生态修复,特别是入湖河道两侧与河口地区的湿地恢复。采用适宜的生态河床和生态护坡重构组合技术,在不影响河道基本功能的前提下,进行生态型河道的构建与修复。

其管理措施的关键:设立环保设备管理人员,主要负责曝气机和水泵等设备的开启与关闭,以及简单的维护,保证其正常运行。加强河道沿岸管理,对占用河道、河道堤岸进行耕种、养鱼等侵占河道的行为应该坚决制止。对于村民向河道及河道沿岸倾倒垃圾、破坏堤岸植被的行为应加以劝阻,并及时恢复河岸带原貌。

3. 农田和农业耕作区

在环太湖缓冲带,还存在一定数量的农田(多数是水稻田)、鱼塘、洼地等,可视为农田型缓冲带,是以农田、林地和水塘等为主要土地利用形式的缓冲带类型。该类型缓冲带地势平缓,缓冲带内以及外围以农田,林地、水塘分布为主,缓冲带内产生的农田面源污染以及鱼塘、蟹塘的排水基本未处理直接入湖,对太湖水质也有较大影响。由于人类活动的影响,缓冲带内的原有生态系统已不存在。农田型缓冲带属于太湖缓冲带生态建设工程的重点对象。

针对目前太湖地区乡镇企业的发展,大量化肥施入农田,然后通过各种途径进入水体,造成农业面源污染是太湖水系水质恶化的主要因素之一的一系列问题。积极发展生态农业,增加农家肥,减少化肥用量,提高土壤肥力,用生物方法防治农作物病虫害,改善农田生态环境,保持生态平衡,是实现太湖治理目标的关键。但是,太湖地区生态农业建设面临不少困难,人多地少影响农业结构调整,制约生态农业建设;生态农业建设需要大量资金投入,资金不足影响生态农业建设的进展。据无锡市区南泉镇 1999 年生态农业情况调查资料,施有机肥的耕地仅占 34%,秸秆还田的占 55%。

主要实施:农田面源污染控制、水产养殖污染防治与资源化、缓冲带内植被重建与修复等工程。

其管理措施的关键:多部门协作配合。加快农村环境的综合整治,所有乡村企业推行清洁生产工艺,实现达标排放。沿岸各县、市、区分别选择一个生态农业示范小区,探索适合当地实际的生态农业模式。用农家施肥提高土壤肥力,控制化肥、农药的投入,推广秸秆综合利用技术和病虫害综合防治技术。提高生态农业的科技含量。培养生态农业建设的专业人才,强化生态农业建设的普及教育。把鱼塘、池塘、坑洼地联通起来,形成自然水流通道,形成一个多水塘系统,强化有效拦截暴雨径流的污染物入湖。加强断头浜保留与保护,同时加强监督管理,防止人为对断头浜的破坏。

4. 丘陵旱地

沿岸丘陵是江苏常绿果品生产基地,果园分布较广。沿岸丘陵的茶园、果园物种单一,土壤冲刷,土层浅薄,且化肥和农药投入增加,带来土壤和水体污染。沿岸丘陵虽无严重水土流失,但土壤侵蚀问题也不容忽视。

其管理措施的关键:按不同土地利用类型的特点的水土保持工作。根据区域自然环境的特点,发展生态茶园和果园,建立林、茶人工群落,形成乔、灌、草三层结构,改善茶园生态环境,防治对太湖环境的污染。果园应间作绿肥作物或草本覆盖,以保持水土、改善果园生态环境。沿岸丘陵的灌木林、疏林和幼林,要加强改造利用和抚育管理。针叶树疏林补植阔叶树,营造混交林;土层深厚处则发展阔叶林,提高森林保持水土效果;土层浅薄处大力建设草坡,发挥保水、保土截污的作用。

5. 沿湖湿地

太湖沿岸生长有多种挺水、浮水和沉水植物,群落组成复杂,根系发达并呈海绵状结构,不仅能过滤湖水中的悬浮物,促进泥沙沉积,而且能吸收和吸附水体中多种无机、有机和重金属污染物,具有非常好的水质净化作用。充分利用湿地植物的自然净化功能是治理太湖富营养化的有效措施。

其管理措施的关键:保留与保护好现有沿湖湿地是目前简单控制面源污染最有效的方法。湿地净化水质,除了通过拦截水体中颗粒营养盐外,还通过植物根、颈、叶表明的生物膜来吸收、同化营养盐,以及通过自身的生长来吸附和去除营养盐。并通过人工收获输出营养盐,使湖水水质得以改善的过程。

8.4 太湖缓冲带的环境监测

8.4.1 水环境监测方案

1. 监测点的设置

为了更好地了解太湖缓冲带生态建设工程实施后的工程效果,在太湖增设 8

个水环境监测点和两个生态观测场,以便及时、准确、全面地掌握工程实施后太湖缓冲带及太湖水质的变化趋势。监测点的具体位置见图 8-1。

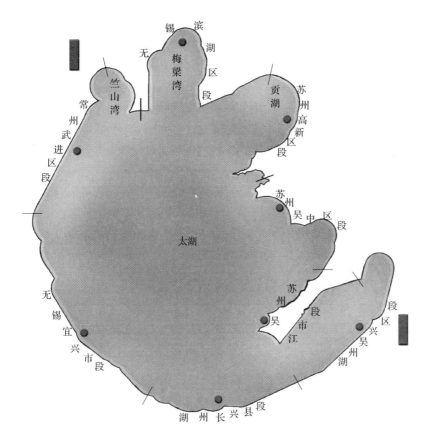

图 8-1　太湖缓冲带环境监测点平面布置

2. 观测内容、方法和频率

环境监测对象主要为水质指标,重点为透明度、COD、SS、总氮、总磷、氨氮。为了更好地了解工程的环境效益,水质监测要加密调查频率,在工程实施后的两年内监测频率为每月一次,以后改为每季一次。监测方法按照水质监测规范进行。

8.4.2　生态观测方案

1. 生态观测场建设目的

通过建立生态观测场,对工程实施后太湖缓冲带生物多样性、生物分布面积及生物量变化进行观测,观测本工程的实施对太湖流域生态环境的影响,并掌握太湖生态系统的变化。

2. 生态观测场选址

本方案拟在太湖缓冲带内建设两个生态观测场,设置于无锡宜兴市段和湖州吴兴区段,具体位置见图 8-1。

3. 生态观测场设计

生态观测是一个较为长期的工作,所以观测场应为一个相对固定的场所,观测场设计尺寸:长为 500 m,宽为 100 m。为准确标识观测场范围,防止人为干扰和牲畜的破坏,观测场采用尼龙网围隔,同时用毛竹固定,并在网外立牌标注。

缓冲带生态建设工程主要进行陆生植被的恢复,故缓冲带内的生态观测主要以观察记录陆生生态系统为主,缓冲带生态观测系统的工艺流程见图 8-2。

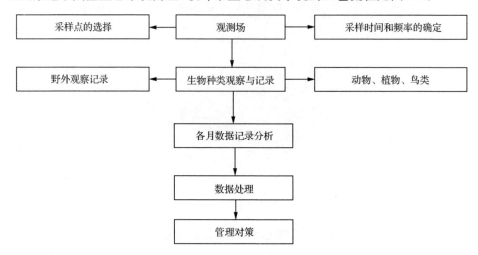

图 8-2　缓冲带生态观测系统工艺流程图

4. 观测内容、方法和频率

在工程实施中和实施后,每季进行一次生态观测,工程结束后连续监测两年,两年后交于当地环保监测部门纳入监测计划长期监测。重点对动、植物种类的组

成、分布、优势种及生物量调查以及鸟类数量及种类的调查。调查方法按林业部及
国家环保部制定的有关植物和物种调查规范。

参 考 文 献

[1] 孟伟，张远，张楠，等.流域水生态功能区概念、特点与实施策略.环境科学研究，2013，26(5)：465-471

[2] 孟伟，张远，王西琴，等.流域水质目标管理技术研究：V. 水污染防治的环境经济政策.环境科学研究，2008，21 (4)：1-9

[3] Defres R，Karanth K K，Pareeth S. Interactions between protected areas and their surroundings in human-dominated tropical landscapes. Biological Conservation，2010，143 (12)：2870-2880

[4] 俞孔坚.景观生态战略点识别方法与理论.地理学报，1998，53 (12)：11-20

[5] 刘玉龙，阮本清，张春玲，等.从生态补偿到流域生态共建共享：兼以新安江流域为例的机制探讨.中国水利，2006 (10)：4-8

[6] 淮河流域水资源保护局.淮河流域与水有关的生态补偿典型案例研究.蚌埠：淮河流域水资源保护局，2010

[7] 于术桐，黄贤金，程绪水.南四湖流域水生态保护与修复生态补偿机制研究.中国水利，2011 (5)：48-50